Für
Eva

A. John Wilkes
Das Flowform Phänomen

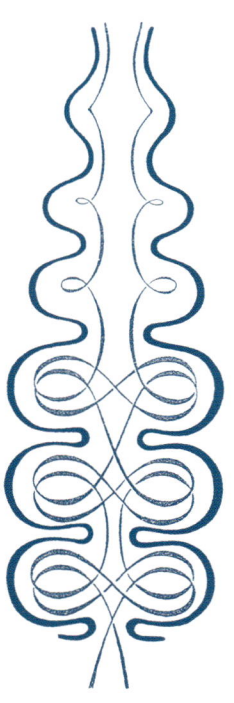

A. John Wilkes

Das Flowform Phänomen

Die verborgene rhythmische Energie des Wassers

Verlag Engel & Co.

Inhalt

Vorwort 9
Biografischer Hinweis 9
Dank und Anerkennung 10

Einführung 13

Teil 1: Rhythmus und Polarität

1. Wasser und Rhythmus 19

2. Rhythmus und Fluss: der Wasserzyklus 23
Der Mäander 25
Von asymmetrischen zu symmetrischen Formen 29
Die Opferbereitschaft des Wassers 31

3. Metamorphose 35
Dynamische Prozesse 35
Phänomene beobachten 35
Metamorphose und Wasser 36

Teil 2: Die Entdeckung der Flowform

4. Mit Wasser experimentieren 41
  Vom Tropfen zum Wasserfall 41
    Mit den Strömen spielen 41
    Die pulsierende Pfütze 41
  Der Wassertropfen 42
    Schleier oder Hüllen 42
    Erosionsformen 43
    Der Wasserfall 44
  Die Wirbelstraßen 44
    Dreidimensionale Experimente 49
    Asymmetrie und Symmetrie 54

5. Die Entdeckung der Flowform-Methode 55
  Auf dem Weg zur Flowform 55
  Der Hintergrund der Flowform-Methode 56
    Entdeckungen 57
  Widerstand und Rhythmus 63
  Weitere Experimente 65
    Ablauf über ein Wehr 67

Mathematische Oberflächen 67
Radiale Flowform 67
Röhren-Flowforms und andere Ideen 67
Wasserzirkulation 70
Fragen aufarbeiten 73
Einige weitere Faktoren 75

6. Die Flowform und die lebende Welt 76
Die Flowform und Lebensprozesse 76
Das Herz und die Flowform 77
Rhythmus im Herzen und in der Flowform 80
Flowform und Wasserkreislauf 81
Bewegung und Vitalität 81
Entwicklung einer metamorphen Reihe 83
Frühe Konzepte für Kaskaden 83
Die «ideale» Flowform 86

Teil 3: Anwendungsgebiete und Forschung

7. Järna: das erste bedeutende Flowform-Projekt 91
Weitere Abwasserklärungsinstallationen 100
 Organische Aufbereitung 100
 Verwandte botanische Forschung 100
Biologische Kläranlagen, die Flowforms nutzen 101

8. Die nächste Generation der Flowforms 109
Järna-Flowform 109
Emerson-Flowform 111
Acryl-Flowform 113
Malmö-Flowform 117
Akalla-Flowform 119

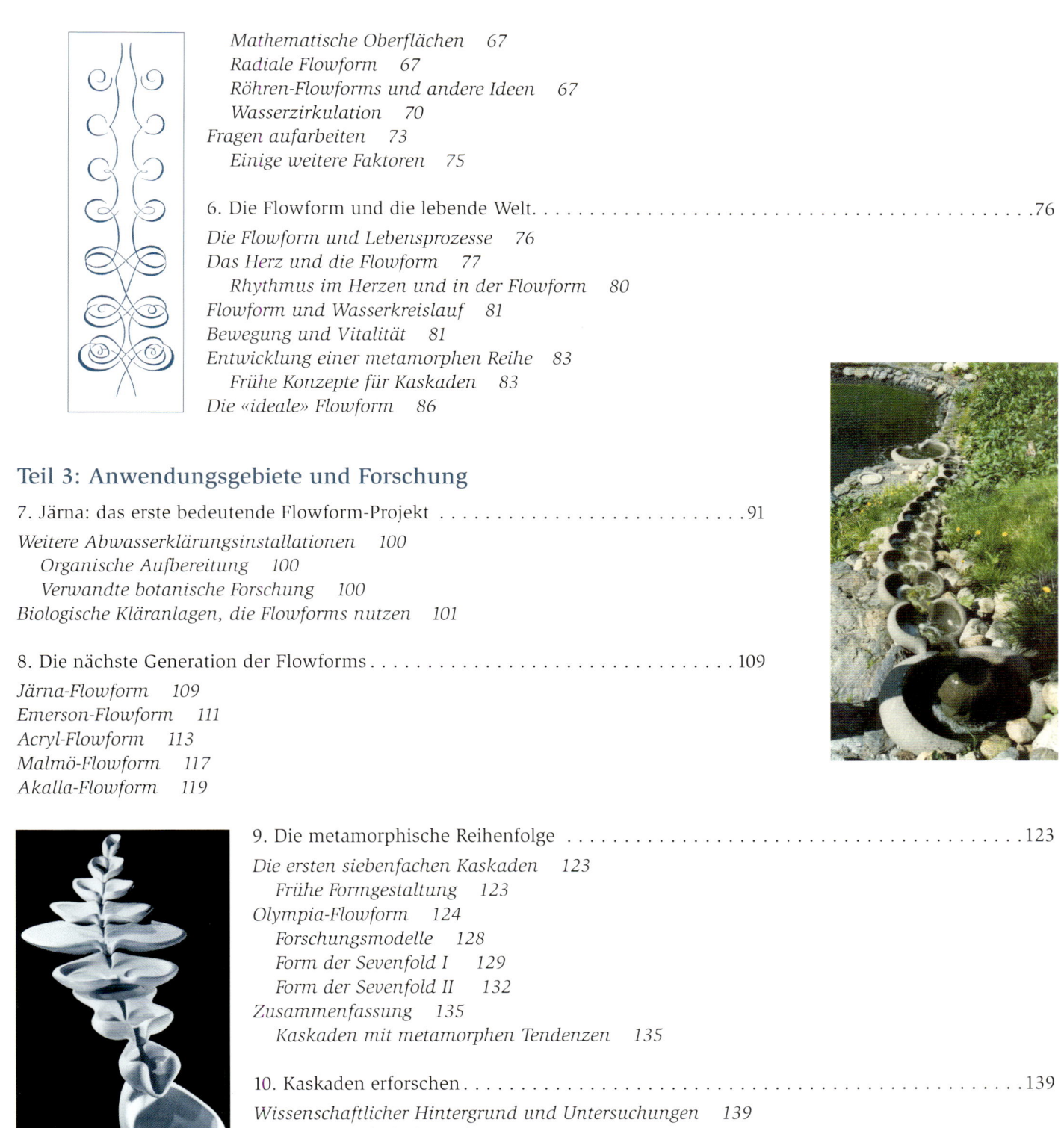

9. Die metamorphische Reihenfolge 123
Die ersten siebenfachen Kaskaden 123
 Frühe Formgestaltung 123
Olympia-Flowform 124
 Forschungsmodelle 128
 Form der Sevenfold I 129
 Form der Sevenfold II 132
Zusammenfassung 135
 Kaskaden mit metamorphen Tendenzen 135

10. Kaskaden erforschen 139
Wissenschaftlicher Hintergrund und Untersuchungen 139
Das Warmonderhof-Projekt 141
 Treppenkaskadensystem 145

Flowform-Kaskaden-System 146
Gesamtbewertung 146
Biodynamische Nahrungsmittelproduktion 146
Saatgut 147
Die Herstellung von Brot 148
Perspektiven für den Einsatz von Flowforms in der Nahrungsmittelproduktion 148
Forschung über Qualität 148
Steigbilder 149
Chromatografie 149
Kristallisation 149
Tropfenbildmethode 149

11. Auf die Flowform bezogene Entwicklungen 151

Virbela-Schraube 151
Rad-Fluss-Einheit 156
Weg-Kurven-Absaugpumpe 156
Wippen-Fluss-Einheit 156

12. Die Flowform in der ganzen Welt: ein illustrierter Überblick 161

13. Gegenwart und Zukunft. 179

Neue Arbeiten an Flowforms 179
Wassertransport und Aufbereitung 179
Lebensmittelverarbeitung 179
Gesundheitsprodukte 181
Blick in die Zukunft 182
Globale Belange 182
Das Healing Water Research Institute 182
Einige Bereiche der zukünftigen Forschung 183
Zusammenfassung 184
Bewegung und Fläche 184
Design-Entwicklungen 184
Rhythmus im Wasser 185
Bewusstheit für das Wasser 185

Anhang

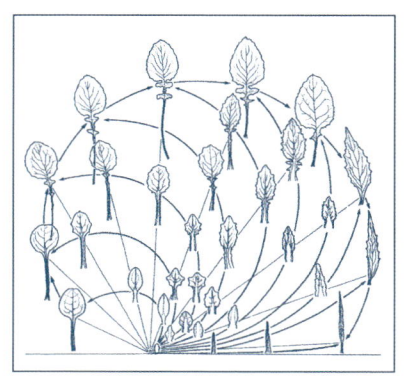

Anhang 1: Metamorphose 186

Was ist Metamorphose? 186
Eine Anfangs-Studie der Metamorphose 188
Metamorphosearten 188
Beschreibung der Metamorphosearten 189
Polar-Metamorphose (Wurzel und Blüte) 189
Entwicklungs-Metamorphose 190
Siebenfach-Metamorphose 190
Wirbel-Metamorphose 190

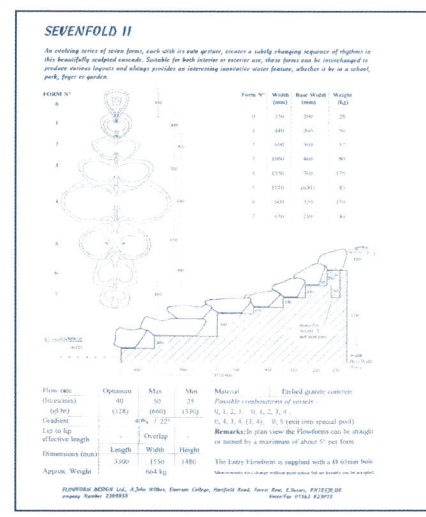

Planetar-Metamorphose   190
Positions-Metamorphose   190
Standort-Metamorphose   191
Ausdrucks-Metamorphose   191
Funktions-Metamorphose   191
Rotations-Metamorphose   193
Willkürlichkeits-Metamorphose   195
Kunstform-Metamorphose   195
Reinkarnations-Metamorphose   195
Zyklische Metamorphose   195
Pflanzengruppen-Metamorphose   195

Anhang 2: Flowform-Typen, Design und Anwendungsmöglichkeiten 196
Überblick über die Flowform-Typen   196
Flowform-Designs und Beispiele für Variationen   200
Eine Auswahl von Flowform-Anwendungen   212

Anhang 3: Wissenschaftliche und technische Aspekte. 214
Analyse der Flowform-Parameter   214
Rhythmusanalyse   216
Interpretation der FFT-Daten   219
Weg-Kurven-Oberflächen und Flowforms   220

Anhang 4: Die Flow Design Research Group 224
Flowform-Design-Forschung   224
Wissenschaftliche Forschung   225
Konferenzen und Workshops   225
Virbela International Association   225

Anmerkungen 227

Quellen und weiterführende Literatur 231

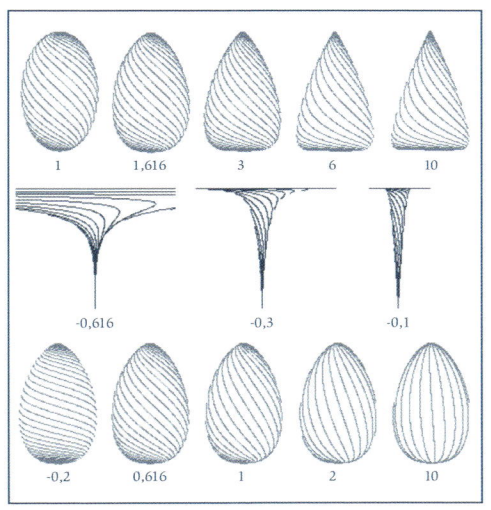

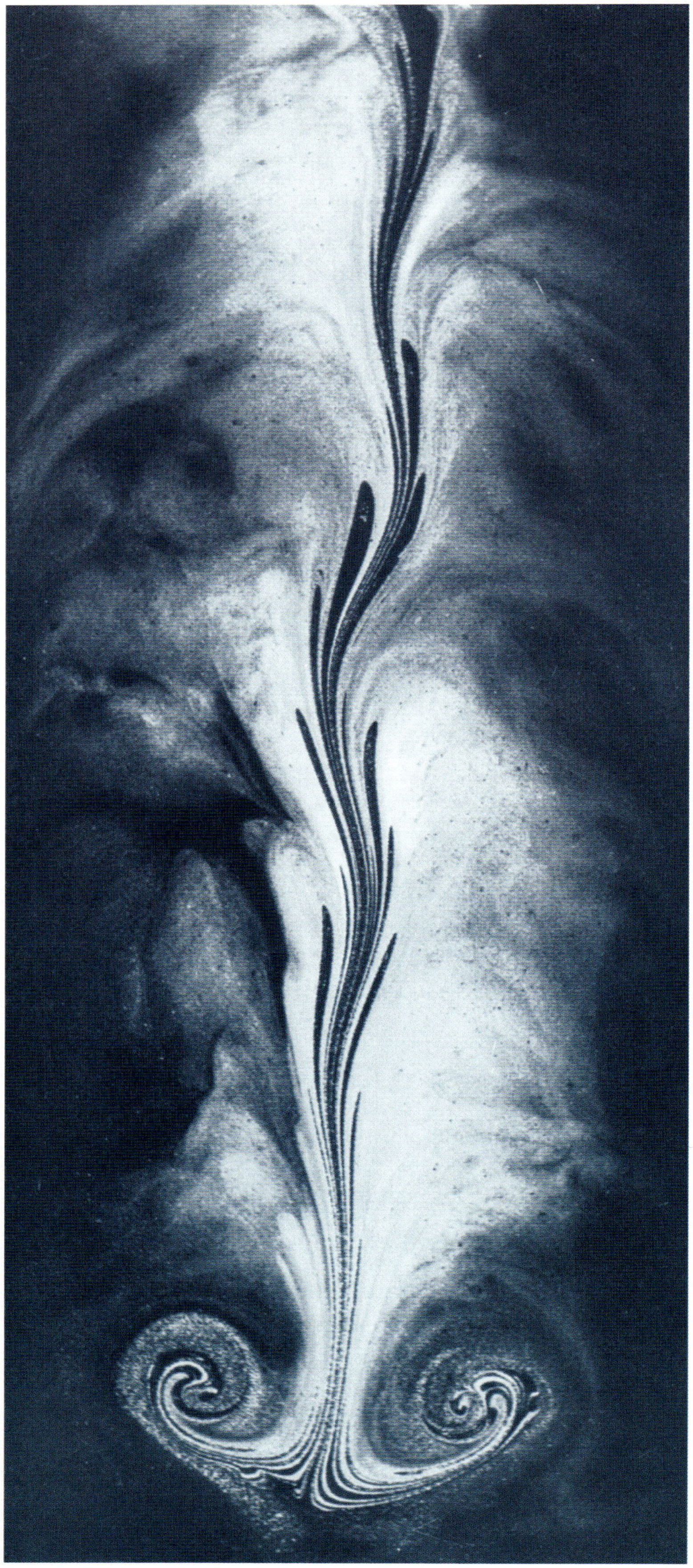

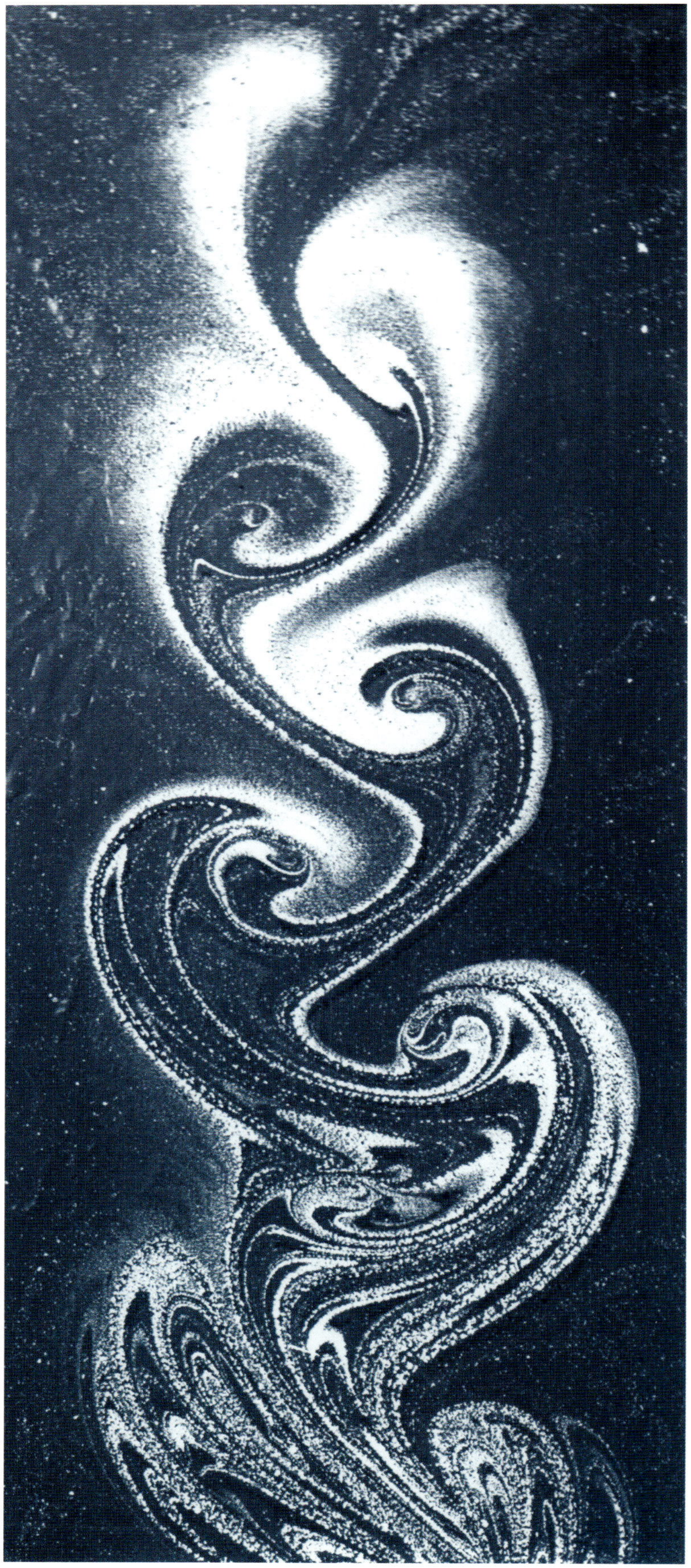

Vorwort

Biografischer Hinweis

Mit der Goetheschen Wissenschaft und dem Werk Rudolf Steiners kam ich erstmals in Berührung durch Sir George Trevelyan, zu jener Zeit Leiter des Attingham Park Adult Education Centre, der mich Dr. Ernst Lehrs, Wissenschaftler, Pädagoge und Autor von «Man or Matter», im Juni 1951 vorstellte. Die Annahme meiner Bewerbung im selben Jahr durch Professor Frank Dobson an der Schule für Bildhauerei am Royal College of Art brachte mich schließlich nach London, wo ich drei weitere Jahre bei Professor John Skaping, Leon Underwood und anderen Lehrern studierte. In dieser Zeit lernte ich viele Persönlichkeiten kennen, die mit einer Denkart in Verbindung standen, die neue Einsichten in den spirituellen Hintergrund des zwanzigsten Jahrhunderts eröffnete.

Die Bekanntschaft mit dem Mathematiker George Adams erwies sich als besonders wichtig, da er anbot, mich mit einigen Aspekten der modernen projektiven oder synthetischen Geometrie bekannt zu machen, die im Gegensatz zu der an der Universität vermittelten analytischen Geometrie steht. Zu dieser Zeit entwickelte George Adams eine Zusammenarbeit mit Theodor Schwenk, einem Pionier der Wasserforschung, dessen Buch «Das sensible Chaos» weithin Anerkennung fand. Auf Grundlage dieser Zusammenarbeit gründeten sie später mit einer Gruppe von Wissenschaftlern und Förderern das Institut für Strömungswissenschaften in Herrischried in Deutschland.

Abb. 1: Die relativ langsame Bewegung führt zu einer einfachen, pflanzenähnlich aufkeimenden Form (vergleiche Schwenk, «Das sensible Chaos»).

Abb. 2: Durch eine zunehmend stärkere Bewegung verwandelt sich die Wirbelstraße in eine noch komplexere metamorphe Abfolge.

Nach sechs Jahren freiberuflicher Tätigkeit als Designer und einer Teilzeitanstellung am Bromley College of Art wurde ich 1961 gebeten, mich dem neu gegründeten Institut als Assistent von George Adams anzuschließen. Aufgrund meiner praktischen Fähigkeiten und einiger Kenntnisse der projektiven Geometrie sollte ich Apparate für Forschungszwecke herstellen. Ein Gesichtspunkt der Arbeit von George Adams befasste sich mit den ursprünglichen von Felix Klein und Sophus Lee im neunzehnten Jahrhundert beschriebenen Weg-Kurven-Oberflächen. Derartige Oberflächen sind, wie Adams erkannte und in seinem zusammen mit Olive Whicher verfassten Buch «Plant between Sun and Earth» beschrieb, von grundlegender Bedeutung für die Formen lebender Organismen. Daher sollte Wasser und seine Beziehung zu diesen besonderen, mathematisch beschreibbaren Oberflächen bezüglich möglicher Einflüsse auf das Wasser untersucht werden. Wasser und Oberfläche sind untrennbar. Wasser fließt stets über Oberflächen, und die Form dieser Oberflächen wird, abhängig von der Erodierbarkeit dieser Flächen, in kürzeren oder längeren Zeiträumen verändert. In Bewegung befindliches Wasser neigt außerdem dazu, in sich selbst verschiedenste Schleierbildungen zu erzeugen, doch können diese vom Zustand des Wassers beeinflusst werden. In einem lebendigen Umfeld spielt die Bewegung von Wasser eine wesentliche Rolle im Entstehungsprozess von Formen. Generell gilt, dass jeder physikalische Formungsprozess sich zu einem bestimmten Zeitpunkt in einem flüssigen Zustand befindet.

Die Arbeit mit mathematischen Oberflächen kam zu einem einstweiligen Ende, als die verfügbaren Informationen nach dem Tode von George Adams 1963 erschöpft waren. Meine Arbeit an der Restaurierung von Rudolf Steiners Originalmodellen in Dornach in der Schweiz setzte ich zwar bis 1970 fort, doch erhielt ich bereits 1965 von Francis Edmunds über einen Kontakt von Rex Raab eine Einladung, mich der Fakultät des Emerson College in England anzuschließen und die bildhauerische Arbeit dort fortzuführen. Gleichzeitig begann ich, Kurse an dem von Arne Klingborg gegründeten Rudolf Steiner Seminariet in Järna, Schweden zu geben. Daher teilte ich bis 1970 meine Zeit zwischen Dornach und dem Emerson College auf, mit jährlichen Besuchen in Schweden. In dieser Zeit bedingten die von mir unterrichteten Kurse ein erneutes und intensiviertes Studium von Morphologie und Metamorphose. Auf Einladung von Theodor Schwenk kehrte ich Ostern 1970 zum Institut für Strömungswissenschaften in Herrischried zurück, für mehrere längere Aufenthalte, wie sich herausstellen sollte. Ohne zu wissen, welche Aufgaben mich erwarteten, bereitete ich mich auf bestimmte Fragestellungen vor, die ich als Arbeitsmöglichkeiten betrachtete, und besprach diese nach meiner Ankunft mit Schwenk. Er war von den Ergebnissen meiner Untersuchungen begeistert und ermutigte mich dazu, sie fortzuführen. Die wichtigste Entdeckung, die ich gemacht hatte, betrifft die Möglichkeit, durch bewusst gewählte Widerstände Rhythmen in strömendem Wasser zu schaffen. Unter den ersten Dingen, die ich unter Anwendung dieser Methode vorführen konnte, war die Einbeziehung mathematischer Oberflächen in ein Gefäßsystem zu Forschungszwecken. Es war zuvor – wegen der Dominanz von Schwerkraft und Drehkräften – nicht möglich gewesen, Wasser dazu zu bringen, die angebotenen Oberflächen durch Ausbreitung über sie oder durch Beschreibung bestimmter Kurven ‹intim› zu berühren. Der Weg für die Fortsetzung der Weg-Kurven-Forschung war damit geebnet.

Vorbereitungen für weitere Arbeitszeiträume wurden 1970/71 getroffen, und ich hoffte auf eine Fortsetzung dieser Zusammenarbeit, doch führten Platzmangel und möglicherweise auch die Tatsache, dass ich über keine wissenschaftliche Ausbildung verfügte, dazu, dass ich meine Arbeit am Institut nicht fortsetzen konnte. Meine Frau und ich zogen schließlich nach England, wo ich während des Aufbaus von Kursen am Emerson College in Sussex meine Design-Forschungen weiterverfolgen konnte.

Dank und Anerkennung

An erster Stelle möchte ich meiner Frau Alfhild sowie Johanna und Thomas für ihre unerschöpfliche Geduld und Unterstützung danken, sowie, im beruflichen Bereich, Rex Raab und Arne Klingborg und, in Verbindung mit Forschung, George Adams, Theodor Schwenk und Nick Thomas. Ich stehe tief in ihrer Schuld.

Es ist Schwenks Arbeit, festgehalten in seinem Buch «Das sensible Chaos», die den Anstoß für meine eigenen Entwürfe und meine wissenschaftliche Forschung gab. Sein wesentlicher Beitrag zum Neuerwachen eines echten, modernen Bewusstseins für Wasser ist von grundlegender Bedeutung für das vorliegende Buch, das ich in aller Bescheidenheit als Beschreibung einer Konsequenz aus seiner untersuchenden Forschung betrachte.

Was die Arbeit selbst anbelangt, möchte ich viele erwähnen, die auf die eine oder andere Weise einen bedeutenden Beitrag geleistet haben. Seit der Entdeckung und Entwicklung der Flowform-Methode 1970 hat ihre Implementierung durch die Aktivitäten der Flow Design Research Group am Emerson College und circa dreißig verbundenen Einzelpersonen oder Gruppen in ungefähr fünfundzwanzig Ländern in mehr als zweitausend Projekten in etwa fünfzig Ländern ihren Niederschlag gefunden.

Arne Klingborg war unter den ersten, die das Potenzial der Flowform erkannten. Er initiierte das erste größere Projekt in Järna, Schweden. Für das sich daraus ergebende Projekt in Akalla, in der Nähe von Stockholm, schlossen sich Iain Corrin und Nigel Wells mir an. Nigel leistete die größten Beiträge zur Design-Entwicklung in den nächsten zehn Jahren und ist ein treuer Freund und – durch seine eigenen Anstrengungen in Schweden seit 1985 – eine große Unterstützung geblieben. Schon zu einem frühen Zeitpunkt half uns Felicia Cronin bei der fotografischen Dokumentation der Arbeit. Vor allem in dieser Pionierzeit unterstützten uns Martina und Christopher Mann tatkräftig bei Schutzmaßnahmen wie Patenten, aber auch bei der Entwicklung von Designs, und diese Hilfe hat sich auf die eine oder andere Weise bis zur Gegenwart fortgesetzt.

In Forschung und Entwicklung haben mehrere Organisationen über die Jahre Beiträge geleistet: Der Rudolf-Steiner-Fonds für wissenschaftliche Forschung in Nürnberg, die Cultura Stiftung in Heidenheim, die Mercury Arts Foundation und der Margaret Wilkinson Fund in London, die Helixor Stiftung und Fischermühle in Balingen. Ihnen allen sprechen wir unseren herzlichen Dank aus.

Nigel Wells führte die Siebenfache-I-Flowform-Kaskade aus. Die Siebenfache-II-Flowform-Kaskade wurde 1986 zusammen mit Hansjörg Palm entwickelt und von Nick

*Abb. 3: Von links nach rechts: John Wilkes, Arne Klingborg, Walter Liebendorfer, Abbe Assmussen, Rex Raab
Foto: Benjamin Boardman*

Weidmann fertiggestellt, der bis heute mein wichtigster Design-Mitarbeiter ist. Die Beiträge von Nick Thomas begannen in den siebziger Jahren mit zahlreichen wissenschaftlichen Untersuchungen und mathematischer Konstruktionsberatung in Fortführung des Themas von George Adams bezüglich der Weg-Kurven-Anwendungen auf die Wasserforschung.

Francis Edmunds, John Davy und Michael Spence vom Emerson College Council unterstützten die Fortsetzung der Arbeit am Emerson College seit 1970, wobei sich unsere Aktivitäten finanziell immer komplett selbst trugen. Unser erster Versuch des Baus eines Rhythmusforschungsinstituts 1980 wurde finanziell von vielen Personen unterstützt. So beteiligte sich zum Beispiel Kersti Biuw nicht nur an unserer Arbeit, sondern sorgte auch für eine bedeutende Schenkung. Mangels ausreichender Finanzierung musste der Bau zu jener Zeit jedoch abgebrochen werden. Die folgenden Jahre erwiesen sich als die schwierigsten, da von bestimmten Kreisen versucht wurde, uns die Arbeit zu entreißen und die Urheberschaft in Anspruch zu nehmen.

In den neunziger Jahren wurden die über unsere eigenen Projekte erzielten Einnahmen durch Spenden ergänzt. Die Unterstützung durch die Rudolf Steiner Foundation USA, Unni Coward in Norwegen, Katrin Fichtmüller in der Schweiz, Vidaraasen Landsby in Norwegen, die Cadbury's Foundation in Großbritannien sowie die Software AG Stiftung in Deutschland förderten eine Reaktivierung des Bauvorhabens und eine Weiterführung. Nach verschiedenen Versuchen wurden in Zusammenarbeit mit Lars Danielsson in Schweden die ersten Pläne erstellt, mit deren Hilfe wir eine Baugenehmigung einholen konnten. Freunde an weit entfernten Orten boten ihre Hilfe als Experten und beim Bau an; ihnen allen spreche ich meinen herzlichen Dank aus. Im Laufe der Bauzeit führten Nick Pople und später Tom Rowling, beide Architekten am Emerson College, den Prozess bis zur Endphase im Rahmen eines Gesamtprogramms zur Erweiterung des Colleges zu Ende.

Einige Partner, von denen die meisten kürzere oder längere Zeit an der Flow-Design-Forschungsgruppe beteiligt waren, trugen unsere Arbeit in andere Länder. Herbert Dreiseitl begann in Deutschland mit Flowforms und ebnete allmählich den Weg für eine ausgedehnte Beschäftigung mit Wasser in der Stadtplanung (siehe «Neue Wege für das Regenwasser» und «Waterscapes»). Iain Trousdell führte viele Flowform-Projekte in Neuseeland aus und leistete, in Zusammenarbeit mit Peter Proctor, einen großen Beitrag auf dem Gebiet der biodynamischen Landwirtschaft. Der Architekt Mark Baxter hat die Aktivitäten in Australien unterstützt und fand dort im Laufe der Zeit andere Mitstreiter. Andrew Joiner kehrte aus Afrika zurück, um an laufenden wichtigen Projekten mitzuwirken, und begann später mit eigenen

Durchführungen in Yorkshire. Aonghus Gordon von Ruskin Mill ergriff die Initiative und eröffnete einen Flowform-Produktions-Workshop, welcher weiterhin Kunststein-Flowforms liefert.

In den Vereinigten Staaten von Amerika setzen Chris Hecht und Sven Schünemann mit viel Energie ihre Arbeit fort. Jenny Green stieg mit großem Enthusiasmus ein, ihre Arbeit an Flowforms wird aber nun von anderen weitergeführt.

In Norwegen bei Vidaraasen eröffnete Lars Henrick Nessheim einen Workshop zum Herstellen von Kunststein-Flowforms, zusätzlich hat er Flowform-Entwicklungen unterstützt. Jürgen Uhlvund übernahm den Workshop und erforscht die Ergebnisse der Wasserqualität und den Zeitpunkt des Gießprozesses. Die Unterstützung diverser Initiativen durch Jörn Copijn führte zu ausgedehnten Aktivitäten in Holland. Hanna Keis in Dänemark kam zur Durchführung vieler Projekte und leitete die Arbeit dort jahrelang. Michael Monzies arbeitet weiterhin in seinem Atelier Coralis in Frankreich. Pit Müller eröffnete vor einigen Jahren seine «Wasserwerkstatt» in Dortmund, wo er viele technisch effiziente Installationen vornahm und einige Designforschungsprojekte für uns organisierte.

Thomas Wilkes fuhr mit der wichtigen Entwicklung der Keramik-Flowforms fort. Nick Thomas, Georg Sonder und Jan Capjon trugen viel zu den mathematischen Lösungen hinsichtlich meiner Virbela-Schraube bei, an der auch Don Ratcliff vor vielen Jahren arbeitete.

Viele weitere, die nicht alle namentlich genannt werden können, waren oder sind noch in Italien, Portugal, Estland, Island, Finnland, Indien, Brasilien, der Schweiz, Deutschland, Griechenland, Spanien, Kanada, Israel, Belgien, Südafrika, Kenia und Taiwan tätig, und ständig werden neue Initiativen gegründet. Alle zusammengenommen haben in mehr als dreißig Ländern zusammengearbeitet, in letzter Zeit auch in Mexiko, Japan, China, Polen und Ungarn, und es besteht die Aussicht auf Projekte in Rumänien, der Türkei und Peru.

Durch die Verbreitung von Flowforms in den zahlreichen Ländern erschienen Beiträge, Erwähnungen und Illustrationen in weit über 300 Publikationen, und dies sind nur die, von denen ich persönlich gehört habe.

Mein Dank gilt Robert Kaller aus Deutschland, der mich zusammen mit Kollegen wie Pit Müller bei der Arbeit unterstützt hat, besonders zum Zeitpunkt der Vorbereitung dieses Buches. Mein Dank gilt auch Herbert Köpf für seinen Beitrag zu Zeit und Rhythmus in Kapitel 1, Mark Riegner für die Mitarbeit an Aspekten der Metamorphose in Kapitel 3 und Anhang 1 und Nick Thomas für die Bereitstellung des Materials für den Anhang über wissenschaftliche und technische Aspekte. Ich stehe außerdem bei Costantino Giorgetti, der ein wichtiges Glied in der Planung zukünftiger Aktivitäten unseres Rhythmus-Forschungs-Instituts und dessen Fortbestehen war, für seine unschätzbare Unterstützung zur endgültigen Formgebung des Manuskripts in tiefer Schuld. Wir danken dem Verlag Engel sowie Floris Books herzlichst für ihre geduldige und konstruktive Unterstützung bei der Veröffentlichung dieser Publikation und den Verlagen Urachhaus/Freies Geistesleben für ihr jahrelanges Bemühen und ihre Geduld.

Angesichts der Tatsache, dass so viele Personen einen Beitrag geleistet haben, bedauere ich, dass ich an dieser Stelle nicht alle Namen nennen kann.

A. John Wilkes
Emerson College, Sussex, England

Einführung

Wasser ist für alle vorstellbaren Prozesse, ob natürlicher oder technologischer Art, von essenzieller Bedeutung. Wir beschweren uns, wenn entweder zu viel oder zu wenig davon vorhanden ist, denn beides kann den Tod bringen. In jedem Kontext ist die Balance dann gegeben, wenn weder zu wenig noch zu viel Wasser vorhanden ist.

Vielerorts wird Wasser hauptsächlich in bescheidenen Mengen und nur zur Lebenserhaltung von Organismen genutzt. In unserer modernen, technologischen Welt wird es jedoch übermäßig und zu oft nur als Transportmittel oder Energielieferant genutzt. Dies vermindert die Fähigkeit des Wassers, Leben zu erhalten. Wir nutzen das Meer, die Flüsse und Seen sowie Grundwasserreserven, um unsere stetig wachsenden Ansprüche zu befriedigen. Rachel Carson erforschte als Erste die Konsequenzen unseres untragbaren Verhaltens. Diese werden immer bekannter, es ist jedoch nicht die Absicht dieses Buches, sich mit diesem Thema auseinanderzusetzen.

Dieses Buch richtet sich an aufgeschlossene Leser, die sich für unsere Umwelt interessieren und einsehen, dass unser unterstützendes, aktives Eingreifen im Sinne der Natur auf Dauer von Nöten ist. Diese Einstellung kann längst nicht mehr als romantische Haltung bezeichnet werden. Die Situation ist ernst, und die Menschheit ist weiterhin auf die Erde und ihre Artenvielfalt angewiesen, um noch ausstehende Aufgaben zu erfüllen.

Solange wir die Natur, Organismen und das Leben weiterhin als etwas lediglich Physisches, Technisches und Chemisches betrachten, fehlt uns das Verständnis des Gesamtbildes. Es gibt offensichtlich viel subtilere Aspekte, die die Natur uns zu zeigen versucht, sobald wir sie nur sehen wollen.

Dieses Buch versucht nicht, einen bestimmten Ansatz zu unterstützen. Sein Ziel ist statt dessen, eine andere Einstellung gegenüber dem Wasser anzuregen und somit auch die Schaffung eines verantwortbaren Zugangs zu allen Ressourcen.

Die wahre Funktion des Wassers besteht nicht nur darin, Dinge zu durchfeuchten, Wärme zu absorbieren oder gar verschwendet zu werden, auch die Energiegewinnung und der Transport sind es nicht. Seine eigentliche Aufgabe ist viel subtiler. Sie besteht darin, jedem Lebewesen die Bewegungen und Rhythmen der gesamten Umwelt zu vermitteln. Dies beinhaltet die vollkommene Einbettung eines jeden Organismus innerhalb seiner Umgebung unter Einbeziehung der subtilsten Aspekte. Es gäbe kein Leben ohne das Wunder der Wasservermittlung, welches alle Beziehungen am Leben erhält.

Wasser ist das Element der Bewegung per se. Seine natürliche Funktion ist die des universellen Vermittlers. Jedes Lebewesen ist abhängig vom Wasser, welches selbst der physische Träger des Rhythmus ist.

Eine Hypothese könnte wie folgt lauten: Da Rhythmen im Leben eine fundamentale Rolle spielen, ist es möglich, ein erweitertes Verständnis von ihnen anzuwenden, in der Art, dass die Fähigkeit des Wassers, Leben zu erhalten, gesteigert werden kann. Fließendes Wasser ist untrennbar von seiner inneren und äußeren Oberfläche. Entweder beeinflusst es die Oberflächen, über die es fließt, oder es wird von ihnen beeinflusst, indem es Oberflächen innerhalb seines eigenen Volumens bildet. Daraus folgt, dass Rhythmus und Oberfläche Aspekte sind, die zusammen erforscht werden müssen.

Ist es also denkbar, dass Rhythmen beim Zusammentreffen mit spezifischen Oberflächen einen verstärkenden Einfluss auf die Natur haben könnten und somit zur Unterstützung von Heilungs- und Harmonisierungsprozessen beitragen könnten? Fragen dieser Art führten zur Entdeckung der Flowform – eines Gefäßes, das in unterschiedlichen Größen und Formen gestaltet werden kann, und das aufgrund der «besonderen Wirkung seiner Proportionen» die Eigenschaft besitzt, Rhythmen herbeizuführen, wenn Wasser hindurchfließt. Während ihrer Entwicklung und Konstruktion erkannte ich, dass die hervorgerufenen Rhythmen nicht nur von ästhetischem und visuellem Interesse sind, sondern auch für Lebensprozesse von Nutzen sein könnten.

Wie manifestieren sich rhythmische Prozesse überhaupt in der physikalischen Welt der organischen Formen? Sie erscheinen als metamorphe Beziehungen in den lebenden Organismen unserer Umwelt. Metamorphe Beziehungen haben etwas zu tun mit physikalisch nicht kontinuierlichen Prozessen, in denen die Bestandteile trotzdem eine Verbindung zueinander aufweisen, wie beispielsweise der Stängel der Pflanze, der die einzelnen Blätter vereint. Solche Prozesse demonstrieren häufig den Wandel der Formen innerhalb einer physikalischen Gesamtheit im Gegensatz zum Formenwandel innerhalb des Wachstumsprozesses, welcher physikalisch kontinuierlich stattfindet.

Unter Metamorphose versteht man also einen dynamischen Formungsprozess außerhalb der physikalischen Erscheinung. Denken wir an etwas Vitales, beispielsweise an etwas, das zwischen zwei Blättern stattfindet und einen Formenwandel mit sich bringt. Dies ist ein essenzieller Aspekt der Beschreibung von Flowforms, da diese letztendlich das Ziel haben, Wasser mit einem «Metamorphose-Organ» auszustatten, um seine lebenserhaltende Fähigkeit zu verstärken.

Nachfolgendes möchte ich die «Biografie einer Idee» nennen. Es ist keinesfalls beabsichtigt, eine erschöpfende Abhandlung über Wasser niederzuschreiben, was bereits durch viele andere Publikationen eindrucksvoll ausgeführt wurde, wie die von Theodor Schwenk, Callum Coats, Allan Hall und Charles Ryrie.

Zuerst wollen wir uns mit rhythmischen Phänomenen in unserer natürlichen Umgebung beschäftigen und eine Stimmung schaffen, in der wir unsere Erfahrungen auf diesem Gebiet in Erinnerung rufen.

Dann untersuchen wir die Wurzeln und die Konzeption der Flowform-Methode. Obwohl die Flowform dem künstlerischen Bereich entspringt, beinhaltet sie, neben ästhetischen, funktionale und wissenschaftliche Aspekte, welche hier erklärt werden sollen – zusammen mit der wissenschaftlichen Arbeit an Weg-Kurven, die der Entdeckung, Entwicklung und der Anwendung der Flowform-Methode vorangingen. Weiterhin werden wir das breite Feld der technischen, sozialen und ästhetischen Anwendungen, die weitere Erforschungen und Entdeckungen über die Jahre zuließen, beschreiben. Der erste Auftrag war ein Wasserreinigungssystem, in welches rhythmische Bewegungen zur Unterstützung pflanzlicher und tierischer Prozesse eingebaut wurden. Das nächste war ein eher soziales Projekt im Kindererholungsgebiet eines Hochhausviertels. Weitere Aufträge folgten, für die eine Vielzahl von Entwürfen für Attraktionen in Parks und privaten Gärten nötig waren, die oft individuelle Lösungen für besondere Bedingungen benötigten.

Die letzten Kapitel beschreiben einige Konsequenzen dieser Entdeckungen, rekapitulieren die Errungenschaften bis heute und führen unsere zukünftigen Ziele auf.

Abb. 4: Die Abbildung zeigt eine biologische Kläranlage, die ins Meer abfließt, für eine kleine Gemeinde an der Westküste Norwegens bei Hogganvik. Drei Lagunen mit Filterbetten und Kaskaden wurden verwendet. Auf der anderen Seite des abgebildeten Teichs fließt das Wasser durch ein Schilfrohrfilterbett zum letzten Fischteich das Gefälle hinunter.

Abb. 5: (S. 16/17) Ein gebrochener Deich an der Küste zeigt das ausgedehnte Muster der Sandablagerung.

Teil 1
Rhythmus und Polarität

1. Wasser und Rhythmus

Eines ruhigen Morgens saß ich am steinigen Ufer eines schottischen Sees, weit entfernt vom Meer. Die Oberfläche des Sees lag so ruhig wie ein Spiegel, und alles schien bewegungslos, bis ich bemerkte, wie das Wasser langsam über die abgerundeten Gesteinsformen anstieg. Der Wasserrand zog sich aufgrund der Oberflächenspannung wie Quecksilber die trockenen Steine hinauf. Beim Erreichen des höchsten Punktes eines sphärischen Steins zog sich das Wasser plötzlich zusammen und erzeugte mehrere Ringe, die sich ausdehnten und allmählich auf der spiegelglatten Oberfläche verschwanden.

Mit einem Mal wurde mir die einatmende Bewegung der gesamten ansteigenden Ozeanoberfläche bewusst. Dies war eine seltene und ungewöhnliche Erfahrung: die Flut, die sichtbar und unaufhaltsam im langsamen Rhythmus des Mondes anstieg. Das Land zog förmlich eine Wasserdecke über sich. Auf das Einatmen folgte das Ausatmen, wodurch das entgegengesetzte Bild entstand: das Loslassen der Decke. Später, wenn die Steine bereits nass waren, folgte ein weiterer Prozess, der als ein sanfter, fast nicht wahrnehmbarer Rückzug beschrieben werden könnte, in dessen Verlauf die Steine aus dem rückläufigen Wasser wieder hervorkamen.

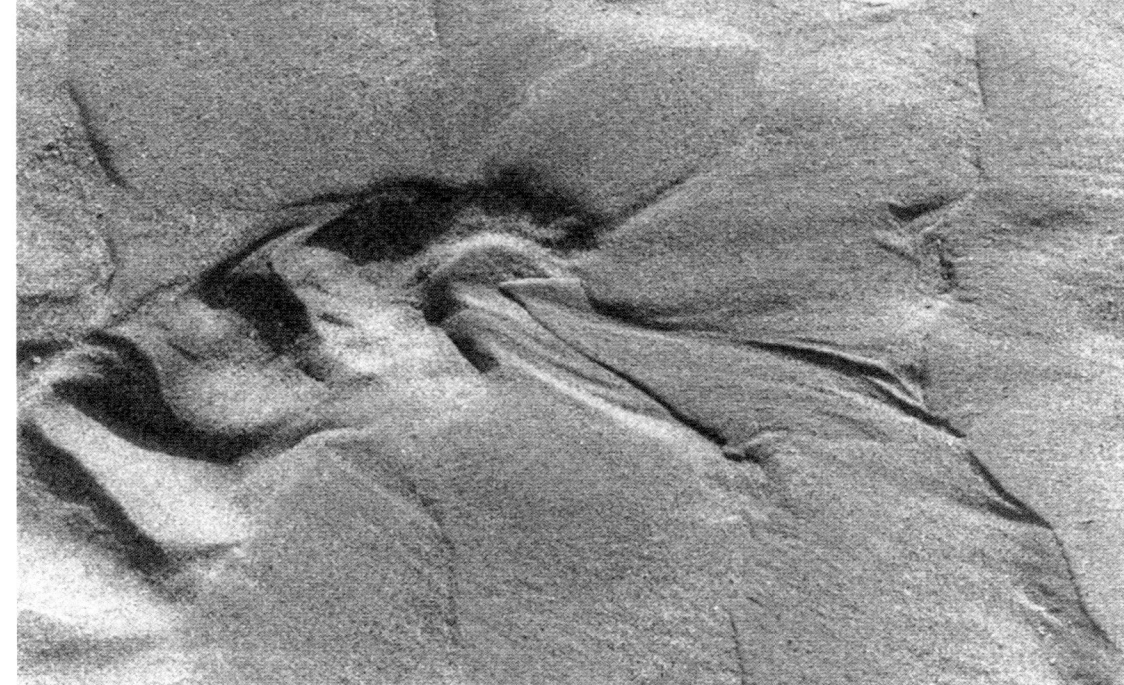

Abb. 6: (linke Seite) Der Balken trägt eine Aufeinanderfolge der Basic-, Slurry- und Sewage-Flowform

Abb. 7: Eine bestimmte Sandform, die entsteht, wenn Wasser von rechts nach links eine Neigung hinunterfließt und dabei den Sand in rhythmischen Formen erodiert

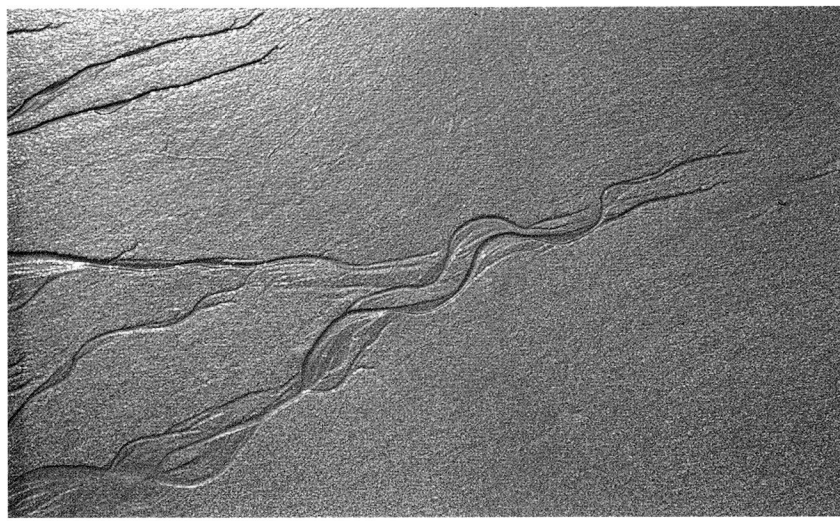

Abb. 8: Sandformen bringen die «Geschichte eines Mäanders» zum Vorschein; zuerst ein eher gerader Verlauf aufgrund einer größeren Strömung, allmählich mehr und mehr auslaufend mit Rückgang der Strömung, Kreuzpunkte sind klar erkennbar.

Eine sanfte Brise, die über die ruhige Oberfläche streifte, erinnerte mich an einen schnelleren Rhythmus von Wogen und Wellen. Ein einziger Stein, der über die Oberfläche herausragte, fing die sanften Wellen ab, wodurch die schönsten Spiralwellenmuster nach links und rechts entstanden.

Als ich den Strand entlang ging, hörte ich ein Rinnsal, das zum See führte. Zuerst floss das Wasser geradlinig in den See, doch kurz darauf, ausgelöst durch den Wasserwiderstand, entstand eine mäandrische, rhythmische Schwingung, die sich wieder in Chaos und Mischformen umwandelte, sobald der Impuls schwächer wurde.

Durch jenes Ereignis wurde klar, dass die Feinheit der Bewegungen des Wassers nahezu unbeschreiblich ist. Ich hatte bereits drei sehr unterschiedliche Strömungsmuster des Wassers beobachtet; diese werden wir noch näher untersuchen. Nach Peter Schneider (1973) unterscheiden wir drei verschiedene Stadien: das laminare, das harmonische und das turbulente. Wo beispielsweise eine kleine Quelle unter Wasser, am Ufer eines Sees oder an der Küste entspringt, wird die variierende Fließgeschwindigkeit anhand der unterschiedlichen Bewegungen der Sandkörner zu erkennen sein. Zuerst kann die stehende Welle eines Rings der Strömung entgegen kommen. Wenn sie sich vergrößert, fließt das Wasser plötzlich aus einer Seite des Kreises ab, wodurch aus der Rotations- eine Achsensymmetrie wird. An dieser Stelle beginnt das System zu pulsieren. Ein weiterer Anstieg der Strömung bringt Turbulenzen mit sich. Sowie sich die Strömung ändert, bewegt sich das Phänomen durch diese drei Stadien hin und zurück. Die Beobachtung, wie der rhythmische Wechsel zwischen laminarem und turbulentem Stadium aussieht, wenn er den fragilen Zustand der Achsensymmetrie durchläuft, ist faszinierend.

Muster oder Formen des Wasserrhythmus sind nach Rückgang der Flut an beinahe jedem Sandstrand im Sand vorzufinden oder an Orten, wo die Strömung den Strand passiert. An Küsten, die unter dem Einfluss von Gezeiten stehen, ist eine Vielzahl an Formen auffindbar, von den harten Wellen an vielen Stränden bis hin zu den zarten Reliefimpressionen aller Arten von Pflanzen und Tieren – eine Sammlung, die unendlich reicher ist als die fantasievollste Vorstellungskraft sie erträumen könnte (Abb. 7).

Die kleinste Strömung des Wassers hinterlässt eine Spur im Sand, der der gesamte zeitliche Ablauf einer Mäanderentwicklung entnommen werden kann (Abb. 8). Je stärker die Strömung, desto gerader ist der Verlauf. Beim Nachlassen der Strömung, wenn der Sand sich dem Verlauf widersetzt, läuft sie in breiter werdende Mäander nach links und rechts aus, jedoch durch Kreuzungspunkte, bis die Strömung komplett aufhört.

Wie diese stets präsenten Phänomene beweisen, führt

uns jede Erfahrung mit Wasser zu einer Erfahrung mit Rhythmus, und Wasser ist mit Sicherheit das Medium, durch welches Rhythmus am leichtesten ausgedrückt werden kann. Doch wie viele der alltäglichen Beschreibungen der Bewegungen des Wassers und der Art und Weise, wie es unsere Erde formt, bringen es in Zusammenhang mit Rhythmus? Hier ist der Punkt, an dem wir ansetzen.

Rhythmen, die grundlegend für die Schaffung aller sichtbaren Formen unserer Umgebung sind, werden durch Fließprozesse übertragen, deren Grundlage Wasser ist. Wenn sich Wasser über die Erdoberfläche bewegt, scheint es jedoch vorübergehend durch die Vielfalt an Formen, über die es fließt, seinen rhythmischen Zustand zu verlieren.

Rhythmus entsteht dank eines Zusammenspiels zwischen Schwerkraft und Leichtigkeit oder Kontraktion und Expansion, Druck und Sog, Zentrum und Peripherie. Der Beweis für diese wechselnden Bewegungen tritt überall in der Außenwelt auf, von Planeten, die sich um Fixsterne bewegen bis hin zu Sandkörnern, die durch Wind und Wasser geformt wurden. Der Rhythmus der Natur besitzt stärkere und schwächere Elemente der Wiederholung und Gleichmäßigkeit, er scheint sich jedoch nie mechanisch zu wiederholen, ohne dass eine Veränderung auftritt. Jede Bewegung und jede Form ist im Grunde einzigartig.

Im Lebenszyklus der Natur sind Rhythmen ebenfalls offenkundig. Die gesamte Struktur unseres Kosmos ist rhythmisch und beeinflusst die kleinsten Ereignisse in der Natur. Lebensprozesse verkörpern diese Eigenschaft des Rhythmus so selbstverständlich, dass wir beide als untrennbar empfinden. Leben beinhaltet einen offenkundigen Rhythmus, und somit spiegelt der Mikrokosmos den Makrokosmos wider.

Alle Lebewesen an Land, im Wasser und in der Luft leben eng verbunden mit ihrer Umgebung. Nur die Menschen haben sich zunehmend, wenn auch nicht völlig, vom Rhythmus der Natur emanzipiert. Doch damit nicht genug: Allmählich verringerte sich das Wissen über diese Beziehung, wodurch technologische Eingriffe immer häufiger ohne Rücksicht auf den natürlichen Rhythmus durchgeführt wurden. So werden diese kosmischen Beziehungen in der modernen Zeit weitgehend ignoriert. Ausgenommen sind Erfahrungen wie der Jetlag, die uns zeigen, dass unsere Körperfunktionen und damit unser Wohlbefinden mit der Natur zusammenhängen. Letztendlich leben alle Lebewesen innerhalb des Erde-Sonne-Rhythmus von Tag und Jahr. Lebewesen führen ihr Leben in Zyklen, in rhythmischen Zeitstrukturen, die dem Wachstum, der Reproduktion und der Aktivität zugrunde liegen. Neueste Forschungen auf diesem Gebiet werden innerhalb eines schnell expandierenden Zweiges der Lebenswissenschaften, genannt Chronobiologie, durchgeführt.

Viele der Rhythmen im lebenden Organismus rühren von seiner inneren Ordnung her und sind als Endorhythmen bekannt. Der Organismus kann beispielsweise auf biologische oder meteorologische Zeichen aus der Umwelt reagieren. Nicht alle Einflüsse sind jedoch lokalen Ursprungs. Einige Periodizitäten sind direkt im Einklang mit Sonne und Mond, wodurch wir uns ein farbenfrohes Bild irdisch-kosmischer Beziehungen des Lebens ausmalen können.

Um ein Beispiel für diese kosmischen Kräfte zu nennen: Landwirte und Biologen kennen die Bedeutung der Tageslänge für die Entwicklung des Getreides. Sogenannte Langtages-Pflanzen benötigen eine gewisse Anzahl an Tagen mit über 14 Stunden Licht um auszuwachsen. Kurztags-Pflanzen brauchen weniger Tageslichtstunden, um das gleiche Reifestadium zu erreichen. In diesem Fall ist die Dauer des Lichts von Bedeutung, nicht die Lichtintensität oder andere Faktoren, wie beispielsweise die Temperatur. Licht ist die Energiequelle für die Fotosynthese, darüber hinaus jedoch fungiert es als morphogenetische Kraft im Zeitgefüge vieler Organismen. Aus dem täglichen und saisonalen Rhythmus des Lichts entsteht ein breit gefächertes Spektrum an Auswirkungen, welches die saisonale Entwicklung der Pflanzen sowie die Aktivitäten, Reproduktionszyklen und Migration der Tiere umfasst.

Ähnlich verhält es sich bei den Lebewesen des Wassers, wo Tages-, Monats- und saisonale Rhythmen vorkommen, beeinflusst durch Gezeiten, Temperatur, Helligkeit während der Nacht oder andere, auf den Mond bezogene, externe Faktoren. Ein bedeutender qualitativer Aspekt des Mondeinflusses auf das Element Wasser zeigt sich in der Art und Weise, in der es sich in Pflanzen und Tieren und um sie herum fließend bewegt.

Durch Forschung und Beobachtung sind wir zu dem Schluss gekommen, dass ein Rhythmusverständnis die Entwicklung einer wahren Naturwissenschaft ermöglicht. Ob lebendig oder anorganisch, die räumlichen Objekte, die wir in der manifesten Welt wahrnehmen, sind unbeständig. Formen, Standpunkt und andere Eigenschaften verändern sich oder verschwinden mit der

Zeit. Ob langsam oder schnell, in der Natur herrscht kontinuierlich Bewegung. Unser Verständnis für das, was wir sehen wird wirklichkeitsgetreuer und vollständiger, wenn wir verstehen, wie es sich entwickelt hat und wie es sich weiterentwickeln wird, gemessen an dem, was wir von der Vergangenheit wissen. Die Zeitspanne von der hier die Rede ist, erstreckt sich weit in Vergangenheit und Zukunft, sie umfasst stürmische Winde, Strudel im Fluss und das Zeitalter der Treibeisblöcke, die sich während der Eiszeit bildeten.

Auf seine eigene Art und Weise ist jedes Lebewesen speziell in seine irdische und kosmische Umwelt und Geschichte eingebunden. Diese Umgebungen variieren rhythmisch in der Zeit, abhängig von den Bewegungen der Erde, der Sonne, des Mondes und der Sterne. Die Bewegungen der Planeten beruhen ebenso auf einer idealen Harmonie und Regelmäßigkeit. Während die Unregelmäßigkeit der meteorologischen Verhältnisse in dieser Hinsicht störend ist, reagiert das Leben der irdischen Lebewesen kontinuierlich auf dieses Zusammenspiel zwischen dem weltlichen und dem kosmischen Reich.

Durch jüngste Arbeiten an der Gaia-Theorie erhält das Konzept der Erde als eines lebenden Organismus immer mehr Glaubwürdigkeit. Diese Auffassung kann jetzt ausführlicher beschrieben und auf präzisere Art verstanden werden. Vor diesem Hintergrund sehen wir den Wasserzyklus des Planeten als Äquivalent zur Blutzirkulation im menschlichen oder tierischen Organismus an. Wasser ist das «Blut der Erde», ein Konzept, das bereits im letzten Jahrhundert von anderen Personen geprägt wurde (siehe Schauberger und Steiner). Unter diesem Blickwinkel rücken die Aspekte Rhythmus und Strömung in den Vordergrund.

Ohne Wasser gäbe es keine Bewegung in der Natur, und ohne Bewegung gäbe es kein Leben. Der Wasserzyklus von der Quelle über den Ozean zur Atmosphäre bildet enorme Rhythmen, in denen eine Vielzahl an Organismen existiert. Diese gewaltige Wasserzirkulation mit all ihren Bewegungen und Aggregatzuständen – fest, flüssig oder gasförmig – besteht größtenteils, um Rhythmen jeder Art innerhalb der gesamten Umwelt zu vermitteln. Das Innere jedes lebenden Organismus trägt die Erinnerung an die flüssige Umgebung von Anfang an in sich, und wie wir später sehen werden, wird der Organismus von Geburt an von Rhythmen belebt, deren Stillstand zugleich das Ende des Lebens bedeuten.

2. Rhythmus und Fluss: der Wasserzyklus

Leonardo da Vinci sagte einst: «Bewegung ist die Quelle und die Ursache des gesamten Lebens.» Das beschwört vor allem ein Bild von Wasser herauf. Zuerst evozieren wir ein Bild des Wasserzyklus und seiner Bewegungen von der Quelle bis zum Ozean. Der Begriff «Niederschlag» beschreibt sehr gut das lineare Fallen von Regentropfen, fast völlig unter dem Einfluss der Schwerkraft. Sie können auf Hügel oder Berge fallen, wo sie sich weiterhin bewegen. Jeder Tropfen, ganz gleich wo er niederfällt, strebt auf andere Tropfen zu und bildet mit ihnen zusammen winzige Rinnsale. Zu Beginn ihrer Reise kann das Gefälle die Rinnsale in kraftvolle, schmale, schnell fließende Ströme verwandeln, die tiefe Gräben und Klüfte in den Untergrund einschneiden und die Kraft von Wasserfällen erlangen. Wenn sich die Abhänge in Tallandschaften abflachen, wird der Strom größer, er wird breiter, fließt langsamer und wird proportional flacher – ein Mäander mit großzügigen Kurven. Die Schwerkraft verliert immer mehr an Bedeutung, und der Wasserlauf endet manchmal in einem See oder in einem Meer.

Wenn wir solche Bewegungen in der geformten Welt betrachten, fragen wir uns, wie es dazu kommt. Bewegung entsteht allein durch das Wirken der Polarität. In all ihren Facetten ist Polarität die Basis für die physikalische Existenz, und ohne diese Gegensätze wäre das Verhalten der grundlegenden Dinge, wie wir sie wahrnehmen, nicht möglich. Kontraktion ist ohne Expansion undenkbar. Wenn nur eines der beiden existieren würde, wäre alles entweder außergewöhnlich zusammengezogen und unbeweglich oder vollständig unsichtbar und unerheblich.

Es liegt in der Natur des Wassers, jede Form annehmen zu können. Es passt sich der Erdoberfläche, über die es fließt, an, während seine Oberfläche in Beziehung zur gesamten Erde steht. Somit wird das Verhalten des Wassers immer zwischen Polaritäten ausgedrückt. Aufgrund der Schwerkraft bewegt sich Wasser hangabwärts, was jedoch nur durch komplett gegensätzliche Prozesse möglich ist, die das Wasser zuvor aufsteigen ließen. Diese Bewegung über die Erdoberfläche und die letztendliche Verdunstung sind Teile des Wasserkreislaufs, der ein rhythmischer Ausdruck einer Flüssigkeitszirkulation ist, die das Leben auf der Erde aufrechterhält. Mäander bilden das Herzstück des gesamten Zyklus (Abb. 9).

Beim Betrachten des gesamten Zyklus wird deutlich, dass der Fluss eine zentrale Rolle in einem siebenfachen Prozess spielt, in dem Polaritäten am Werk sind, wie Kontraktion, Ausdehnung, Schwerkraft, Leichtigkeit, Geradlinigkeit und Zirkulation. Wasser verdunstet auf allen Oberflächen und dehnt sich dadurch eine Zeit lang enorm aus, während es für uns unsichtbar ist. Unter bestimmten Umständen wird es in Wolkenformationen in den verschiedenen Schichten der Atmosphäre wieder sichtbar. Wenn die Schwerkraft einsetzt, stellt dies den Beginn eines Prozesses der Anziehung hin zur Erde dar. Eine Vielzahl kugelförmiger Tröpfchen entsteht und verschwindet auf diese sanfte Art und Weise, sodass Wasser wieder auf die Erde gelangen kann, von wo aus es zuvor aufgestiegen ist. Das Zusammenlaufen der Nebenflüsse beginnt überall, wo ein Tropfen fällt. Diese Ansammlung des Wassers bildet das dritte Stadium der Kontraktion im Gesamtzyklus. Niederschlag und Abwärtsfließen sind geradlinige Bewegungen. Erreicht der Fluss aber flachere Stellen, herrscht eine Tendenz zu wechselnden Spiralformen vor, aus denen der Mäander entsteht. Vor dem Erreichen des Meeres breitet sich der Fluss meist zu einer Deltamündung aus und unterteilt sich in viele Arme. Dies geschieht aufgrund der Verlangsamung des Wassers und der Ablagerung des mittransportierten Ballasts. Nachdem das Wasser des Flusses in den Ozean gelaufen ist, beginnt die exzessive Verdunstung von Neuem.

Wie bereits erwähnt, haben viele Forscher vom Wasser als dem «Blut der Erde» gesprochen. Diese Vorstellung ist einleuchtend, wenn man die Erde als Organismus wahrnimmt. Was ist ein pulsierender Mäander anderes

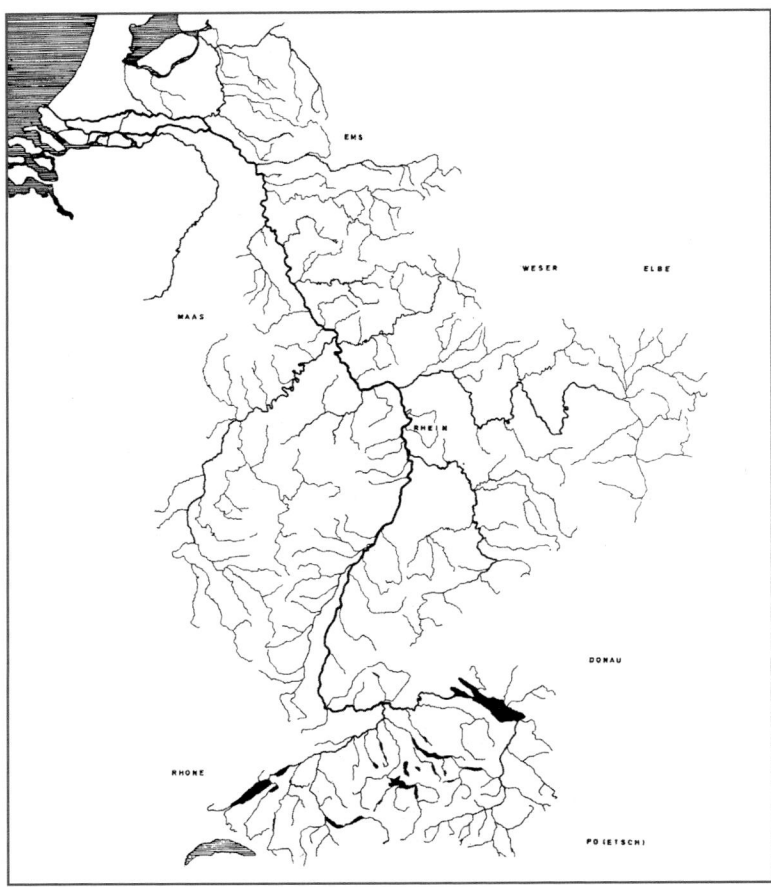

◀ Abb. 9: Der Rhein und seine Nebenflüsse: das Einzugsgebiet eines großen Flusssystems

Abb. 10: Ein Abschnitt des Rheins im Schwarzwald. ▶
Die Karte wurde 1836 gezeichnet, als lange über
Kontrolle und Begradigung des Flusses diskutiert wurde

als ein Organ, das einen Indikator für die Gesundheit des Landes darstellt?
Man betrachte als erstes das Herz als regulierendes «Sinnesorgan», das unseren Gesundheitsgrad feststellt. Wenn unsere Adern blockiert, begradigt, eingeschnitten, unter Druck gesetzt, von einer Krankheit befallen oder mit einer bestimmten Dosis an Gift kontaminiert sind, können wir nicht überleben. Die Zirkulation wäre unterbrochen, was einen Herzstillstand zur Folge hätte.
Bereits in den achtziger Jahren des 19. Jahrhunderts betrachtete William Morris Davis die Flüsse und ihre Täler als lebende Organismen, die von Kindheit über Jugend und Erwachsenenalter bis ins hohe Alter reifen. In der heutigen Welt befinden sich viele Flüsse in einem chronischen Ungleichgewicht und benötigen dringend Behandlung, da sie blockiert, begradigt, eingeschnitten, unter Druck gesetzt, von Krankheit befallen und mit einer Menge an Gift jenseits der Verträglichkeit belastet sind.
Die ersten Anzeichen einer Funktionsstörung traten vor etwa eineinhalb Jahrhunderten auf, als man versuchte, große Flüsse für Navigations- und Handelszwecke zu begradigen. Die Karte von 1836 zeigt den ursprünglichen Lauf des Rheins durch den Schwarzwald und darüberliegend, den erwünschten Flusslauf (Abb. 10).
Aber während der Durchführung dieser großen technischen «Fortschritte» wurde nicht in Erwägung gezogen, wie der Eingriff die rhythmischen Lebensprozesse des Flusses beeinträchtigt. Es wurde nicht daran gedacht, dass der Fluss durch die Begradigung

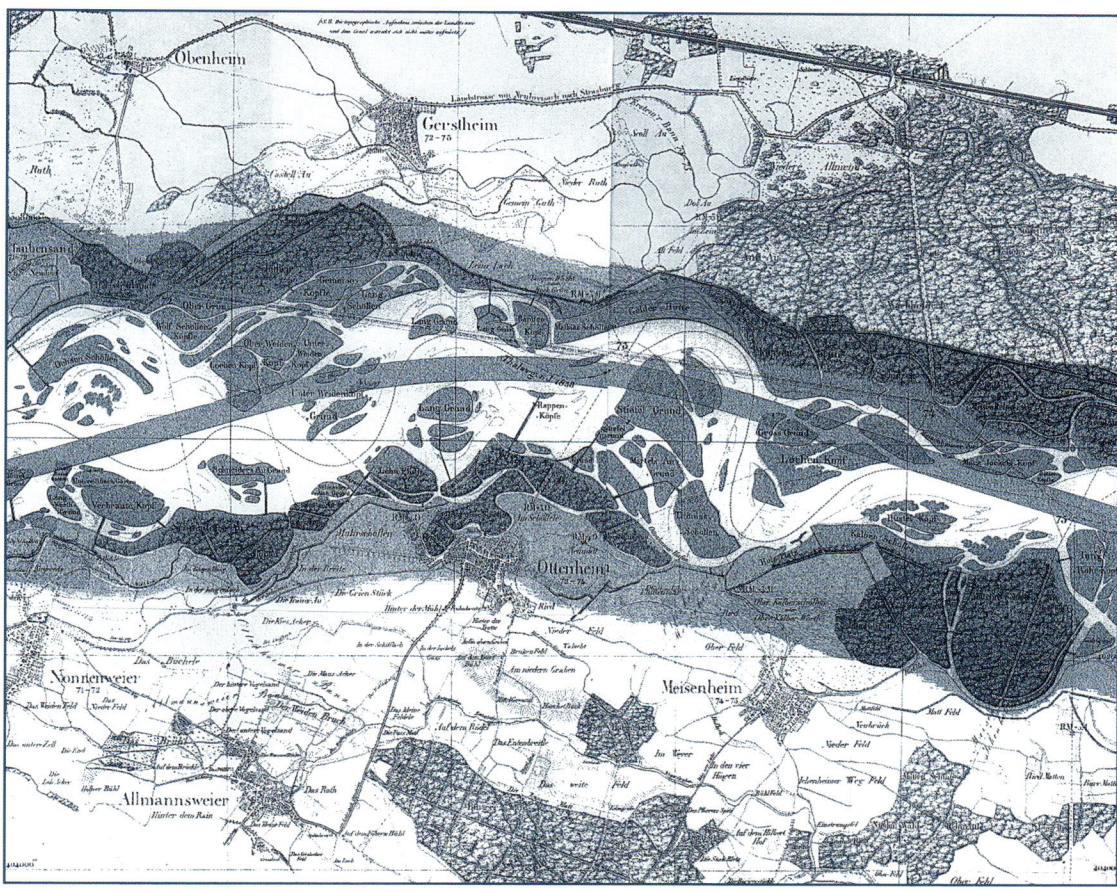

seine Schwemmebene verlieren würde, die die Fließgeschwindigkeit und den Grundwasserspiegel reguliert. Diese wurden zuvor durch das rhythmische Mäandrieren des Wasserflusses effizient und auf natürliche Weise geregelt.

Der Mäander

Der Mäander ist der «Puls» eines Flusses (Abb. 11). Wenn man ein fließendes Gewässer betrachtet und sich die Bewegungen genau ansieht, die unter dem Einfluss von Schwerkraft entstehen, sieht man, dass durch den geringsten Widerstand geschwungene, strudelähnliche Formen erzeugt werden. Wasser tendiert immer in Richtung Sphärenform und während des Fließens in Richtung Strudel. Sich abwechselnde Links-Rechts-Bewegungen liegen allen Fließprozessen zugrunde und führen zu mäandrischen Erosionen in feinstem Sand, felsigen Hängen (Abb. 13) oder im Flussbett mächtiger Flüsse. Die gleichen Muster finden wir in alten Steinformationen, in denen fließende Bewegungen versteinert wurden (Abb. 12).

Der Mäander eines Flusses wird bedingt durch die konkreten natürlichen Fließprozesse selbst. Unterschiedliche natürliche Bedingungen, einschließlich geologischer Einflüsse, beeinflussen den Prozess der Formgebung, wie es am Beispiel der Wirbelstraße (Abb. 14) demonstriert wird.

Abb. 11: Durch den Alsek-Tatshenshinin-Mäander im Tongass National Forest, Alaska, ausgelöste Erosion

Abb. 12: Faszinierende Wellen in Steinen aus unterschiedlicher Zusammensetzung erinnern uns an deren flüssiges Stadium.

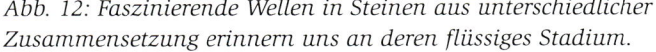

Abb. 13: Solche Mäanderkanäle liegen unter Gletschern, wo Strömungen im Laufe von tausenden von Jahren Erosionen bewirkten.

Abb. 14: Eine Wirbelstraße

Wasser ist …		
belebt	und schließlich	*entartet*
Das Flussbett ist …		
steil	und wird	*flach*
eng	und wird	*breit*
gerade	und wird	*kurvenreich*
tief	und wird	*seicht*
Konsequenzen:		
Wasser wird …		
durch Schwerkraft in Bewegung gesetzt	*durch Schwerkraft in Ruhe gehalten*	
Es verändert sich von …		
nährstoffarm	zu	*nährstoffreich*
kühl	zu	*warm*
sauerstoffreich	zu	*sauerstoffarm*
sauber	zu	*verschmutzt*
Es tendiert zu …		
Erosion	*Ablagerung*	
festen Kanälen	*sich verschiebenden Kanälen*	
Es hat …		
zu wenig Nährstoffe	*zu viele Nährstoffe*	

Tab. 1: Der Mäander entsteht aus einer geraden Linie und vergeht in einem Kreis.

Abb. 15: Ein gebrochener Deich an der Küste zeigt das ausgedehnte Muster der Sandablagerung.

Wie der gesamte Wasserzyklus muss auch der Mäander als ein Phänomen betrachtet werden, welches als Gleichgewicht zwischen zwei Gegensätzen entsteht. Die gerade Linie und der Kreis sind Formen, aus denen der Mäander in Wechselwirkung entsteht und in denen er wieder endet. Von der geradlinigen, an die Schwerkraft gebundenen Bewegung ausgehend, kommt das Wasser letztendlich im horizontal statischen Kreis zur Ruhe, beispielsweise in dem sogenannten Oxbow Lake, der durch die Hauptströmung abgetrennt wird, wenn diese ihn umfließt.

Die Tabelle auf Seite 28 (Tabelle 1) gibt einen Überblick über einige der Hauptcharakteristika von Flüssen über die gesamte Länge hinweg.

Von asymmetrischen zu symmetrischen Formen

Es gibt einen weiteren Gegensatz im Verhalten von Wasser. Es geht um den Unterschied zwischen den Auswirkungen der Strömung und der Stoßkraft (siehe Kap. 4). Jeder Fließprozess zieht Asymmetrie nach sich, auf dem fundamentalen Gesetz beruhend, dass eine Flüssigkeit, die auf Widerstand stößt, Wellen bzw. Wirbel formt.

Ein Schub oder ein bestimmter Impuls kann jedoch auch Symmetrie zur Folge haben, was anhand der folgenden Bilder zu sehen ist. Ein gebrochener Deich führt die Sandmengen ins Wasser ab und bildet ein im Großen und Ganzen symmetrisches Muster (Abb. 15). In Abb. 16 stößt eine Welle durch ein Loch und bildet einen typischen Pilzkopf (siehe auch Abb. 35). Dieses Beispiel zeigt, wie der Stoßwelle von allen Seiten gleichmäßig standgehalten wird. Abb. 17 zeigt eine relativ symmetrische Erosion durch den Colorado River. Wie ist diese wohl entstanden?

Beinahe jede Manifestation von Bewegung im Wasser ist asymmetrisch. Nur durch Spiegelung dieser Formen kann Symmetrie entstehen. Es ist interessant, lebendige Formen daraufhin zu vergleichen. An einem Organismus zeigt sich die Schubkraft, die auf ihn wirkt, an seiner Form. Man erkennt das beispielsweise an einem Ei oder einer Qualle. Hält der Schub an, schafft die anhaltende Strömung mäandrische Formen, die aussehen können wie hinten ansetzende Tentakel. Ein Pilz bricht aus der Erde hervor und weist eine typische symmetrische Form auf, der er ihren Namen gibt. Der vertikale Stoß bewirkt eine radial symmetrische Form in der vertikalen Achse. Von der Seite aus beobachtet man dagegen Achsensymmetrie.

Ein sehr interessantes Beispiel, das ich als einen

Abb. 16: Eine Welle wird durch ein Loch im Deich gedrückt und bildet einen symmetrischen Doppelstrudel. Foto: Norbert Didden

Abb. 17: Hier ist eine außergewöhnliche Formation in Colorado zu sehen, die das Wasser während unzähliger Hochwasserperioden in oszillierenden Bewegungen geschaffen haben muss. Foto: Carolyn Bean Pub. Co.

Archetypus der Pflanzenformen betrachte, ist die Meeresalge (Seetang) *Sacchariza Polyscheides* (Abb. 18). In ihrer natürlichen Umgebung entsteht sie aus einer engen Verbindungen zu den Wasserbewegungen. Sie besitzt ein hohles, kugelförmiges (kopfähnliches) Organ, aus dem sich lineare Wurzeln in alle Richtungen ausstrecken, gefolgt von dynamisch-rhythmischen, mäandrischen Oberflächen, die allmählich entlang der gegenüberliegenden Seiten eines flachen Stammes auslaufen. Dieser wiederum teilt sich in zahlreiche flache Äste. Somit haben wir zuerst eine kugelförmige, Linien aussendende Symmetrie, dann die Achsensymmetrie in der rhythmischen, mittleren Region und anschließend eine relativ symmetrische Verästelung, die zunehmend den chaotischen Bewegungen des Wassers erliegt. Wieder einmal lässt die Trinität von laminar, harmonisch und turbulent die enge Verbindung zwischen dem Wasserverhalten und den organischen Formen erkennen.

Vor einigen Jahren kam mir die Idee, einen vollständigen Vergleich zwischen einem Fluss- oder seinem Einzugsgebiet und einer Pflanze am Beispiel des Baumes zu entwickeln. Dabei entstanden sicherlich viele Ideen, die entwicklungs- und ausbaufähig sind, aber ich erwähne sie trotzdem, um den Leser zu ermutigen, eigene Vorstellungen zu entwickeln (siehe Tabelle 2).

Die Opferbereitschaft des Wassers

Im Gegensatz zur natürlichen Welt kann Wasser im technischen Kontext wie ein Werkzeug benutzt werden. Durch die Wirkung seines Gewichts und seiner Bewegung, durch die Hitze, die es aufnehmen und das Gift, das es absorbieren kann, bis hin zu elektrischen, magnetischen und radioaktiven Rückständen, kann es zu einer tödlichen Kraft der Zerstörung werden. Auf der anderen Seite kann die gleiche Substanz als sanfteste

Abb. 18: Diese wunderschöne Meeresalge (Sacchariza Polyscheides) ist in meinen Augen ein Archetyp für Wasserpflanzen. An beiden Enden findet sich eine aufwändige Asymmetrie: Das eine Ende wird zu flachen Wedeln, das andere streckt lineare Verwurzelungen von einem kugelförmigen Organ aus. Dazwischen liegt ein flacher, zentraler Stamm mit wellenförmigen Rändern, die eine deutlich mäandrische Form an jeder Seite aufweisen. Durch sie entsteht eine Tendenz zur Achsensymmetrie in diesem rhythmischen Abschnitt. Diese Pflanze wickelt ihre Wurzeln oft um einen kleinen Stein, der es ihr ermöglicht, sich mit den Wellen fortzubewegen, sie jedoch so beschwert, dass sie sich in einer vertikalen Haltung fortbewegen kann.

Der Fluss	Der Baum
Flüsse werden gestaut oder trockengelegt.	Bäume werden gestutzt oder gefällt.
Grundwasser wird durch mäandrische Flüsse reguliert.	Bäume helfen, das Klima und den Wassergehalt in der Atmosphäre zu regulieren.
Fische und andere Lebewesen leben in und um Flusssysteme.	Vögel, Tiere und Insekten leben in und in der Nähe von Bäumen.
Ausbildung von Verzweigungen im Delta	Saatgutproduktion in der Peripherie
Wasserläufe begünstigen Vegetation, die Schatten spendet und so die Verdunstung reduziert.	Bäume tragen Blätter, die zur Transpiration und Verdunstung beitragen.
Eine turbulente Wasserströmung im Oberlauf (oligotroph) nimmt Sauerstoff auf.	Laub gibt Sauerstoff ab.
Verrottender Gesteinsschutt im Wasser sondert Methane und andere Gase ab (eutroph).	Laub absorbiert Kohlenstoffdioxid.
Asymmetrische Tendenzen	Symmetrische Tendenzen
Die Kraft von Wasserfällen dient der Energiegewinnung: ein Konzentrationsprozess. Über einen kurzen Kreislauf verdunstet Wasser durch Sonneneinstrahlung und fällt danach wieder.	Holz wird durch Verbrennung zur Energieerzeugung genutzt: ein Expansionsprozess. Über einen längeren Kreislauf hat die Sonne zum Baumwachstum beigetragen.
Die Form der Flussbetten resultiert aus der durch das Wasser bedingten Erosion der unmittelbaren Umgebung (destruktiv).	Wasser unterstützt den Wachstumsprozess des Baumes (kreativ).
Bakterien und Algen sind an der Fotosynthese beteiligt und bilden eine Nahrungskette im Wasser.	Licht, das in den Pflanzenzellen durch Fotosynthese in Energie umgewandelt wird, dient als Basis der Nahrungskette.
In den vergangenen Zeitaltern wurden Gletscher an der Peripherie des Flusssystems, am tatsächlichen Ursprung, gebildet.	In den vergangenen Zeitaltern wurde Kohle als Endprodukt des Wachstumsprozesses gebildet.
Weiß, hell	Schwarz, dunkel
Der Fluss verläuft von der Peripherie bis zum Delta.	Der Baum wächst vom Stamm zur Peripherie.
Die Einmündung der Nebenflüsse bildet den Hauptstrom.	Der Stamm unterteilt sich in Äste und Zweige, die nach außen wachsen.
Vorherrschend zweidimensional	Vorherrschend dreidimensional
Vorherrschend horizontal	Vorherrschend vertikal
Fließt in jede Himmelsrichtung über die Erdoberfläche (zweidimensional)	Ragt in jede Richtung von der Mitte der Erde aus durch die Oberfläche (dreidimensional)
Wasser sammelt sich in wachsenden Mengen an.	Flüssigkeiten verteilen sich in der Peripherie.
Bild der Schwerkraft	Bild der Leichtfertigkeit
Fließstabilität	Formstabilität
Durch den Volumenzuwachs im horizontaleren Hauptbett wird der Mäander verzweigter. Letzten Endes mündet er in verschiedenen Armen in ein Delta.	Die einzelnen Wurzeln kommen direkt unter der Erdoberfläche zusammen und bilden einen geraden, vertikalen Stamm. Während der Umfang abnimmt, wird der Verlauf der Äste und Zweige komplexer.

Der Fluss	Der Baum
Wassermengen fließen im Flussbett bis ins Meer, wo sie verdunsten.	Der Pflanzensaft fließt von den Wurzeln in den Stamm und zur Peripherie, wo er sich verteilt.
Trägt das Material von der Peripherie ins Meer, wo es abgelagert wird (dies wird auf viele Arten ausgenutzt)	Der Saft verteilt Nährstoffe vom Boden durch den Stamm zur Peripherie, wo das Wasser im reinen Zustand freigesetzt wird (Transpiration).
Vom Meer aus bewegen sich Mineralien stromaufwärts im Flussbett zu dem am weitesten entfernten Zufluss, wo sie den Pflanzen als Nährstoffe dienen.	Material aus dem Kosmos bewegt sich peripher unter die Baumrinde in das Zellbildungsgewebe nach unten und trägt zum Wachstum bei.
Erträge werden gesammelt und zeigen den Gesundheitszustand des Systems an. Organismen werden dem Wasser entnommen (mittlerer Abschnitt).	Erträge werden gesammelt und zeigen den Gesundheitszustand des Organismus an. Früchte werden vom Baum geerntet (oberer Abschnitt).

Tab. 2: Fluss und Baum im Vergleich

Gabe für die zarteste Blüte verwendet werden. Die Frage nach Gut oder Böse steht hinter unseren utilitarischen Interessen zurück.

Wo wir lediglich sein Gewicht und seine Wucht benötigen, kann Wasser sich mehr oder weniger wie ein massiver Block bewegen, mit wenig oder keiner Beeinträchtigung in seinem Volumen. Wenn Wasser durch ein Rohr fließt, um eine Turbine anzutreiben, ist das zum Beispiel so.

Wasser vermag auch in von Menschen konstruierten Wasserbecken oder in natürlichen Höhlen fast oder völlig ruhig zu stehen. Es kann vollkommen beziehungslos zur Umgebung ruhen, still und gestaltlos in seiner inneren Struktur. Dieser Zustand kann in einer natürlichen Umgebung ein reines, himmlisches, spirituelles Erlebnis hervorrufen, jenseits dieser Welt – beispielsweise in einer dunklen Grotte, wo das Wasser versteckt im Verborgenen ruht, als ob es voller Spannung auf den Besucher warten würde. Wenn jedoch das Wasser aus dieser eingezwängten Lage befreit wird, kann sein Körper von membranartigen Bewegungen durchdrungen werden. Sowohl an der Oberfläche als auch im Inneren enthüllen Bewegungen ein rhythmisches Potenzial in Erwiderung jeglicher Einflüsse. Die ganze Vielfalt der Bewegungen im Wasser ist unserer direkten Wahrnehmung verschlossen, man benötigt experimentelle Hilfsmittel, um diesen geheimen Bereich der Natur sichtbar zu machen.

Der Forscher Theodor Schwenk bemühte sich, dieses Geheimnis zu lüften. In seinem Buch «Das sensible Chaos» sind einige seiner Forschungsergebnisse dargelegt. Der Titel des Buches beruht auf ein Zitat von Novalis und unterstreicht eine Eigenschaft des Wassers, die von zentraler Bedeutung ist: seine außergewöhnliche Empfindlichkeit. Diese Eigenschaft kann auch im Wort «Aufopferung» inbegriffen sein. Indem das Wasser sich seiner Umwelt vollständig ausliefert, gibt es sich beinahe bis zum Verlust der eigenen Identität hin. Wie zuvor Goethe von den «Taten und Leiden des Lichts» sprach, können wir von den Taten und Leiden des Wassers, dem Vermittler par excellence, sprechen. Wasser ist nicht resistent gegen die Einwirkungen, denen es ausgeliefert ist, da es im Grunde genommen für Aufgaben und Zwecke offen ist. Deshalb hat es keiner Abwandlung seiner Nutzung etwas entgegenzusetzen.

Lediglich wir Menschen können das Wasser durch ein aufgeklärtes Bewusstsein schützen, indem wir unverantwortlichen Verbrauch und unnötige Verschmutzung verhindern, aber auch durch eine sorgfältige Handhabung der Technologien und der Entwicklung eines besseren Verständnisses seiner kostbaren Natur. In Hinblick auf diese Ziele fahren wir mit unserer Erforschung der dem Wasser innewohnenden Eigenschaften fort. Nach den Untersuchungen einiger Beispiele der formenden Gesetzmäßigkeiten des Rhythmus in der äußeren Natur, befassen wir uns nun mit der Gesetzmäßigkeit der Metamorphose, die einen Aspekt des Rhythmus darstellt, der sich überwiegend in der Welt des Lebendigen offenbart.

3. Metamorphose

Dynamische Prozesse

Metamorphose bedeutet «Formenwandel», und als allgemeine Definition können wir sagen, dass sie die Beziehung zwischen zwei oder mehreren physikalischen Einzelformen in einer Abfolge innerhalb einer organischen Gesamtheit betrifft. Es handelt sich um mannigfaltige und sich ändernde Beziehungen zwischen Elementen einer Gesamtheit oder eines Organismus, die durch dynamische Prozesse verbunden sind, welche nicht physikalischer Natur sind. Jeder Organismus gibt zu erkennen, dass er auf seine eigene Art und Weise existiert sowie eine spezifische Beziehung zur größeren natürlichen Umgebung hat, der er angehört. Ein bekanntes Beispiel ist die Pflanze, bestehend aus einer Wurzel, den Keimblättern, Blättern, einer Blüte, dem Staubblatt, dem Saatgut und der Frucht. An ihr kann man die verschiedenen Typen der Metamorphose erkennen.[1]
Eine Pflanze entwickelt sich mit der Zeit, folglich werden wir das, was sie ausmacht, zu keinem Zeitpunkt vollständig mit dem menschlichen Auge erkennen können. Sie ist entweder keimend, trägt Blätter am Stiel oder verblüht. Die Form eines Blattes am Stiel bestimmt nicht die Form des nachfolgenden Blattes, beide Blätter sind Teil einer rhythmischen, beständigen Abfolge der Metamorphose und verdeutlichen die Ganzheit des Organismus. Sie stellen ähnliche, auf der anderen Seite jedoch eigenständige, fast unmerklich verschiedenartige Formen dar. Nur in Gedanken können wir die Plastizität oder die fließende Natur solcher Formenwandel nachvollziehen – prinzipiell sind sie alle ein und dasselbe. Die wachsende Pflanze bringt eine rhythmisch wiederkehrende Abfolge der Endergebnisse andauernder Transformation hervor.

Abb. 19: 20 kleine Flowforms auf einem Stahlträger montiert (Järna).

Heutzutage ist unser Verständnis für Phänomene zu sehr gebunden an eine Konzentration auf die materiellen Aspekte der Existenz. Deshalb werde ich in der folgenden Diskussion einen freieren Blick auf metamorphe Gesetzmäßigkeiten werfen, ungetrübt durch zu enge Definitionen von Metamorphose. So können künstlerische und wissenschaftliche Formen entdeckt werden, die physikalische und spirituelle Wechselwirkungen verkörpern.

Phänomene beobachten

Um eine Bewegungslehre zu verstehen, ist zuerst eine Neuorientierung bezüglich der Beobachtung von Naturphänomenen erforderlich. Meine Arbeit basiert auf Goethe, dem Pionier des dynamischen Ansatzes der Naturbeobachtungen. In diesem Ansatz hat ein einzelnes Phänomen nur geringen Wert. Seine Signifikanz kommt nur zum Vorschein, wenn es mit anderen Formen verknüpft wird. Das Ziel ist es, eine konstante Gesetzmäßigkeit inmitten einer Familie verschiedenartiger Phänomene wahrzunehmen, das heißt, *das Einheitliche in den sich wandelnden Formen*.
Zuerst betrachten wir die Aspekte der Zeit und der Veränderung. Unser Zeitbewusstsein beruht auf dem äußeren Schein. Im täglichen Leben begegnen uns Objekte in einer Abfolge, sozusagen die Wagons eines langen Güterzuges, die an uns vorbeifahren. Bei diesem Anblick könnte man sagen, dass etwas Zeit vergeht, bis der letzte Wagen aus dem Sichtfeld verschwunden ist. Somit bekommen wir durch Bewegung ein Zeitbewusstsein. Zeit ist kein Ding, sondern ein Größenwert, der in Minuten, Stunden, Tagen, durch den Sonnenzyklus von Sonnenauf- bis Sonnenuntergang sowie durch die Bewegung der Uhrzeiger gemessen werden kann. Wir setzen Zeitabschnitte in Beziehung zu unserem subjektiven Empfinden, indem wir sie als kurz oder lang bezeichnen.

Wie bereits in den vorangegangenen Kapiteln erwähnt: Wenn gleiche Phänomene in gleichen Abständen auftreten – wie zum Beispiel ein sich wiederholendes Geräusch, das Tropfen von Wasser aus einer Rinne, das Steigen oder Fallen der Brandung – sprechen wir von Wiederholung oder sogar Rhythmus.

Wiederholungen gleicher Vorkommnisse in der Natur – einschließlich der anorganischen – hinterlassen oft den Eindruck von Kontinuität. Das Muster von kleinen Rillen im Sand entlang des Strandes, das Fischgrätenmuster in manchen Zirruswolken und die Schlammschichten in einem in der Eiszeit gefluteten Teich sind mehr oder weniger vergängliche oder langlebige räumliche Formen anorganischer Natur.

Wir betrachten das Ergebnis: Im vorhergehenden Prozess haben wir nur Segmente wahrgenommen. Wir bilden die Kontinuität des linearen oder rhythmischen Prozesses durch unser Denken. Durch den Denkvorgang werden die bruchstückhaften Details der einzelnen Wahrnehmungen zu einer einheitlichen Vorstellung über den Prozess geformt, wodurch das Wesentliche bewusst wird. Durch unsere Vorstellungskraft oder das Vorgreifen auf einen späteren Abschnitt innerhalb des Prozesses wenden wir uns mental von dem ab, was in der Vergangenheit wurde zu dem, was in der Zukunft wird.

Ein exakter Zeitbegriff gibt einerseits Aufschluss über das Verhältnis zwischen dem Sein oder dem Wesen und andererseits über die Erscheinungen. Fakten können durch ihre Eigenschaften in Beziehung zueinander gesetzt werden. Wenn sie in dieser Hinsicht hintereinander in einer Abfolge stehen, bedeutet dies, dass der frühere Fakt dem späteren Platz machen muss – dann entsteht Zeit. Die Erkenntnis des inneren Verhältnisses zwischen Vorkommnissen in der Zeit ist der Ansatzpunkt, um von der äußeren Erscheinung auf die zugrunde liegende Idee schließen zu können.

Dies wird im Hinblick auf die organische Welt besonders deutlich, denn dort unterscheidet sich die Verbindung zwischen dem Sein und der Manifestation, also der Idee und der Erscheinung, sehr stark von jener im anorganischen Reich. Bezüglich der Bewegungen in lebenden Objekten wird der Mensch mit einer anderen Frage konfrontiert, da die Manifestationen der aufeinander folgenden Ereignisse oft Unstetigkeit aufweisen. An dieser Stelle führte Goethe das Prinzip der Urpflanze, eines idealen Geschöpfes, ein. Durch sorgfältige Beobachtungen und Verbinden botanischer Formen – ob nun sukzessiv entstehender Formen unterschiedlicher Pflanzen oder verschiedener Organe einer einzelnen Pflanze – enthüllte sich eine Gesetzmäßigkeit. Die Idee, die hinter dem Formenwandel steht, ist das Allgemeine im Individuellen.

Diese Urpflanze ist weder ein feststehender Entwurf noch eine festgelegte Vorstellung, sondern eine Wahrnehmung, dem unsere gewohnten mentalen Kategorien nicht gerecht werden. Durch die Verflechtung verschiedener botanischer Arten in einem metamorphen Vorgang ist es durch Reflexion möglich, eine dynamische, gemeinsame Geste hinter dem Phänomen zu sehen.

Dieser ideale Grundsatz kann als Realität erfasst werden, die alle Pflanzen vereint, ungeachtet ihrer unterschiedlichen Morphologie, und sie kann als das Wesentliche des «Pflanzenseins» betrachtet werden. Wir nehmen eine Eiche und einen Löwenzahn als Pflanzen wahr, ohne nachzudenken, was uns zu dieser Annahme bewegt. Unsere Wahrnehmung ist charakteristischerweise assoziativ. Wenn wir versuchen, unsere Mauer der konditionierten Assoziationen zu durchbrechen, und uns einzig und allein mit dem beobachteten Phänomen befassen, entdecken wir eine Seite an uns, mit der wir Phänomenen mit einer neuen, aufgeweckten Art begegnen können.

Während ich der Ähnlichkeit der Metamorphose der Pflanze im Vergleich zu der des Wassers nachging, richtete sich meine Forschung in Richtung «dynamisch vereinte Strömungen», welche bei Fließphänomen entdeckt werden können, aus.

Metamorphose und Wasser

Wie entwickelt man also ein «Organ der Metamorphose für das Wasser»? Diese Schlüsselfrage war vor über 30 Jahren der Ausgangspunkt für meine Erforschung des Wasserrhythmus. Das Hauptinteresse meiner ausgiebigen Studien über die Morphologie galt der Entwicklung einer Systematik genau bestimmbarer Metamorphosetypen (siehe Anhang 1). Es ist nötig, eine Brücke zu bauen, die den Zugang zu diesem sehr komplexen Erfahrungsbereich ermöglicht. Gute Kenntnisse über Metamorphose werden für die gestalterische und die wissenschaftliche Evolution immer wichtiger, wenn wir unser Verständnis für Entwicklungsprozesse, insbesondere im Fall mangelnder physikalischer Kontinuität, vertiefen. Während Wachstumsprozesse physikalischer Beständigkeit unterliegen, sind metamorphe Prozesse physikalisch unbeständig, was uns zu dem nächsten Thema führt.

Wie wir bereits bei der Thematik des Wasserzyklus feststellten, ist Polarität für jede Art des physischen Lebens auf der Erde wichtig (siehe Kapitel 2). Ohne sie wäre keine physische Erscheinungsform auf der Erde möglich. Am Beispiel der Ausdehnung und Kontraktion wird klar, dass alle Naturerscheinungen in gewissen Maßen mit beiden in Beziehung stehen. Somit sind Ausdehnung und Kontraktion lebenswichtig. Wenn es nur Kontraktion gäbe, wäre alles extrem zusammengedrängt und unveränderbar, und somit würde es keine Lebensformen geben.

Deshalb erzeugt der regelmäßige Ausgleich der Verhältnisse zwischen den Gegensätzen Bewegung, wie zum Beispiel bei den Gegensatzpaaren konkav und konvex, Ausdehnung und Kontraktion, Hitze und Kälte sowie Nässe und Trockenheit. Die immer präsente und sich stets wiederholende Bewegung bestimmt alle organischen und anorganischen Formen.

Innerhalb dieser sich wiederholenden Bewegung entstehen potenziell Rhythmen in den flüssigen Vorgängen der Natur, nur um immer wieder abzubrechen, wenn sie nicht in einem Lebewesen gehalten werden. Lebensprozesse existieren innerhalb eines beständigen rhythmischen Rahmens, ohne den sie sich nicht manifestieren könnten. Rhythmus ist die Erhaltung eines bestimmten Bewegungsmusters, das innerhalb vorgegebener Grenzen bleibt, obgleich es sich immer ändert. Organismen verkörpern solche Muster, um ihr Bestehen mit der Zeit aufzubauen. Der Organismus erhält seine Identität aufrecht, folgt jedoch einem sich verändernden rhythmischen Muster, wodurch er physisch eine metamorphe Entwicklung durchläuft. Somit ist die Polarität auch der universelle Faktor, der die Verbindung aller Dinge vom metamorphen Standpunkt aus verursacht.

Theodor Schwenk beschreibt in seinem Buch «Das sensible Chaos» das Ergebnis einer geradlinigen Bewegung durch ein stehendes Gewässer, und macht deutlich, was unter dem Begriff «Wirbelstraße» zu verstehen ist. Diese Wirbelstraßen entstehen, wenn sich Wasserläufe kreuzen oder sich Objekte im Weg befinden. In natürlichen Wasserläufen werden Wirbelstraßen sichtbar, wenn sie stark genug sind, um die Modellierung der Wasseroberfläche zu beeinflussen. Sogar sanftere Bewegungen sind in den Schatten auf dem Grund des Flusses erkennbar.

In Experimenten können wir Wirbelfolgen erzeugen und beobachten, wobei die typische Charakteristik der Metamorphose, wie sie oben beschrieben ist, erkennbar wird. Später werden wir zeigen, dass solche Wasserbilder eine ordnende Polarität mit einer unverwechselbaren Ähnlichkeit zum Pflanzenwachstum aufweisen. Da dieses Phänomen die eigentliche Inspiration zur Entdeckung der Flowform-Methode war, möchte ich den nächsten Abschnitt damit beginnen, eine detaillierte Beschreibung der Ansätze zu liefern, die es mir ermöglichten, die Wirbelstraßen im Wasser und andere Verhaltensmuster zu beobachten und mit ihnen zu experimentieren.

Abb. 20 (Seite 38/39): Eine Malmö-Flowform. Es zeigt eine spezielle End-Flowform und einen Randabschluss, der die schwingenden Bewegungen des Wasserlaufs hervorhebt.

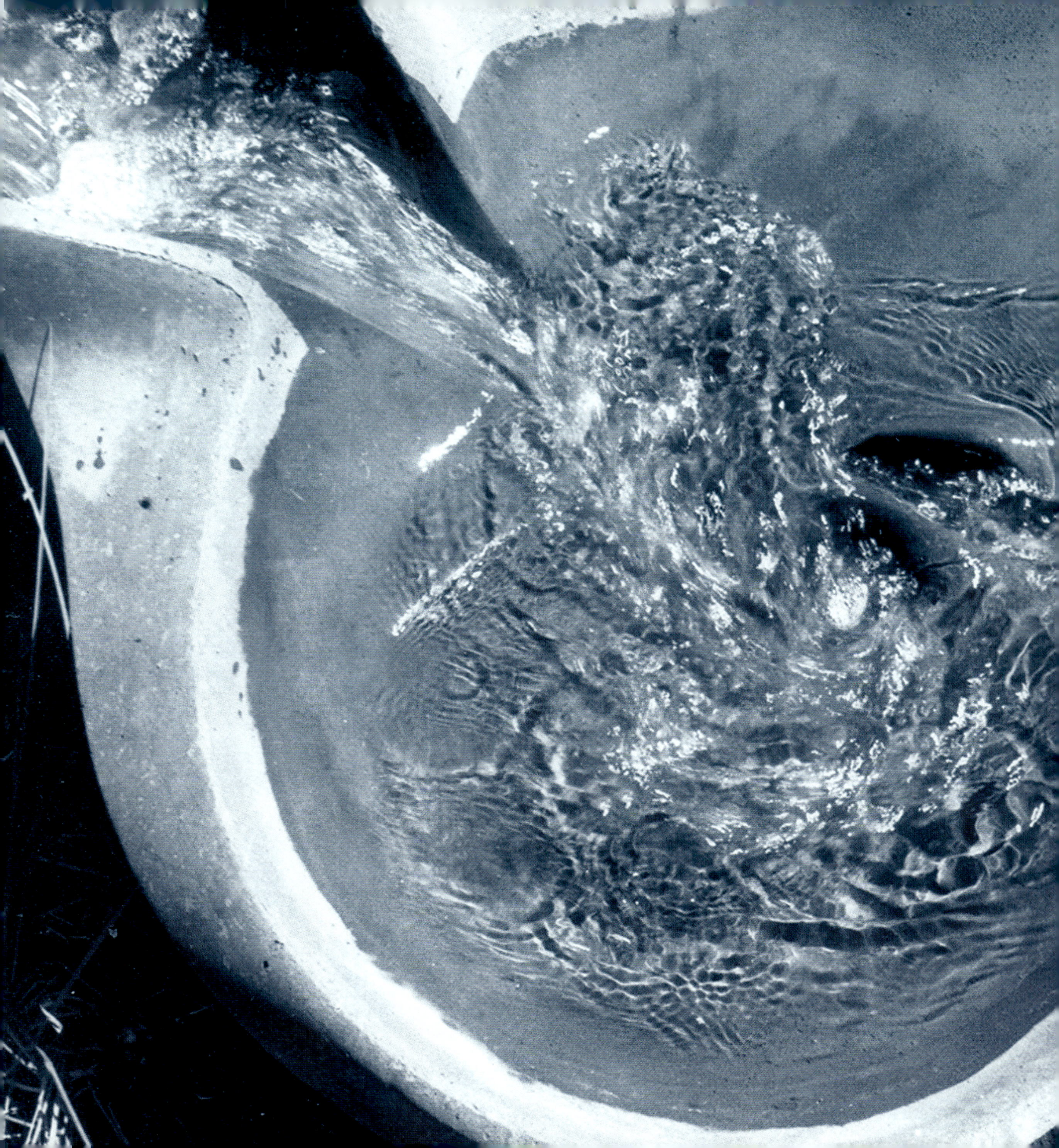

Teil 2
Die Entdeckung der Flowform

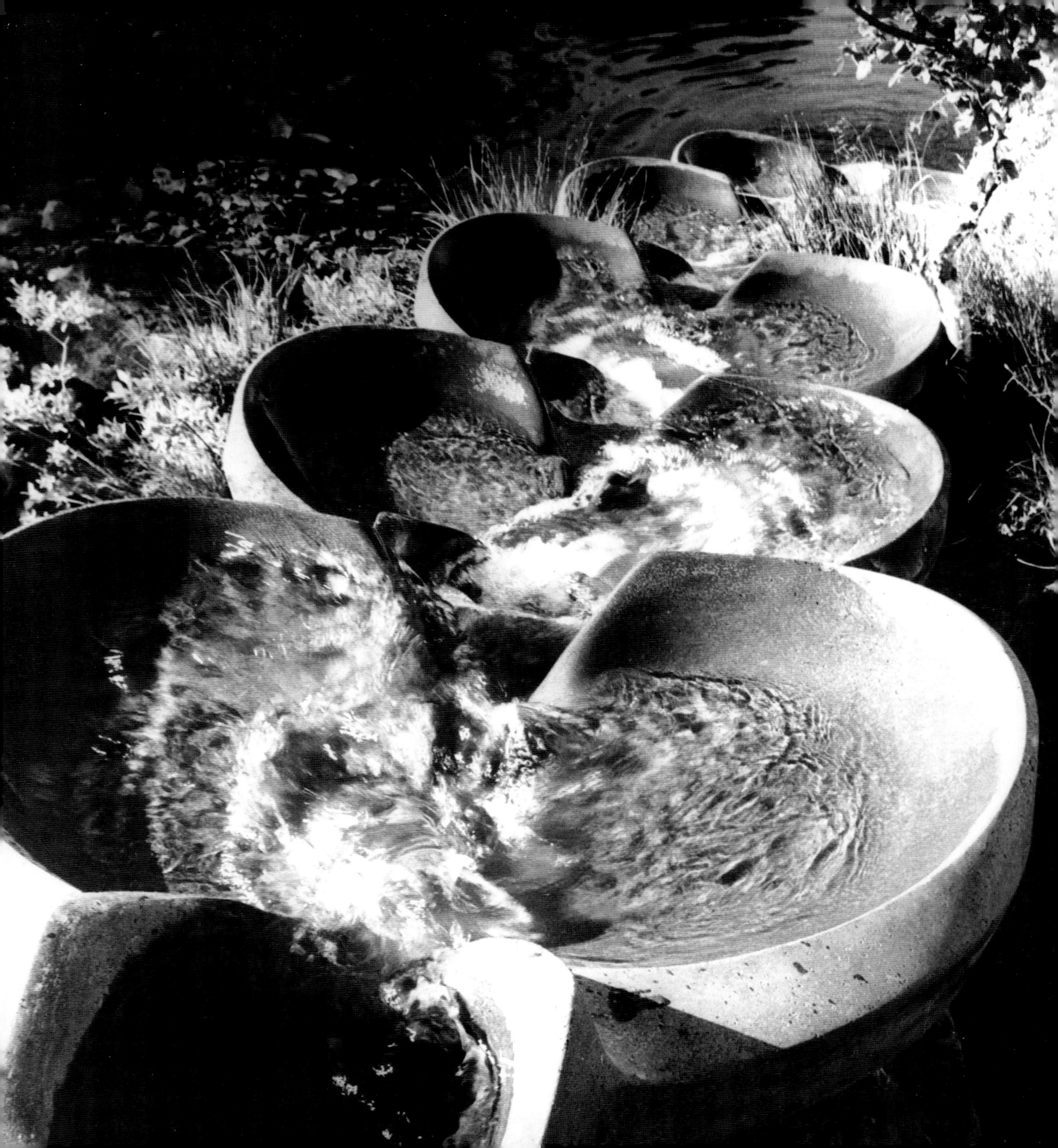

4. Mit Wasser experimentieren

Vom Tropfen zum Wasserfall

Jeden Tag könnten wir mit Wasser kleine Experimente durchführen, jedoch nehmen wir uns kaum Zeit dafür, selbst dann nicht, wenn wir die Gelegenheit dafür haben. Wie oft haben wir das Tropfen oder Laufen des Wasserhahns beobachtet und dabei gedacht: «Das muss ich reparieren.» Haben wir zur gleichen Zeit das winzige, unruhige Rinnsal gesehen, das hin und her schwingt, bis es über die glatte Oberfläche des Waschbeckens in den Abfluss fließt? Das Erste, was wir wahrnehmen, ist die Eigenschaft des Wassers, bei einem Gefälle abwärts und niemals auf gleiche Art und Weise zurückzufließen. Je steiler das Gefälle, desto gedrängter und schneller ist die Strömung, während sie bei abgeflachter Neigung breiter und langsamer wird.

Am Anfang war die Bewegung, aus der alle Formen entstanden sind – vom kleinsten Wassertropfen bis hin zum majestätischsten Wasserfall. Auf jeder Ebene gibt es Bereiche voller Formwandlungen, die sehr aufschlussreiche Beobachtungen ermöglichen, und für jeden Leser, der daran interessiert ist, sind die folgenden Versuche leicht durchzuführen.

Abb. 21: Wiederum greifen wir der Malmö-Flowform vor. Diese hier ist an einem Gebirgsbach in Sundet am Møsvatn in Norwegen zu finden. Wasser vom höher gelegenen Fluss wird durch die «Gefäße» geleitet, die eine geordnete, rhythmisch schwingende Bewegung erzeugen. Im Gegensatz zu der Vielzahl an rhythmischen Bewegungen in einem Flussbett, erinnert es an einen lebendigen Impuls, was das Foto deutlich zeigt. Hätte man am Ende eine starke Hydraulikpumpe angebracht, könnte das Wasser mit seinen Rhythmen und seiner Lebensqualität die Bewässerung im nahen Umfeld verbessern.

Mit den Strömen spielen

Um in unserem Wasserspiel einen Schritt weiterzugehen, können wir einen Wasserlauf über eine nicht absorbierende Oberfläche, wie eine Glas- oder Plexiglasfläche, mit unterschiedlicher Neigung fließen lassen. Aus einer Plastikröhre oder flexiblen Trinkhalmen können wir einen Siphon herstellen, um damit einen Wasserlauf aus einem Gefäß über die Glas- oder Plexiglasfläche zu leiten. Durch Variieren der Gefäßhöhe kann die Fließgeschwindigkeit geändert werden. Wir sehen ein Wechselspiel zwischen den Auswirkungen der Schwerkraft und des Widerstandes. Durch Änderung des Verhältnisses zwischen Neigungsgrad und Fließgeschwindigkeit entstehen Ergebnisse zwischen einer geraden Linie und einer Kurve. Je steiler das Gefälle, desto höher ist die Fließgeschwindigkeit und desto geradliniger der Flusslauf. Durch Reduzierung einer Variablen wird der Wasserlauf zum Mäander.

Die pulsierende Pfütze

Ein beachtenswertes Stadium wird erlangt, wenn die mäandrische Form ausgeglichen und statisch wird, also nicht mehr hin- und herschlängelt. Die Form des Mäanders, die durch das fließende Wasser gebildet wird, wird innerhalb seiner eigenen Oberflächenspannung gehalten, und das Wasser strömt innerhalb dieser «Haut» unmerkbar weiter. Um die Wasserbewegungen sichtbar zu machen, werden einige Permanganat-Kristalle an strategisch ausgewählten Stellen platziert.

Auf vielen verschiedenen Arten entstehen durch solche Flusssysteme oszillierende oder rhythmische Prozesse. Beim Spiel mit der statischen Form, etwa durch das Ziehen einer kreisförmigen Wasserlinie zu einer Pfütze, die noch von der Oberflächenspannung des Wassers zusammengehalten wird, ist es möglich, einen relativ stabilen Puls durch den Wasserwiderstand der Pfütze gegen den vorbeifließenden Wasserlauf zu erzeugen. Das alles ist ein Zusammenspiel der Größenverhältnisse.

Der Puls wird durch eine bestimmte Stärke des Widerstands gegen die Strömung ausgelöst. Durch einen Rhythmus reguliert dieses System der Größenverhältnisse tatsächlich den Fluss. Das wird normalerweise nicht im offenen, natürlichen System vorkommen, denn ein solches System ist zu vielen verschiedenen Einflüssen ausgesetzt. Dass das Gefäß einen Impuls erzeugt, geschieht nur, wenn ein höher geordneter Ablauf involviert ist, wie der Experimentierende im Experiment oder aber ein Faktor im lebenden Kontext. Dieses Phänomen kann die Annahme stützen, dass der Herzrhythmus die Blutzirkulation nicht auslöst, sondern sie in erster Linie hemmt und auf diese Weise reguliert (siehe dazu Kap. 6).

Zusammenfassend stellt dieses Phänomen die Schaffung einer Form dar, die von einer Flüssigkeit gehalten wird, welche wiederum den Wasserlauf reguliert. Wie wir später sehen, werden Organe durch fließende Prozesse geschaffen, welche wiederum von den Organen reguliert werden.

In beiden oben genannten Experimenten könnte es stellenweise nötig sein, die Oberfläche mit Wachs oder Lacken zu behandeln, um zu verhindern, dass das Wasser eine zu enge Verbindung mit der Oberfläche eingeht, daran erkennbar, dass es sich ausbreitet, als ob die Oberfläche porös sei. Wir stellen fest, dass in dem Moment, in dem Wasser über eine absorbierende Oberfläche fließt, der schlängelnde Mäander in einen Komplex aus Wellenrhythmen umgewandelt wird. Am Rand dieser Wellenkomplexe bilden sich überlagernde, kleinere Wellen.

Der Wassertropfen

Jeder Wassertropfen ist einzigartig im Augenblick seiner Existenz und wird nie wieder identisch entstehen. Die Bestandteile des momentanen Tropfens werden sich sofort auf die in der direkten Nachbarschaft befindlichen Tropfen verteilen. In der Aufeinanderfolge der fallenden Tropfen ist oftmals ein Rhythmus erkennbar, die Tropfen verschmelzen miteinander und bilden eine pulsierende Strömung.

Ein Tropfen aus gefärbtem Wasser, der aus einigen Zentimetern Höhe in ein Glas mit umgerührtem Wasser fällt, wird mit dem Berühren der Oberfläche verloren gehen. Falls jedoch das Wasser ruhig liegt, und die einzige Bewegung darin besteht, dass der fallende Tropfen die Wasseroberfläche berührt, kann ein systematischer Ablauf der Mischung beobachtet werden. Die genauen Eigenschaften dieses Verfahrens hängen von einer Vielzahl an Faktoren ab, und das ist der Punkt, an dem das Experiment voll zur Geltung kommt. Der Verlauf des Experiments ändert sich je nach der Größe des Tropfens, seiner Fallhöhe, seiner Temperatur im Vergleich zu der des Wassers im Glas, dem Gewicht der Farbe im Tropfen, die den sonst unsichtbaren Vorgang sichtbar macht, sowie jeder Turbulenz im Tropfen selbst. Ist der Tropfen etwas wärmer als das Wasser im Glas, kann das einen Teil des Gewichts der Farbe ausgleichen. Obwohl das Beobachten des Vorgangs für das bloße Auge wohl zu schnell sein wird, entsteht die bekannte «Krone» des Tropfens als Reaktion auf den Aufprall und rhythmische Wellen gleiten über die Oberfläche nachdem die «Krone» abklingt – irgendwo haben wir das sicher schon einmal fotografisch abgebildet gesehen. Der Tropfen kann jedoch in das Wasser dringen und als Wirbelring abklingen, welcher weitere Ringe erzeugt. So entsteht eine kreisförmige Pyramide aus Arkadenformen.

Schleier oder Hüllen

Das Bemerkenswerte, was sich bei diesem Versuch unseren Augen offenbart, ist die Tatsche, dass sich Wasser in Form von Schleiern oder Hüllen bewegt, und diese nur aufrechterhalten werden, wenn ein bestimmter Grad an Bewegung vorliegt. Da diese Bewegung durch das regungslose Wasser an allen Seiten mehr oder weniger gleichmäßig einem Widerstand ausgesetzt ist und zum Stillstand gebracht wird, löst sich die Form auf und fällt in eine formlose Mischung zusammen. Der ursprünglich farbige Tropfen verliert seine Identität, da sein Schwung gebremst und aufgehoben wird.

Um diesen Vorgang in einer fesselnden Deutlichkeit zu zeigen, kann das folgende, simple Experiment durchgeführt werden. Man nehme einen großen Spritzenkolben, halte das offene Ende ins Wasser und injiziere etwas Farbe durch das kleine Loch. Nun hält man einen Finger auf das Loch am oberen Ende des Kolbens und hebt den Zylinder so an, dass sich das farbige Wasser im Inneren oberhalb der äußeren Wasseroberfläche befindet. Dann nimmt man den Finger vom Loch, um das farbige Wasser durch den Zylinder auszustoßen, wobei es als mehr oder weniger unversehrter Wirbelring – abhängig von seiner Eigendynamik – nach unten absteigt.[2]

Nun versuchen wir etwas anderes. Rührt man langsam

Abb. 22: Das Foto eines Wasserfalls von ungefähr vier Metern Höhe von der SINTEF Trondheim Universität wurde mit einer kurzen Belichtungszeit aufgenommen. Wir sehen das außergewöhnliche Phänomen des Luftwiderstandes, wodurch ein harmonischer, rhythmischer Zustand innerhalb des Wasserfalls entsteht, der nach unten hin in Turbulenzen übergeht. Oben kann man den laminaren Zustand erkennen.

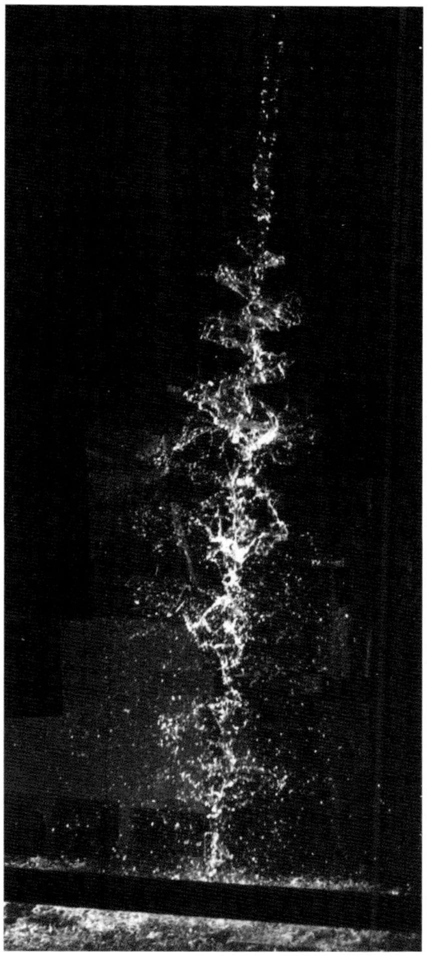

einige Liter Wasser in einem zylindrischen Glasgefäß, kann man in die Mitte etwas Farbe aus einer Spritze injizieren. Sofort sammeln sich im Wirbel aus der Wolke der injizierten Farbe vertikale zylindrische Schleier, die mit der gesamten Masse rotieren. Bei weiterer Betrachtung sehen wir eine unerwartete vertikale rhythmische Verlagerung des farbigen Wassers, die am stärksten in der Mitte ausgeprägt ist und sich zur Peripherie hin mit abnehmender Fliehkraft abschwächt. Sobald sich die gesamten Bewegungen verlangsamen, gehen auch die Formen verloren.

Erosionsformen

In einer großen, flachen Kiste voll Sand können viele Versuchsanordnungen erstellt werden, um zu beobachten, wie fließendes Wasser Formen innerhalb eines abtragbaren Materials, wie Sand, entstehen lässt. Die sich bewegenden Körner stellen ein sehr empfindliches Medium dar und passen sich somit allen Arten von formenden Prozessen an. Es gibt viele Parameter, mit denen man experimentieren kann, angefangen bei der spezifischen oder gestaffelten Korngröße bis hin zur Neigung und den verschiedenen Strömungsverläufen. Um jedes einzelne, aufregende Resultat zu bewahren, ist es möglich, den Sand vorsichtig mit einem schnell härtenden Lack zu besprühen, um dann durch vorsichtiges Auftragen von Gips einen Abdruck zu erhalten. Ohne das Gebilde auf die genannte Art und Weise zu fixieren, würde natürlich der kleinste äußere Einfluss das Originalergebnis zerstören.

Der Wasserfall

Unter bestimmten Bedingungen entsteht innerhalb eines Wasserfalls durch Bewegung ein eher verborgenes Phänomen. Obwohl es schwer erkennbar ist, kann man einige Experimente durchführen und beobachten, was geschieht. Diese Phänomene können aus unterschiedlicher Fallhöhe und mit vielen verschiedenen Fließgeschwindigkeiten beobachtet werden. Um den Versuch zu dokumentieren, wird es sicherlich nötig sein, viele Aufnahmen mit kurzer Belichtungszeit zu machen, um zu sehen, was passiert. So wie im Experiment (Abb. 32) der besonders zarte und empfindliche Strom die drei Strömungsarten laminar, harmonisch und turbulent aufweist, kann dies auch auf einen Wasserfall zutreffen. Das Foto, das von Wissenschaftlern der Forschungsstelle SINTEF der Universität Trondheim gemacht wurde, weist beim Fall aus drei bis vier Metern Höhe versteckte Formen im Wasser auf. Beim Fall bildet die Luft einen Widerstand, und es entsteht nur wenige Augenblicke lang ein rhythmischer Prozess, bevor die Masse in einem Chaos aus Tröpfchen zusammenbricht (Abb. 22).

Selbstverständlich kann man auch im kleineren Rahmen experimentieren, beispielsweise mit kleinen Metallkanälen von zehn Zentimetern Durchmesser, aus denen man das Wasser fließen lassen kann. Die Kante kann in unterschiedlichen Formen abgeschnitten werden, angefangen bei einer, die im rechten Winkel zur Fließrichtung steht bis hin zu einer, die diagonal zum Fluss ausgerichtet ist. Es können auch Kurven geschnitten werden, über die das Wasser fließen soll. Ein dünner Vorhang aus fallendem Wasser sowie die räumliche Form, die er annimmt, können beobachtet werden. Wie lange kann dieser Wasservorhang unversehrt bleiben? Ein Experiment besteht daraus, links und rechts an die äußeren Kanten des Wasservorhangs gebogene Drähte zu halten. Werden deren Enden nun vorsichtig auseinander bewegt, kann man beobachten, wie weit der Wasservorhang erweitert werden kann.

Die Wirbelstraßen

Wie wir gesehen haben, streben Lebensformen ständig nach einem harmonischen Ausgleich. Wo immer sich Wasserläufe begegnen oder sich Objekte im Weg befinden, entsteht das Phänomen der Wirbelstraßen, ein alltäglicher Anblick in natürlichen Wasserläufen (siehe Kap. 2). Die kontrollierte Erschaffung verschiedener Wirbelstraßen im Rahmen von Experimenten und die Aufzeichnung der Beobachtungen waren über lange Zeit hilfreich für das Studium all dessen, was Einfluss auf das Verhalten des Wassers hat. Die Forschungen auf diesem Gebiet führten mich schließlich zu den Untersuchungen, welche die Entwicklung der Flowform zur Folge hatten.

In einem frühen Experiment konnten die Wirbelstraßen in einer flachen Wanne mit schwarzer Plastikbeschichtung beobachtet werden, die eine Mischung aus Wasser und Glyzerin enthielt.[3] Ein feiner Puder wurde auf die Wasseroberfläche gestäubt. Normalerweise benutzen wir Lykopodium (Bärlappsporen), das sich ähnlich wie Sand verhält und bei dem sich die Partikel relativ ungehindert übereinanderwegbewegen. Sie werden auf die Oberfläche der Flüssigkeit gestäubt, in Bewegung versetzt und stechen vor dem schwarzen Untergrund der Wanne deutlich hervor. So werden Oberflächenwirbel sichtbar, die durch ein Objekt, wie z.B ein flacher Pinsel, entstehen, das in einer geradlinigen Bewegung durch die Flüssigkeit gezogen wird.

Es gibt viele Parameter, die für optimale Ergebnisse sorgfältig angepasst werden müssen. Das Auftragen des Lykopodiums, das sogar bei mechanischer Ausführung sehr schwer exakt wiederholbar ist, beeinflusst in gewisser Weise die Resultate. Lykopodium kann u.a. so gleichmäßig wie möglich über das Wasser verteilt werden, es kann jedoch auch auf eine Stelle konzentriert werden sowie entlang der Bewegungslinie oder zu beiden Seiten dieser Linie.

Benutzt man ausschließlich klares Wasser, wird keine Bewegung darin erkennbar sein. Außer Lykopodium lassen verschiedene andere Substanzen, wie beispielsweise Farben auf Ölbasis (für Marmorierungen verwendet), unterschiedliche Eigenschaften erkennen. Metallstaub kann ebenfalls verwendet werden, und da dieser nicht auf der Wasseroberfläche schwimmt, enthüllt er andere Einflüsse der erzeugten Bewegung. Erhöht man die Viskosität des Wassers durch Zugabe von Sirup oder Glyzerin, wird die Bewegung verlangsamt bis sie letztendlich zum Stillstand kommt, wodurch man ausreichend Zeit zur Untersuchung der Resultate erhält. Die Tiefe der Flüssigkeit beeinflusst den Grad der inneren Strömung, die in ihrem Volumen durch die geradlinige Bewegung des Objekts getragen wird. Die Strömung ihrerseits variiert sowohl in Abhängigkeit von der Geschwindigkeit als auch von der Breite des Objekts.

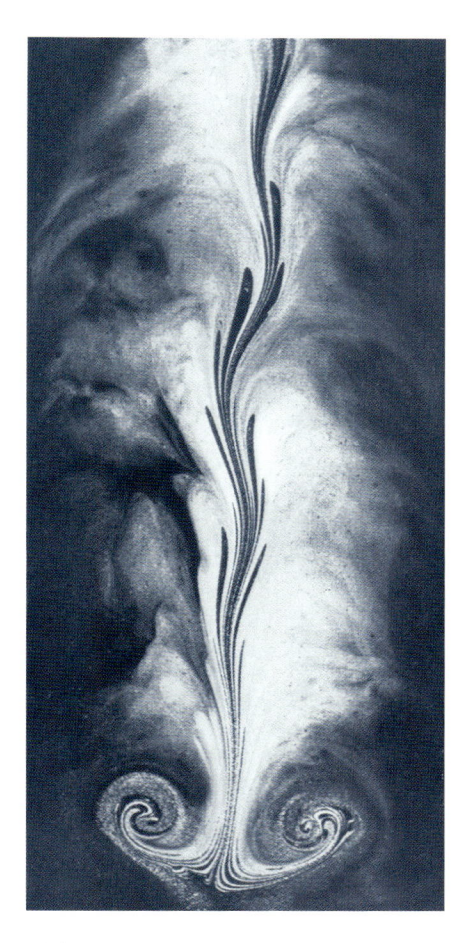

Abb. 23: Die relativ langsame Bewegung führt zu einer einfachen, pflanzenähnlich aufkeimenden Form (vergleiche Schwenk, «Das sensible Chaos»).

Abb. 24: Die schnellere Bewegung verwandelt den Mäander in eine Art wirbelnden Mäander. An dieser Stelle sehen die Wirbel allmählich blattähnlich aus. Der unterste zeigt eine Art Stängel, das Blatt sprießt und ist bereits gegliedert. Nach «oben» hin werden die «Blätter» schlichter, was typisch für das Wachstum einer Pflanze ist.

Abb. 25: Obwohl dieser Blattverlauf der Malve davon abweicht, ist der typische Formenablauf prinzipiell von unten nach oben: einen Stängel bilden, spreiten, sich gliedern und sprießen (vergleiche Bockemühl).

Abb. 26: Durch eine zunehmend stärkere Bewegung verwandelt sich die Wirbelstraße in eine noch komplexere metamorphe Abfolge.

Abb. 27: Zieht man einen sehr schmalen Gegenstand durch das Wasser, entsteht eine Reihe von parallelen Wirbeln. Dieses Bild belegt somit, dass bereits die kleinste Abweichung in der Bewegung Unregelmäßigkeiten beim Resultat verursacht. Wasser ist gegenüber jedem winzigen Einfluss sehr empfindsam.

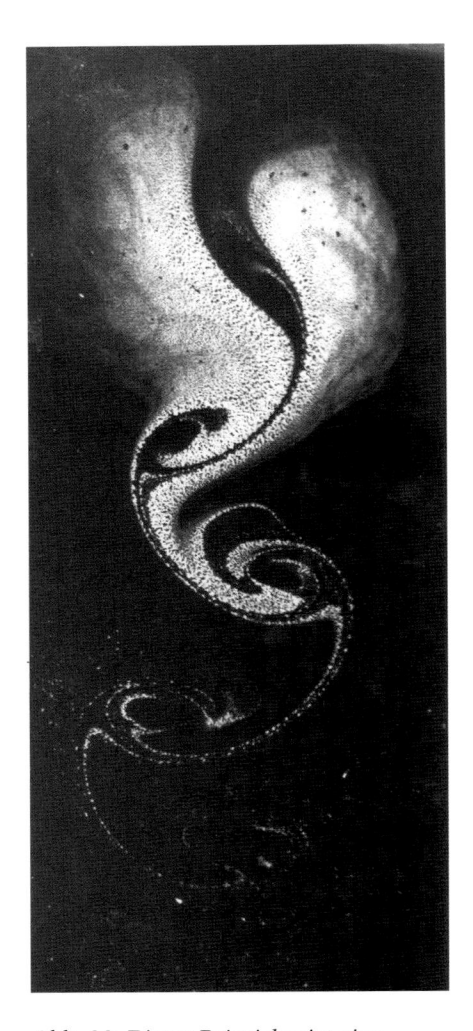

Abb. 28: Dieses Beispiel zeigt eine große Ähnlichkeit zur Gestalt eines Tierembryos.

Abb. 29: Eine fotografische Aufnahme während sich noch alles bewegt, mit einer Belichtungsdauer von einer dreißigstel Sekunde, ergibt einen deutlich dreidimensionalen Eindruck, obwohl das Ereignis an der Wasseroberfläche absolut flach ist. Der Gegenstand ist im unteren Bildteil noch erkennbar.

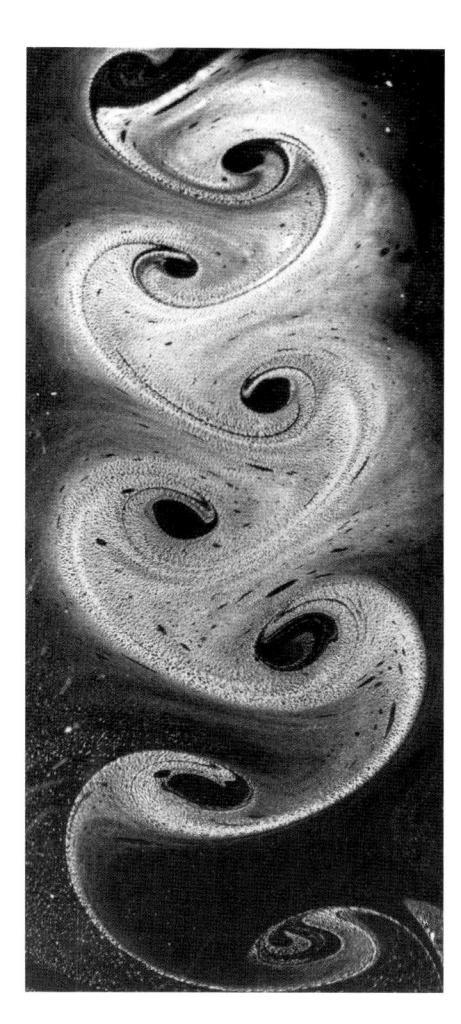

Abb. 30: Im Moment des Stillstandes geht der Eindruck der Dreidimensionalität verloren. Dieses Bild wurde einige Sekunden nach der ersten Aufnahme gemacht.

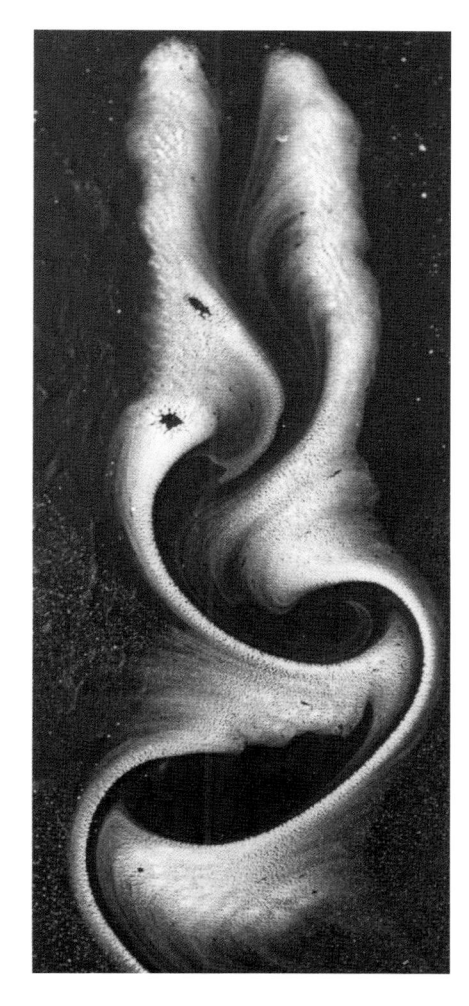

Abb. 31: Für dieses Beispiel wurde das Lykopodium in zwei parallelen Reihen an den Seiten der Bewegung verteilt: Das Weiße wird nur von der Peripherie nach innen gezogen.

Abb. 32: Ein Fluss aus gefärbtem Wasser fließt in einen Tank mit stillem Wasser, welches sich zuvor einige Stunden lang setzen konnte. Der Wasserlauf muss etwas wärmer sein, um dem Gewicht der Farbe entgegen zu wirken. Der Strahl muss horizontal verlaufen.

Abb. 33: Ein weiteres Beispiel zeigt einen sehr feingliederigen Verlauf vom laminaren über den harmonischen bis hin zum wirbeligen Verlauf. Die Form wird in einer ausgeglichenen Bewegung gehalten, nicht zu schnell und nicht zu langsam. Als Ausdruck der Ausgeglichenheit zwischen den gegensätzlichen Veranlagungen ist der harmonische Bereich derjenige, in dem alle Formen in der Natur vorkommen.

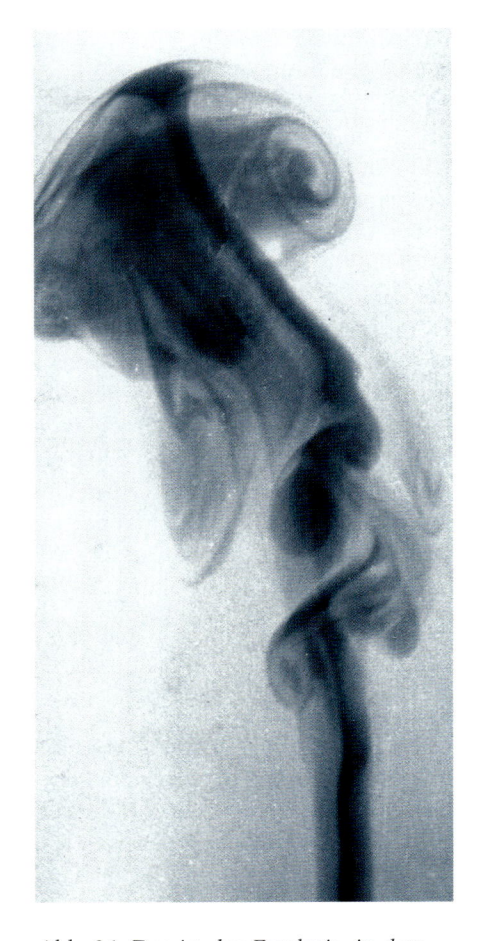

Abb. 34: Das ist das Ergebnis, in dem wir Knochen von Gliedmaßen mit einem Gelenk dazwischen zu sehen glauben.

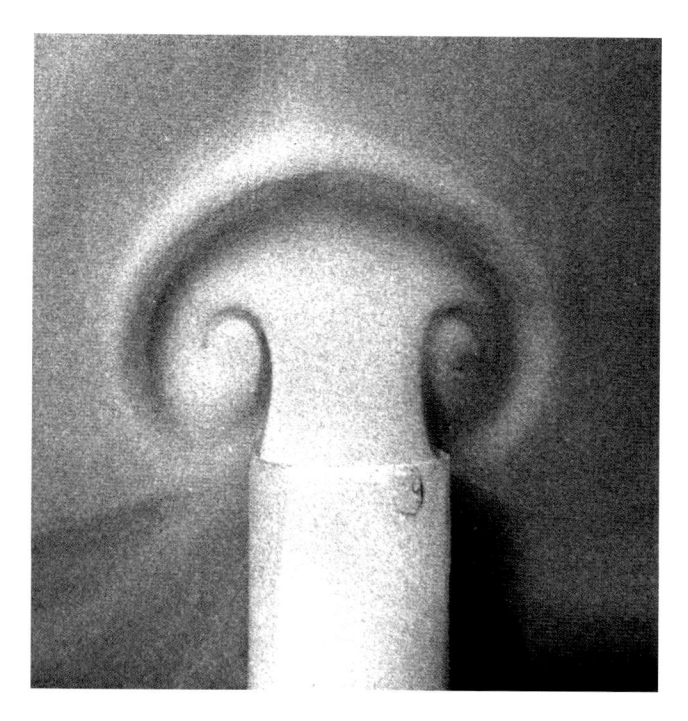

Abb. 35: stellt den Anfang eines solchen Prozesses dar.

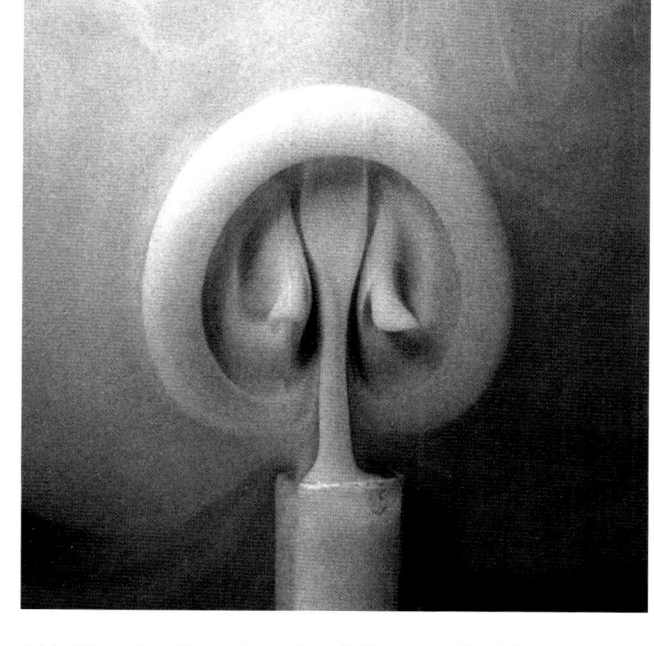

Abb. 36: zeigt die weitere Entwicklung nach einigen Sekunden.

Abb. 35 – 37: Die Abbildungen zeigen symmetrische Formen als Resultat eines Stoßes. Ein leichter Wasserstoß, gemischt mit einer kleinen Menge schlammigen Tons oder Farbe, wird dem seichten Wasser innerhalb eines Tanks aus einer Öffnung zugeführt und ermöglicht somit eine horizontale Bewegung. So entstehen typische symmetrische Formen, im Gegensatz zu fließenden Wasser, in dem asymmetrische Formen entstehen.

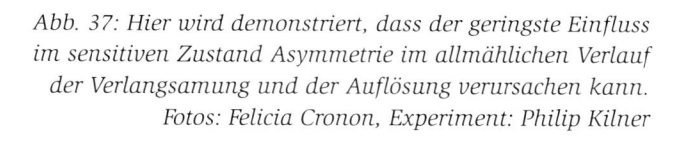

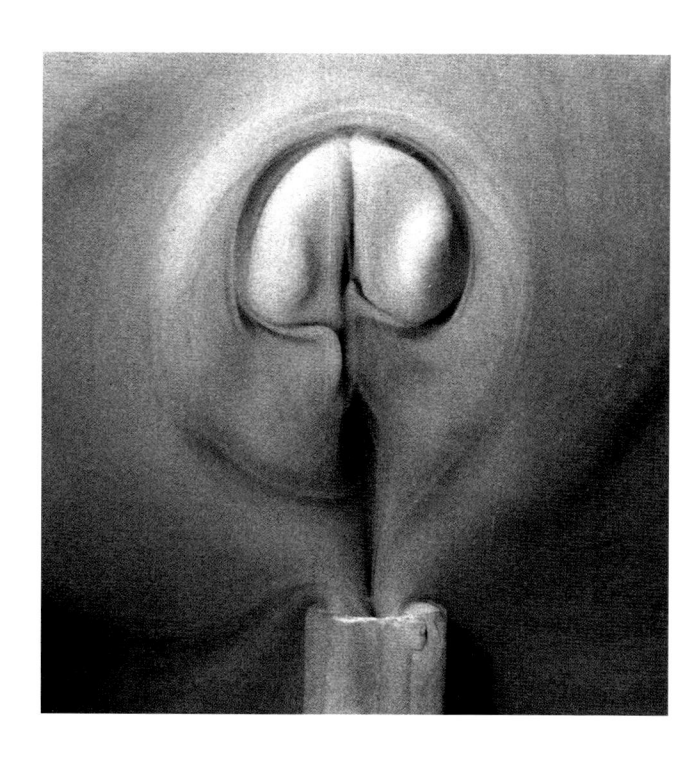

Abb. 37: Hier wird demonstriert, dass der geringste Einfluss im sensitiven Zustand Asymmetrie im allmählichen Verlauf der Verlangsamung und der Auflösung verursachen kann.
Fotos: Felicia Cronon, Experiment: Philip Kilner

Abb. 38

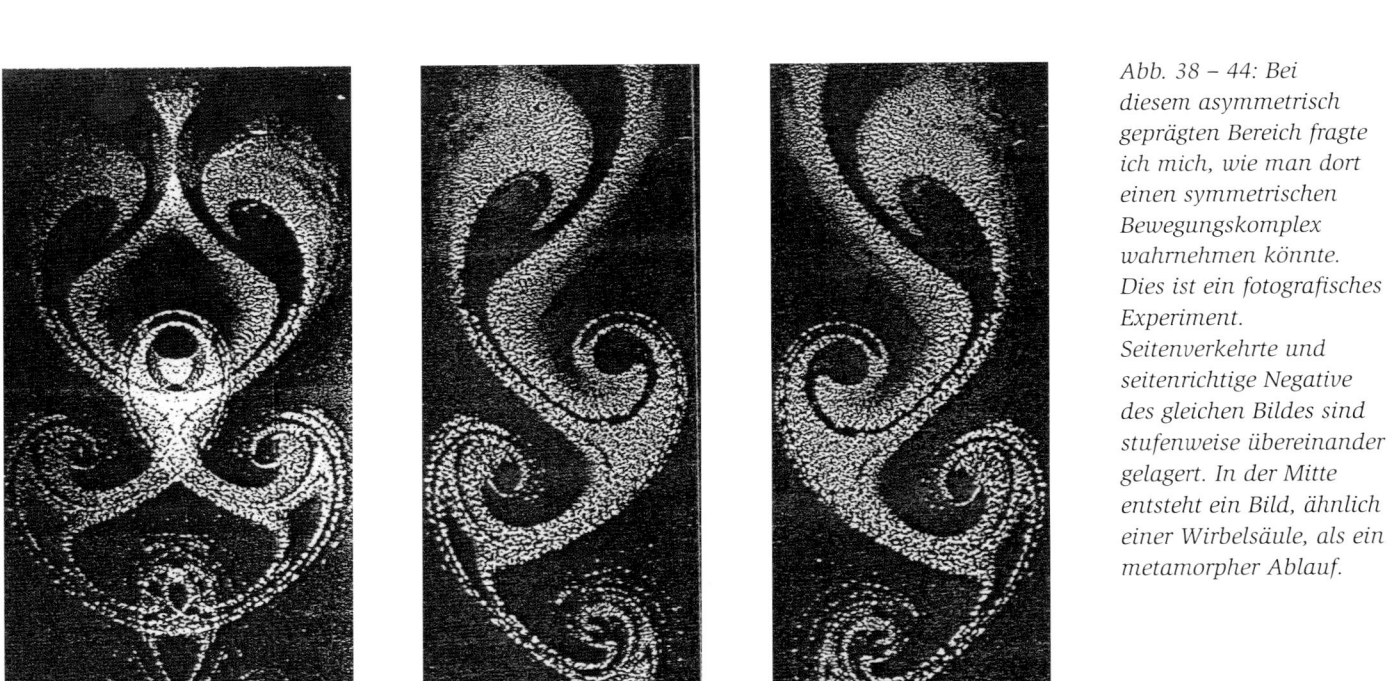

Abb. 39

Abb. 40

Abb. 41

Abb. 42

Abb. 43

Abb. 44

Abb. 38 – 44: Bei diesem asymmetrisch geprägten Bereich fragte ich mich, wie man dort einen symmetrischen Bewegungskomplex wahrnehmen könnte. Dies ist ein fotografisches Experiment. Seitenverkehrte und seitenrichtige Negative des gleichen Bildes sind stufenweise übereinander gelagert. In der Mitte entsteht ein Bild, ähnlich einer Wirbelsäule, als ein metamorpher Ablauf.

Abb. 45: Die Abbildung zeigt ein anderes Experiment, bei dem zwei Gegenstände parallel zueinander zur gleichen Zeit durch das Wasser gezogen werden, einer jedoch etwas weiter nach hinten verlagert, sodass die beiden Mäander sich zu einer symmetrischen Form verbinden.

Abb. 46: Das vorangegangene, natürliche Ergebnis, bei dem beide Seiten aufgrund der hohen Empfindsamkeit des Experiments leicht verschoben waren, ist hier durch Spiegelung einer Seite symmetrisch dargestellt.

geradlinige, formlose Bereich, aus dem der Mäander entsteht, gefolgt vom harmonischen, in dem die geordneten, formativen Prozesse stattfinden können.[5] Am Ende ist der turbulente dargestellt, der Bereich der überschüssigen Form, in dem keine ersichtliche Struktur herrscht oder diese hinter der Komplexität verborgen ist. Abb. 33 zeigt ein detailliertes Abbild und Abb. 34 zeigt eine ungleichmäßige Form, die langen Knochen mit einem Gelenk dazwischen ähnelt.

Eine interessante Variante dieses Experiments – mit einer sehr spannenden Entdeckung, die während einer Vorführung in einem Seminar beobachtet wurde – kann folgendermaßen ausgeführt werden: Falls das zugeführte farbige Wasser kälter ist als das im Tank, sinkt es auf den Boden und bildet dort eine Farbschicht. Bewegt man einen schmalen Gegenstand geradlinig über den Boden des Tanks, entsteht eine Wirbelstraße, wie sie bereits beschrieben wurde. Auf Grund des darüberliegenden Wasservolumens können sich die Wirbel auch vertikal entfalten.

Unter all diesen Fällen kann es keine idealen Einzelproben geben, sondern nur Tendenzen in Richtung einer archetypischen Metamorphose. Es gibt einen mehr oder weniger gleichmäßigen Verlauf zwischen den Gegensätzen, zwischen der geraden Linie, aus der der wirbelige Mäander entsteht und dem kreisenden Wirbel, in dem er vergeht.

Asymmetrie und Symmetrie

Diese ganzen Beispiele für die Wirbelstraße sind aufgrund ihrer Natur asymmetrisch. Tatsächlich führen Bewegungen im Wasser generell zu asymmetrischen Formen, und es kommt eher selten vor, dass man Beispiele symmetrischer horizontaler Bewegung vorfindet. Dennoch findet Symmetrie in vertikalen Bewegungen statt, wie beispielsweise beim Wassertropfen, der zur Rotationssymmetrie neigt, wenn er sich in der Luft befindet. Durch die radiale Symmetrie des Kreises schwingt er beim Fall wiederholt horizontal, wodurch er in der vertikalen Achse achsensymmetrisch (zum Beispiel eiförmig) wird.

In der Horizontalen lässt nur ein einziger Stoß eine symmetrische Form entstehen (Abb. 35 – 37, vergleiche Abb. 16). Wenn er als Strömung aufrechterhalten bleibt, wird er wieder asymmetrisch. Die Dynamik der fließenden, asymmetrischen Formen weicht den festen, symmetrischen Formen, die durch einen einmaligen Stoß entstanden sind und überall in der Natur vorkommen.

Alle Lebewesen neigen bis zu einem gewissen Grad zu symmetrischen Formen, ob kugel-, radial- oder achsen- bzw. longitudinalsymmetrisch. Es scheint, als ob die den Fließprozessen innewohnende «asymmetrische» Ungebundenheit im Reich des Lebenden symmetrisch eingegrenzt ist. Diese Trennung zwischen Symmetrie und Asymmetrie erweckte in mir großes Interesse, das mich zu weiteren Recherchen veranlasste. Ein paar Beispiele dafür müssen an dieser Stelle ausreichen.

Eine Reihe von Bildern (Abb. 38 – 44) veranschaulicht die schrittweise Überlagerung einer Wirbelstraße. Sie ist fotografisch gespiegelt und bildet auf diese Weise symmetrische Formen. Die zentrale Achse ist einer Wirbelsäule nicht unähnlich, die benachbarten Beispiele erinnern an sich wandelnde organische Formen.

Abb. 45 zeigt eine komplexe Wirbelstraße, die aus zwei geradlinigen Bewegungen entstand, wobei ein Objekt etwas weiter hinten platziert ist, um eine Verlagerung zu erreichen. Abb. 45 zeigt – fast symmetrisch – das «natürliche» Ergebnis, Abb. 46 ist eine Seite des in Abb. 45 dargestellten Bildes gespiegelt, um mechanisch eine absolute Symmetrie darzustellen.

Diese Illustrationen sind das Ergebnis meiner Untersuchungen zur Entdeckung eines Übergangs von asymmetrischen zu symmetrischen Formen. Man spricht von links- und rechtsgängig; gespiegelte Formen führen Symmetrie herbei. Obwohl diese Neigung überall in der Natur vorkommt, kann man mit großer Wahrscheinlichkeit sagen, dass die asymmetrische «Ungebundenheit» niemals wirklich gebannt werden kann. Das heißt, eine genaue «mechanische» Symmetrie kann im Lebendigen nie vorkommen.

Die Beschäftigung mit dem gleichen Thema brachte mich auf die Frage: Was würde geschehen, wenn dem Wasser Symmetrie angeboten würde? Der Ausgang dieser Frage wird in Kapitel 5 weiter behandelt.

5. Die Entdeckung der Flowform-Methode

Auf dem Weg zur Flowform

In den sechziger Jahren beinhaltete mein Hauptberuf für ein paar Jahre den Entwurf architektonischer Modelle und die Restauration von Skulpturen. Zeitweise entwickelte und hielt ich Kurse über Bildhauerei in England und Schweden. Dies erforderte ein intensives Morphologie-Studium der botanischen, anatomischen und flüssigen Phänomene, von denen einige zuvor beschrieben wurden.

Die fächerübergreifende Arbeit führte mich zu den grundlegenden Fragen der Bewegung. Alle Formen scheinen durch die Beziehung zur Bewegung und zu Fließprozessen entstanden zu sein. Jedes starre Material befindet sich in einem bestimmten Stadium in einem flüssigen Zustand. In diesem Zustand führt Bewegung zum Rhythmus, und dieser wiederum zur Metamorphose.

Mir war nicht klar, wo mich meine Nachforschungen hinführen würden, aber ich war offen für Entwicklungen, und die Frage, die mich ständig beschäftigte, war: «Ist es wohl möglich, mehr über den Ursprung der Form herauszufinden?»

Auf diesem Gebiet hatte ich bereits das Glück gehabt, mit George Adams zusammenzuarbeiten, einem Mathematiker, dessen bahnbrechende Forschung sich auf projektive Geometrie und die Theorie des Raumes und Gegenraumes bezog. Das erste Mal traf ich ihn in den frühen fünfziger Jahren im Zusammenhang mit einer Arbeit, die ich am Royal College of Art vorbereitete. Er sprach von moderner projektiver Geometrie, auch bekannt unter darstellender und synthetischer Geometrie, und bot mir eine Schulung an. In seinen Arbeiten untersuchte er auch gründlich die mathematischen Phänomene der Weg-Kurven-Oberfläche natürlicher Formen. Es ist wichtig, dieses Phänomen an dieser Stelle kurz zu betrachten, da die Untersuchung der Weg-Kurve unsere Studien fortsetzt (für eine ausführlichere Beschreibung siehe Anhang 3 und Weiterführende Literatur).

Erstmalig wurden die Weg-Kurven im 19. Jahrhundert von Felix Klein und Sophus Lie in mathematischer Hinsicht geschildert, und von George Adams dann als nahe Verwandte organischer Formen betrachtet. Er glaubte, dass diese Formen von anderen Kräften in der Natur als der Schwerkraft verursacht werden und eher mit Sog und Leichtigkeit, sowie dem Prinzip der Ausdehnung und des Wachstums in Verbindung stehen. Mit Oliver Whicher suchte er nach dem Beweis für solche Vorgänge und Einflüsse in der Pflanzenwelt. Lawrence Edwards' langjährige Folgearbeit, bei der er sich mit dem Studium unterschiedlicher Formen wie Eiern, Knospen, Kiefernzapfen und Organen wie Herz und Uterus befasste, hat den Zusammenhang zwischen diesen idealen Formen – wenn vorhanden – und der Gesundheit des jeweiligen Organismus verdeutlicht. Je mehr der Organismus der idealen Form entspricht, desto kräftiger und gesünder ist er. Jedoch führen ungesunde Einflüsse bei der Pflanze oder dem Organismus zu Abweichungen vom Weg-Kurvenideal. Adams' Frage, wie ich sie zum damaligen Zeitpunkt verstand, war, ob, falls wir als ersten Schritt Wasser zur Erfahrung einer solchen idealen Oberfläche verhelfen könnten, das Wasser dann ein höheres Potenzial erlangen würde, organische Lebensprozesse aufzubauen und zu fördern. Adams' Plan war es, eine solche Oberfläche zu erschaffen, die Wasser umschmeicheln könnte, auf der es sich so ausbreiten könnte, dass es einige der Eigenschaften dieser räumlichen Bewegung, die eng verbunden mit Lebewesen ist, in sich aufnehmen könnte. Wir müssen bedenken, dass dies in der Natur ständig vorkommt. Als wissbegierige Künstler und Forscher müssen wir nach dem Warum und dem Zweck fragen.

Anfang 1961 begann ich mit dem Bau vieler Weg-Kurven-Oberflächen-Modelle, die Adams konzipiert hatte. Er wünschte sich den Aufbau dieser Modelle so, dass sie als Basis für spätere Untersuchungen dienen konnten, bei denen es um Möglichkeiten der Umsetzung dieser Theorie in die Praxis ging. In London beteiligte ich mich an dieser Arbeit, konnte jedoch erst Ende des Jahres 1962 mit George Adams als dessen Assistent am neu gegründeten Institut für Strömungswissenschaften in Herrischried im Schwarzwald zusammenarbeiten. Meine Aufgabe bestand darin, Techniken für den Bau von Geräten zu entwickeln, die auf den von Adams entworfenen Weg-Kurven-Oberflächen, über die das Wasser fließen sollte, basierten.[6]

Aufgrund des frühzeitigen Todes von Adams im März 1963 wurde der Hauptvorstoß hinsichtlich der angestrebten Untersuchungen seines Konzepts aufgeschoben. Obwohl die auf seinen Forschungen basierenden mathematischen Modelle der Oberflächen durch die vorliegenden Angaben vollendet werden konnten, war es noch nicht möglich, mit ihnen zufriedenstellende Ergebnisse in Experimenten zu erzielen. Es traten Probleme auf bei den Versuchen, den Wasserlauf dicht genug in Beziehung zu den jeweiligen Oberflächen zu setzen, oder ihn selbst entlang bevorzugter Kurven solcher Oberflächen zu bewegen. Es herrschten entweder Gravitations- oder Rotationsprozesse vor. Auch Tropfenbilder-Tests – eine sensible Methode um subtile, qualitative Veränderungen im Wasser zu erfassen – verdeutlichten, dass der Einfluss der verwendeten Materialien den durch Bewegung erzeugten positiven Effekt aufheben konnte.

Abgesehen von einigen Unterbrechungen befasste ich mich nach dem Tod von Adams weiterhin jahrelang mit dieser Arbeit. Dann lud mich Theodor Schwenk zu Ostern 1970 wieder nach Herrischried ein, um unsere Untersuchungen fortzusetzen. Ich war mir nicht sicher, wie es dazu kam oder was er vorhatte, fühlte jedoch, dass hierin eventuell die Gelegenheit bestand, den Weg der damaligen Forschungen wieder aufzunehmen. Am 24. März kehrte ich nach Herrischried zurück.

Aufgrund meiner anderen Arbeiten im Lauf der Jahre hatte ich viele Gedanken und Fragen, die zu praktischen Nachforschungen führen konnten, und nahm mir diese für die Vorbereitung der Anfangsgespräche mit Schwenk vor. Sie waren in meinem Notizbuch folgendermaßen festgehalten:

Es soll ein Wörterbuch der Bewegung entwickelt werden. Wie bewegt sich Wasser über Objekte mit verschiedenen Ausprägungen – konvex oder konkav – und wie fällt es frei über eine Kante? Kann es in einen metamorphen Prozess innerhalb eines symmetrischen Kontexts einbezogen werden? – Könnte es dem Siebenfachen der Wirbelsäule entsprechen, die eine Prozession zwischen Ausdehnung und Kontraktion von Kopf bis zum Schwanz darstellt?[7]

Normalerweise bewegt sich Wasser aufgrund der ständigen Reaktionen auf eine Vielzahl an Einflüssen frei und ohne Gliederung, Symmetrie oder Metamorphose. Wenn es ihm ermöglicht wird, innerhalb des Kontextes und vor allen anderen Einflüssen geschützt auf eine einzige, geradlinige Bewegung einzugehen, kann die entstehende Wirbelstraße eine grundlegende metamorphe Abfolge vorweisen. Hier liegt keine Symmetrie vor, was generell für Wasserbewegungen gilt, wenn nicht bestimmte Umstände vorliegen.

Kann man ein «Organ» erschaffen, das Wasser befähigt, sein Potenzial zur Metamorphose zu offenbaren, wo sich Formen in Raum und Zeit entwickeln?

Diese Punkte habe ich mit Theodor Schwenk bei meiner Ankunft besprochen, und er ließ mir freie Hand, meine eigenen Untersuchungen, basierend auf den Fragen über Metamorphose, Symmetrie und Asymmetrie in Bezug auf Wasserbewegungen, fortzusetzen.

Der Hintergrund der Flowform-Methode

Bei fortlaufender experimenteller Arbeit entstanden Fragen ähnlich den oben genannten, und es wurden Beobachtungen mit offener Haltung, frei von konkreten Erwartungen, durchgeführt, von deren Ausgang ich nicht die leiseste Ahnung hatte. Das gesamte Wesen dieser Arbeit basierte auf diesem vorurteilsfreien Ansatz und nicht auf irgendeiner relativ abstrakten Hypothese, die bewiesen werden sollte. Die Gültigkeit eines Ansatzes muss mit dem Charakter des Verfahrens selbst sowie mit der Art, wie man mit ihm umgeht, begründet werden.

Wie bereits erwähnt, weist Wasser, das über einen komplexen Wasserlauf oder ein Flussbett fließt, eine rhythmische Vielfalt auf, die zu jedem Zeitpunkt entsteht und sich wieder legt. Als ich tatsächlich erfolgreich eine solche rhythmische Reaktion im experimentellen Kontext erzielte, wurde sie durch eine Reihe zueinander passender Größenverhältnisse hervorgerufen, die ohne besondere Vorkenntnisse geschaffen oder ohne eine bestimmte Absicht entstanden waren.

Dieses Ergebnis schien den Ansatz zu bekräftigen. Rhythmus charakterisiert das Leben und tritt in Erscheinung, wenn eine natürliche Lebensharmonie in einem bestimmten Ablauf stattfindet. Es scheint, als ob die Flowform-Methode aus einem unendlichen Potenzial das Spezifische aussondert. Es steigert die innewohnende Tendenz zu Wirbelbewegungen und rhythmischen Schwingungen. Obwohl das sich bewegende Wasser in Flüssen und im Meer von Rhythmen durchdrungen ist, gibt es aufgrund von unzähligen Einflüssen und der dadurch ausgelösten sensitiven Reaktion des Wassers kaum eine klar erkennbare Struktur – wenn es sie überhaupt gibt. Aber vielleicht ist es ja nur scheinbar Chaos.

Entdeckungen

In seinem normalen, flüssigen Zustand bewegt sich Wasser durch die Schwerkraft aus der Vertikalen entlang jedes Neigungsgrades bis zur absoluten Horizontalen, wo es letztendlich zum Stillstand kommt. Wie bereits erwähnt (siehe Kapitel 4), erzeugt ein fallender Vorhang aus Wasser wunderschöne Kurven, die durch Änderung des horizontalen Profils, über das es fließt, erheblich variiert werden können. Dies war eine Thematik, die ich zunächst untersuchte. Solche Wasserfälle können mit Hilfe von Führungsschienen gestreckt werden – ein Ansatz, der, auch mathematisch gesehen, weiter fortgeführt werden könnte. Nach anfänglichen Beobachtungen wandte ich mich von diesem Ansatz wieder ab und schlug andere Richtungen ein.

Ich wollte außerdem säulenähnliche Formen mit konvexen und konkaven Oberflächen im Querschnitt untersuchen, die auf einer Drehbank hergestellt wurden. In welchem Ausmaß würde Wasser sich an solche Formen anhaften? Ohne dass ich mich vollkommen mit dieser Untersuchungsreihe befasste, führte mich die Planung zum Konzept eines Kanals. Während ich mich von der vertikalen Ausdehnung und der Kontraktionsebene abwandte, erwog ich immer mehr horizontale Formen. Also änderte ich die Säulenform in eine Kanalform.

Der nächste Schritt bestand darin, das Wasser mit Formen in Beziehung zu setzen, die es ihm ermöglichten, relativ frei, jedoch in geordneten Bahnen zu fließen, ohne dabei durch zufällige Einflüsse, wie Sandbänke, Geröll oder Ähnliches, beeinträchtigt zu werden. Vielleicht bietet ein kleiner, gleichmäßig frei fallender Wasserstrahl aus einem Wasserhahn die Seltenheit der Symmetrie, wieder im Rhythmus der Kontraktion und Ausdehnung. Was würde geschehen, wenn das fallende Wasser mit seiner Reihe symmetrischer Formen in eine Umgebung mit weniger Gefälle übertragen werden würde?

Wie bereits erwähnt, führten mich meine Naturbeobachtungen zu dem Schluss, dass Wasser generell dazu neigt, asymmetrisch zu fließen. Wenn es jedoch in den lebenden Organismus eindringt, unterstützt es die Bildung symmetrischer Formen, die wiederum bezüglich ihrer Erscheinungsform vom Wasser abhängig sind. Ohne diesen Wasserprozess existiert fast kein lebender Organismus.

Die Richtung meiner Fragestellung entstand durch die Empfindung, dass die Symmetrie, die sich in den Lebensformen entwickelt, durch die Kondensation eines dynamischen, flüssigen Vorgangs in eine zunehmend statische und mineralisierende, physikalische Form entsteht.

Die erste Musterzeichnung, die Symmetrie in etwa dieser Richtung einführt (26. März 1970), zeigt den Entwurf eines Kanals, der sich in rhythmischer Abfolge ausdehnt und wieder zusammenzieht (Abb. 47). Wenn das Wasser von einer Kante fällt, zieht es sich stets zusammen und verteilt sich wieder im 90°-Winkel. Wie wir wissen, wiederholt sich dieser Vorgang einige Male. Der Kanal, der gebaut werden sollte, würde eine abfallende, symmetrische Form mit kurvenförmigen Abschnitten haben, die den Fluss über Kreuzpunkte seinen Fließweg entlang leiten würde.

Die zweite Zeichnung (27. März; Abb. 48) zeigt einen Mäander, der in der Mitte des Fließweges gespiegelt ist. Der enge, zentrale Kanal öffnet sich zu Ausbuchtungen unterschiedlicher Größe und weist einen systaltischen (alternierenden) Aufbau auf, abwechselnd konkav und konvex. Es war eine interessante Erfahrung, zu sehen, dass die Weitung und Verengung des Kanals gleichzeitig das fundamentale Phänomen der Ausdehnung und Kontraktion darstellte.

Am 1. April konstruierte ich einen solchen Kanal auf einer Glasplatte mit 10 Zentimeter hohen Wänden aus Bleiblech, welches mit Spezialwachs an der Grundfläche versiegelt wurde und dessen Flexibilität leicht Änderungen ermöglichte (Abb. 49). Die erste Ausbuchtung hatte eine Gesamtbreite von 26 Zentimetern, die vierte umfasste 17. Durch die leichte Neigung flutete das Wasser in die Ausbuchtungen und kam – angetrieben durch die Hauptströmung – in Rotation. Im nächsten Moment geschah etwas Unerwartetes: Nur im vierten Hohlraum trat eine starke Seitenschwingung auf.

Nichts in dieser Konstruktion deutete vor der Wasserreaktion auf ein solches unerwartetes Ereignis hin. Die Schwingungen hingen mit Sicherheit mit dem spezifischen Größenverhältnis dieser besonderen Anordnung zusammen, die unbeabsichtigt entstand, jedoch

Abb. 47: Ideen, die auf Grund des beobachteten Phänomens entwickelt wurden, 26. März 1970

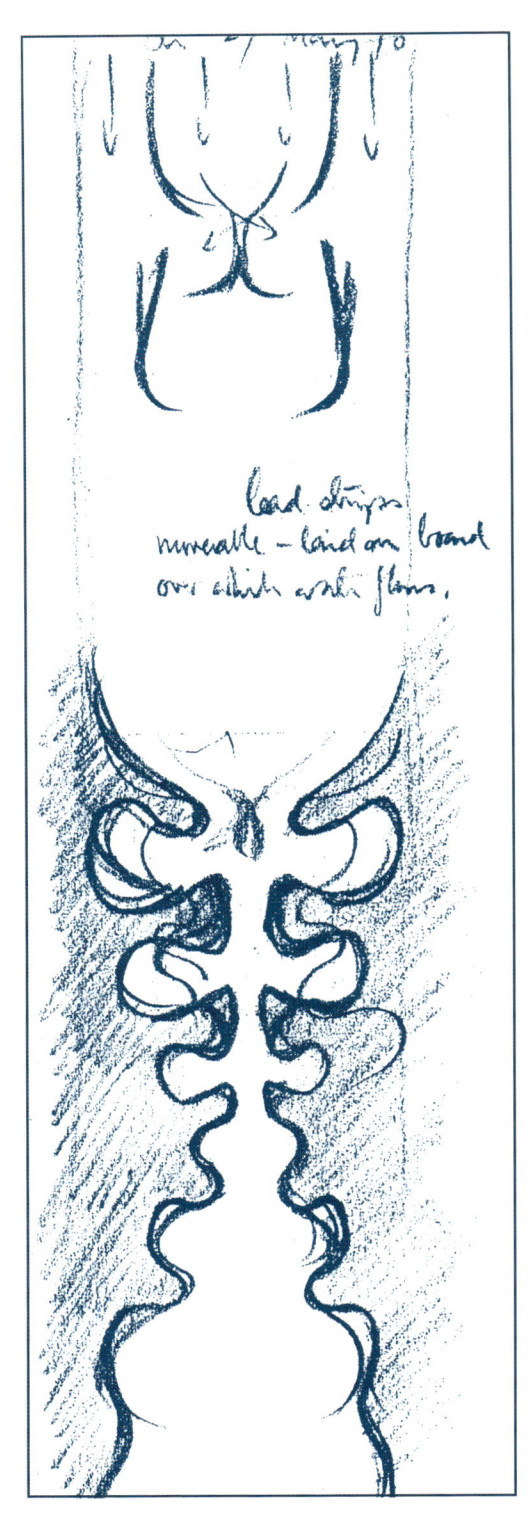

Abb. 48: Der erste Entwurf einer Kanalidee

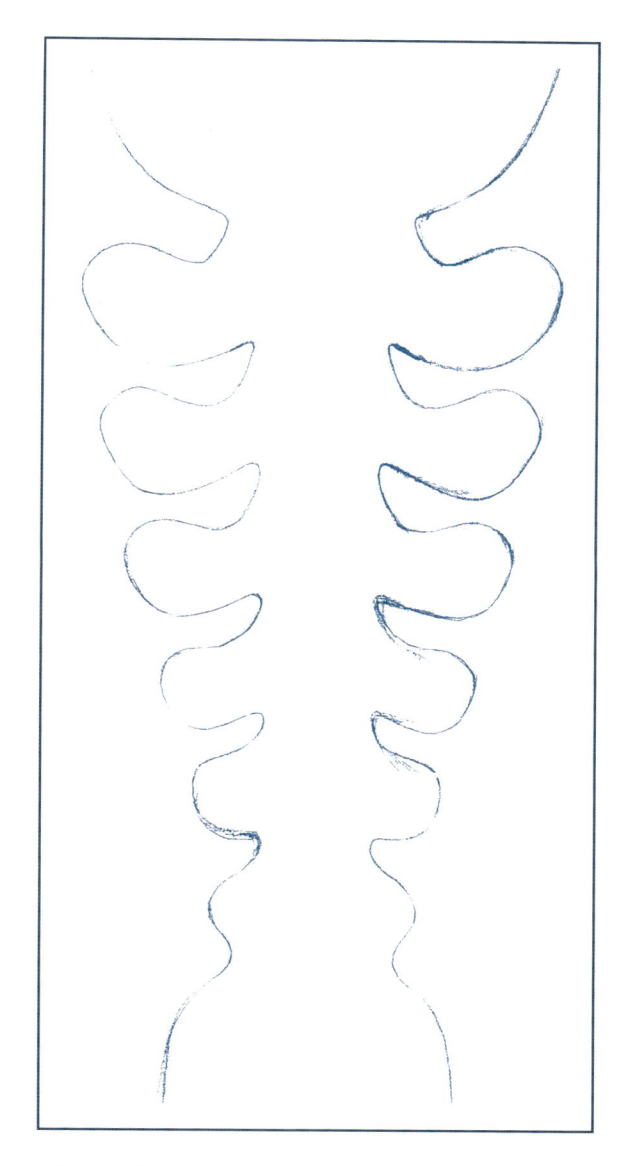

Abb. 49: Hier ist ein Entwurf des ersten gebauten Kanals mit einer Umrandung aus Bleistreifen auf einer Glasunterlage dargestellt. Obwohl diese Form nichts Besonderes erkennen lässt, verdeutlicht das durchlaufende Wasser das versteckte Geheimnis der Proportionen, die in der vierten Ausbuchtung zu den rhythmischen Schwingungen führen.

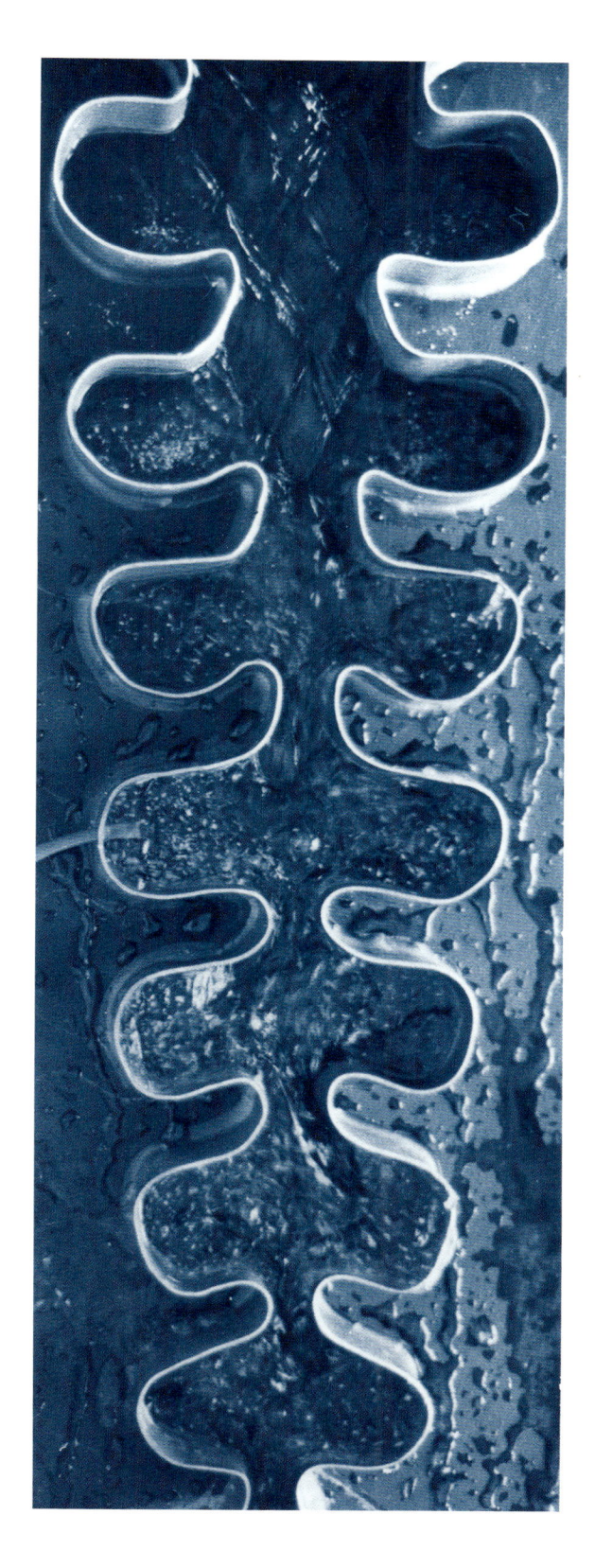

Abb. 50: Ein zweiter Kanal mit einem eingesetzten Rohr, um den Anstieg und Abfall im Gefäß zu messen

Abb. 51: Ein anderer Kanalentwurf zur Beobachtung von Wasserbewegungen

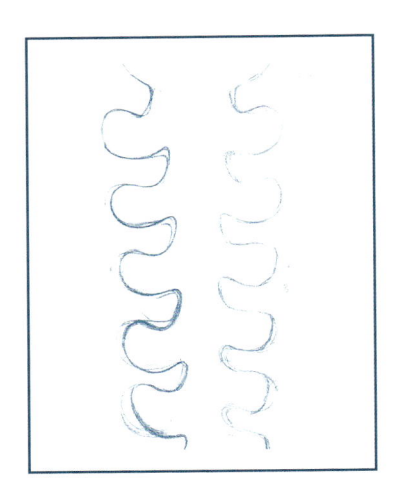

Abb. 52: Experiment mit Ausbuchtungen, die schrittweise asymmetrisch, jedoch nicht weniger funktionstüchtig werden, 27 cm x 70 cm

Abb. 53:. Eine etwas ausgeprägtere Asymmetrie

vermochte, die Seitenschwingungen im Wasser zu erzeugen.

Die Erscheinung dieses Pulsphänomens aus dem Nichts erwies sich als Schlüsselmoment der Erkenntnis. Die Form und das Größenverhältnis einer Ausbuchtung geben keinen Hinweis darauf, wie sich Wasser beim Durchfließen eines solchen verhält. Dieses Geheimnis wird nur durch die Flüssigkeitsbewegung enthüllt.

Der Wasserfall, der aus dem Kanal herausfloss, stieg und sank in einem Doppelrhythmus, was ein bekanntes Phänomen sein mag, für mich in diesem Moment aber ein frisches und anregendes Erlebnis darstellte. Eine Woche später baute ich einen weiteren Kanal, dem ich an geeigneter Stelle eine kleine Röhre hinzufügte, in der das steigende und sinkende Wasser gemessen werden konnte (8. April; Abb. 50).

Dieses erstaunliche Phänomen eines rhythmischen Intervalls, das der Wasserlauf aufwies, warf weitere Fragen auf: «Könnte dieses Ereignis auf irgendeine Art und Weise den Vorgängen innerhalb eines Organismus ähneln, wo Flüssigkeiten, wie Blut, rhythmisch reguliert werden?» Wird eine rhythmische Charakteristik innerhalb eines Organismus durch spezifische Proportionen innerhalb dieses Organismus isoliert, um einen gewünschten Einfluss aufrecht zu erhalten?

Anhand von Experimenten mit unterschiedlich geformten Kanälen (Abb. 51 – 53) wurde deutlich, dass die Größenverhältnisse den Impuls auslösten. Ich schuf den Grundsatz «Nicht zu viel und nicht zu wenig», nach dem beispielsweise die Öffnungen nicht zu weit und nicht zu eng sein durften. Symmetrie spielte keine große Rolle, aber der richtige Grad an Hemmung löste Instabilität aus, und die richtige Form wurde durch die Öffnungen in Kombination mit Neigung und Fließgeschwindigkeit geschaffen.

Diese Umstände waren keineswegs immer leicht zu finden, da man nicht sagen kann, was modifiziert werden muss, um das gewünschte Ergebnis zu erhalten. Als der Wasserlauf durch den Widerstand ausreichend verzögert wurde, um eine Ablenkung nach links oder rechts zu erhalten, entstand ein freierer Weg in die seitliche Ausbuchtung, und der schlängelnde Lauf wurde stabil. Die Kontinuität hing nichtsdestotrotz von der Feinabstimmung ab, wodurch die Form der Ausbuchtung eine nicht weniger wichtige Rolle spielte.[8]

Durch viele weitere Experimente, die in einem kleinen Rahmen ausgeführt wurden, erhielt ich weitere außergewöhnliche Ergebnisse. Jetzt floss die schwingende Strömung aus einem einzigen Kanal abwechselnd in einen parallelen Komplex aus mehreren Kanälen mit

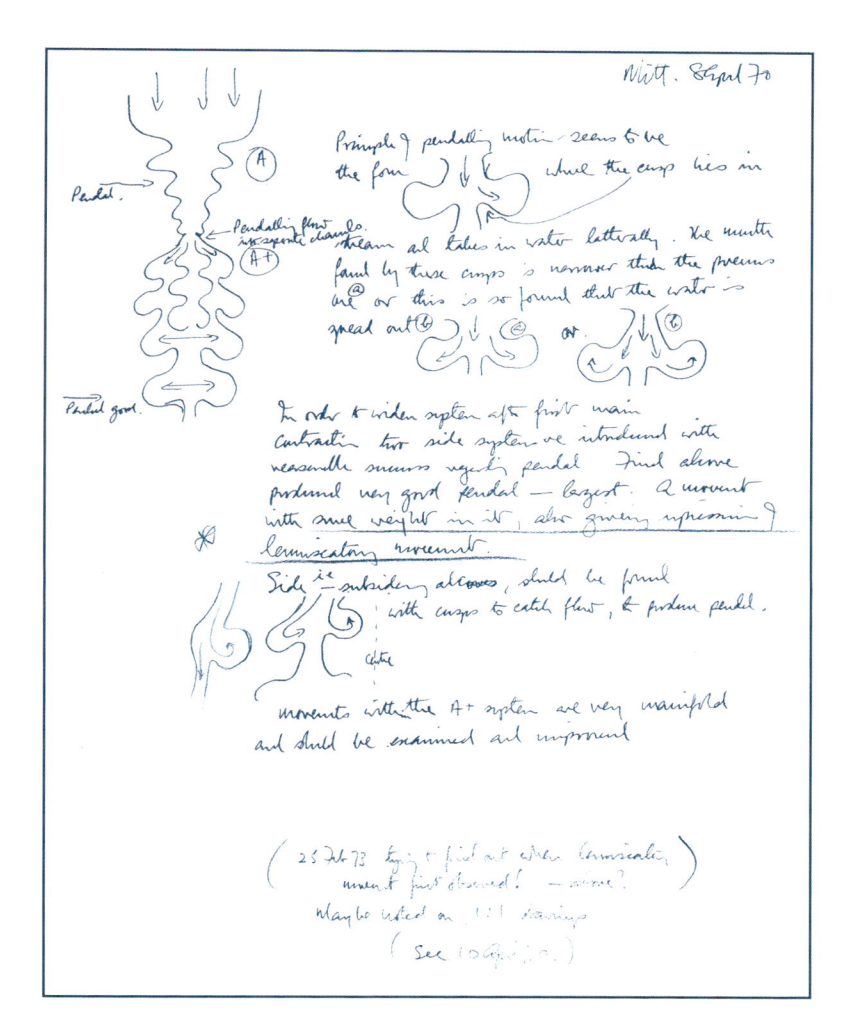

Abb. 54: Die Abbildung zeigt die Arbeit mit einem Ausbuchtungskomplex, der Symmetrie und Asymmetrie vereint. Am unteren Ende des Kanals (links oben) entsteht ein starker Impuls, gleichzeitig wird die Andeutung einer Bewegung in Form einer Acht sichtbar. Es stellte sich heraus, dass die Asymmetrie so weit geführt werden konnte, dass eine Ausbuchtung entfernt werden konnte, wodurch eine Einzelausbuchtungs-Flowform entstand, die einen einfachen Puls statt eines doppelten produzierte.

Abb. 55: Experiment, mit dem Ideen getestet wurden; die größte Weite beträgt 28 cm. Schwingungen waren in allen Ausbuchtungen möglich. Die richtigen Größenverhältnisse wurden durch Ausprobieren gefunden. Dies geschah noch während der ersten Woche der Experimente.

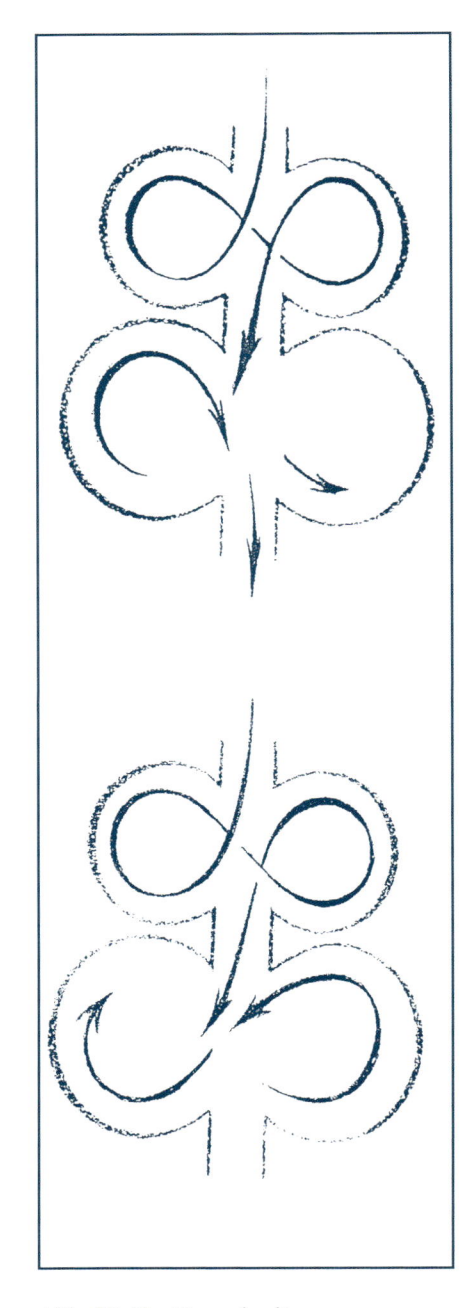

Abb. 56: Ein Versuch, die wechselnden Rhythmusfrequenzen, die zur Unterstützung oder zum Zusammenbruch der Bewegung der folgenden Flowform führen, in zwei Flusszeichnungen zu zeigen

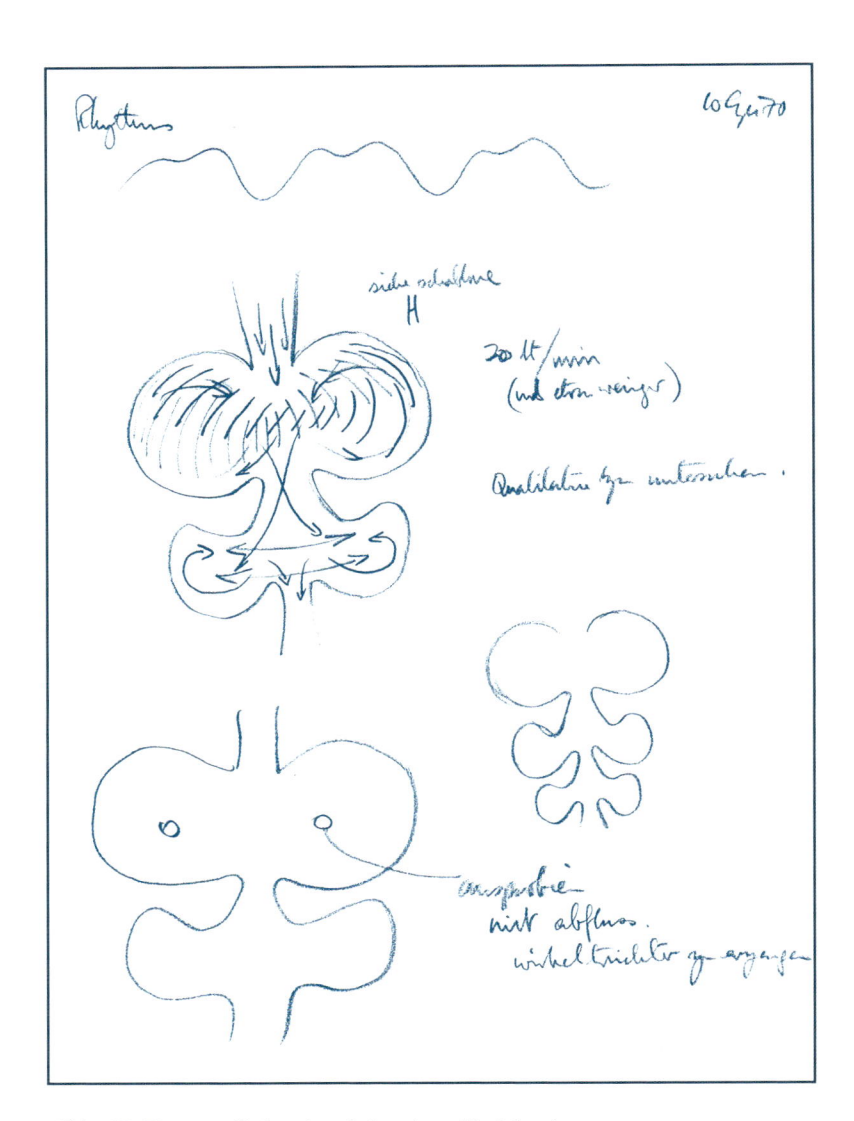

Abb. 57: Dargestellt ist einec Seite eines Notizbuches, die das Experiment abbildet, welches erstmalig die komplette Lemniskaten-Bewegung aufweist. Es folgt die Idee, Löcher an den Stellen im Untergrund zu machen, an denen sich Ablagerungen festsetzen.

Abb. 58: Namensgebung der Entdeckung; nach vielen Überlegungen und Vorschlägen kam ich letztendlich zu einem professionellen Entwurf für den Namen «Flowform», welcher auf meinem Ursprungsentwurf für einen Briefkopf und ein Logo basierte. (Roggenkamp/Mann)

vielen Ausbuchtungen, in denen das Wasser schwingen konnte. In der größeren, letzten Ausbuchtung dieses Komplexes drängte das Eigengewicht das Wasser erstmalig in Lemniskaten-Form von liegenden Achten durch die Ausbuchtung (Abb. 54).

Der Beweis für diese pulsierende Lemniskaten-Bewegung stellte einen außergewöhnlichen kognitiven Moment dar, der mein Leben für immer signifikant prägte. Dieses Phänomen, hatte man es einmal wahrgenommen, öffnete fast unbegrenzte Möglichkeiten der Forschung und der Einsatzgebiete.

Während der aufregenden Zeit zwischen dem ersten und dem zehnten April 1970 wechselten meine Experimente zwischen Wasserfällen und Kanälen. Bei beiden wurden alle möglichen Kombinationen ausprobiert. Der Rhythmus wurde gemessen, Kanäle verglichen, im Untergrund wurden Löcher gebohrt und es wurde mit asymmetrischen Gefäßen experimentiert.

Experimente mit asymmetrischen Kanälen eröffneten alle Arten von Möglichkeiten, die später wieder aufgenommen werden sollten, zum Beispiel bei Einzelgefäß-Flowforms. Übertriebene Ausbuchtungsformen führten zu interessanten Möglichkeiten (Abb. 55).

Ich fand heraus, dass alle Parameter fein abgestimmt sein mussten, um eine optimale Bewegung in jeder Situation zu erzeugen. Kleine Gefäße können eine einfache Querwelle, die in den Aushöhlungen steigt und fällt, hervorrufen, jedoch keine Kreisbewegung. Wie bereits erwähnt, können stattdessen größere Formen mit höherem Wassergewicht Lemniskaten-Bewegungen erzeugen.

Widerstand und Rhythmus

Widerstand wurde als grundlegende Bedingung erkannt, die zum Rhythmus innerhalb des Organismus führt; eventuell ist er sogar ein universeller Faktor. Der nächste Schritt bestand deshalb darin, das Gefäß zugunsten einer höheren Bewegungsfreiheit zu vergrößern, damit sich eher ein Fließweg entwickelt statt einer nur nach rechts und links schwingenden Welle – bei normaler Wasserviskosität.

Ein anderer Faktor, der die schwingende Funktion aufheben konnte, wurde offensichtlich: Die Schwingung selbst ändert die gesamten Bedingungen und kann die Bewegung durch ein Überfüllen der Form aufheben. Auch das musste beim Formgebungsprozess beachtet werden. Wenn die exakten Größenverhältnisse beibehalten werden sollten, mussten Maßnahmen getroffen werden, dass ein Übermaß an Wasser aus dem Gefäß abfließen kann, bevor es zur Rhythmushemmung kommt.

Zwei Gefäßgrößen wurden in einer mehr oder weniger symmetrischen Anlage miteinander kombiniert – 30 und 40 cm breit auf einer leichten Neigung (Abb. 57).

Bis die beidseitig rhythmische Schwingbewegung einsetzte, mussten Anpassungen durchgeführt werden. Plötzlich entstand ein völlig neues Schauspiel. Durch die Wirkung der Kombination aus links- und rechtskreisenden Bewegungen innerhalb der Ausbuchtungen entstanden lemniskate Bewegungen in Form einer Acht auf eine klare und dramatische Art. Der Wasserlauf, der von einem Gefäß zum nächsten angeregt wird, der

Abb. 59: Einige Beispiele der doppelten Keramikeinheiten, die im Sommer 1970 für Experimente in Herrischried eingesetzt wurden

im Fall des Experiments der größere war, floss abwechselnd, sich diagonal von links nach rechts bewegend, aus dem Gefäß.

Mit der Vergrößerung der Gefäße sank die Rhythmusfrequenz. Nicht nur die Größe veränderte die Rhythmusfrequenz, sondern Interferenzen verursachten ein sich stets veränderndes Rhythmusmuster, das mit Rhythmen in der belebten Welt, bei denen oft eine längere Periodizität vorherrscht, zusammenfiel. Kombinationen aus verschiedenen Größen führten somit zu In- und Aus-dem-Takt-Situationen. Sich ändernde Phasen wurden zwischen den Gefäßen, die in einem Moment unterstützend wirken und im nächsten die folgenden Schwingungen hemmen, sichtbar (Abb. 56). Das ist ein grundlegendes Phänomen hinsichtlich der Rhythmusentwicklung innerhalb dieser Gefäßarten – welche im Lauf der Zeit Flowforms genannt wurden.[9] (Abb. 58)

Später stellte ich fest, dass sogar Kaskaden, die sich aus der Wiederholung der gleichen Flowform zusammensetzten – abhängig vom Beeinflussungsgrad, der sich zwischen den Formen abspielte – Rhythmen von längerer Dauer bilden können (siehe Järna-Flowform, Abb. 122, S. 110). Weitere Untersuchungen ergaben, dass diese Methode spezifische Periodizitäten ermöglicht, die wiederum verschiedene Behandlungen für Wasser möglich machen.

Abb. 60: Dieses Bild greift der viel später entwickelten Malmö-Flowform vor. Es zeigt eine spezielle End-Flowform und einen Randabschluss, der die schwingenden Bewegungen des Wasserlaufs hervorhebt. (Siehe Seite 118, Abbildungen 137 – 139 für Details)

Bereits während dieser Experimente konnte man beobachten, dass die verschiedenen Materialien, die vom Wasser abgetragen werden – zum Beispiel Sand – sich an zwei Punkten in der Flowform durch die Links- und Rechtsbewegungen der Wirbel ansammelten. Das brachte mich auf die Idee, an diesen Stellen Löcher zu bohren, sodass das Wasser ablaufen kann (Abb. 57). Durch spätere Entwicklungen sollte es sich als sehr nützliche Methode zur Steigerung der Wirbelbewegungen herauskristallisieren (siehe Vortex-Flowform und das Herrmannsdorf-Projekt).

Weitere Experimente

Schauen wir kurz zurück, was bisher geschah: Es wurden Beobachtungen der Wirbelstraße durchgeführt. Wir schlussfolgerten, dass Wasser ein bestimmtes Potenzial zur Ordnung und zu metamorpher Entwicklung in seiner Bewegung hat.
«Kann man damit etwas anfangen?», war die nächste Frage, an die sich anschloss: «Welche Rolle spielt Symmetrie im Reich der fließenden Asymmetrie?»
Experimente deckten die Entstehung des Rhythmus durch Widerstand auf – immer aufgrund besonderer Größenverhältnisse. Es war eine Offenbarung, die

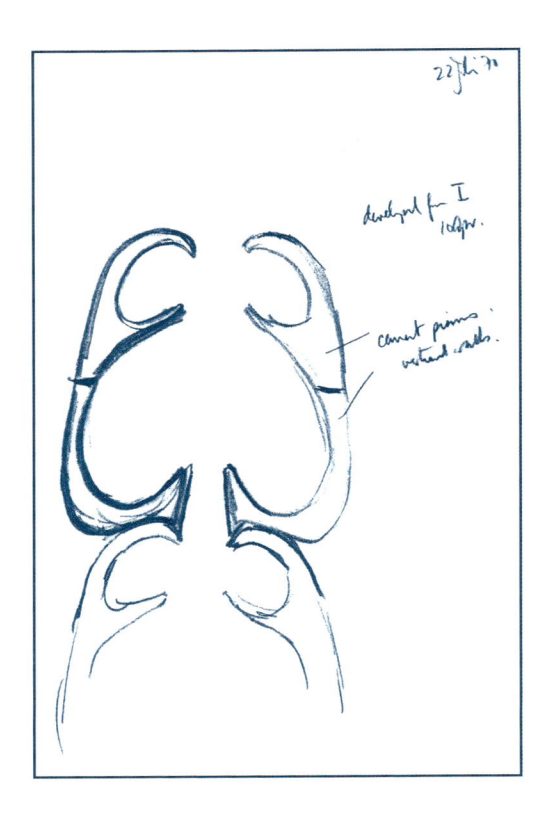

Abb. 61: Doppelte Einheiten mit Ausbuchtungen unterschiedlicher Größe können verwendet werden.

Erfahrung zu machen, dass eine künstlerische Form der Welt der lebenden Organismen zu entsprechen vermag, wenn man die Feinheiten der Größenverhältnisse beachtet und sich darüber im Klaren ist, dass der Rhythmus der verbindende Faktor ist. Des Weiteren war die immense Vielfalt, die durch das Zusammenspiel von Wasser mit Rhythmus und Oberfläche entsteht, eine inspirierende Erfahrung.

Es schien, als wäre bei den höher entwickelten Lebewesen die Kontinuität des Rhythmus von zentraler Bedeutung. Da stellte sich mir die Frage: Wie kann man das Besondere erkennen und verstärken, um eine Verbesserung der Lebenserhaltungsfunktion zu erzielen? Man denke hier zum Beispiel an die unbegrenzte Vielfalt des Rhythmus in der äußeren Natur, wie sie sich etwa in einem Bergbach findet. Wie war dies zu bewältigen?

Nach frühen Ergebnissen im April 1970 in Herrischried folgten alle Ideen und Experimente als natürliche Konsequenz auf diese Frage. Viele Ideen durchdachte ich, einige setzte ich in die Praxis um und andere besprach ich mit Theodor Schwenk. Eine wichtige Entscheidung wurde getroffen: die Fortsetzung der Arbeit im Sommer mit dem Ziel, qualitative Einflüsse mit der Tropfenbild-Methode (siehe Seite 149 und Schwenks «Bewegungsformen des Wassers») zu erforschen. Dazu mussten speziell geformte Keramikgefäße in England hergestellt werden.

Mit Hilfe von Annette Lychou stellte ich eine Reihe einfacher Keramik-Flowforms her. Dies war der erste Versuch, der stattfand, ohne dass es viel Zeit zum Experimentieren gegeben hätte. Die Einheit bestand aus einer Eintrittsausbuchtung, gefolgt von vier Flowforms mit wachsender Größe, die aus zwei Teilen hergestellt wurden, um das Brennen und den Transport zu erleichtern (Abb. 59).

Ich wählte eine leichte Neigung und eine flache Form. Obwohl die rhythmischen Lemniskaten-Bewegungen sichtbar waren, war die Kraft gering. Die in diesem Prozess des Lernens entstandenen Formen erzeugten keine ausreichenden Bewegungen, um einen Wasserqualitätswandel registrieren zu können. Dies gelang später in Stutzhof, wo mit der Tropfenbild-Methode experimentiert wurde. Nichtsdestoweniger stellte Theodor Schwenk, der dem Experiment beiwohnte, eine Änderung der Bewegungsqualität – von einer eher müden, passiven zu einer aktiven, sprudelnden – über einen gewissen Zeitraum hinweg fest.

Ebenfalls zu beobachten war, dass das Wasser, das aus der Einheit ausfloss, einen längeren periodischen Rhythmus aufwies. Die verschiedenen Rhythmen, die durch die unterschiedlichen Größen der Flowforms entstanden, wiesen eine allmählich zunehmende Wirkung auf den endgültigen Wasserfall auf, so dass das durchfließende Wasser eine Mischung aus allen erzeugten Rhythmen beinhaltet. Dies erinnert an die veränderlichen Rhythmen innerhalb des lebenden Organismus. Tatsächlich ändert sich der Rhythmus in der letzten und größten Form des Abschnitts stetig unter dem Einfluss der vorhergehenden Formen.

Der Wasserfall zeigte merklich eine nach links und rechts schwingende Bewegung, die vom Wasseraustritt aus den seitlichen Ausbuchtungen der Flowform resultierte – er pendelte von einer Seite zur anderen. Ein viel später entwickeltes Beispiel zeigt, wie dies genutzt werden kann (Abb. 60 und Abb. 137 – 139, S. 118). Während der drei Wochen in Stutzhof ab dem 20. Juli wurden weitere Tests durchgeführt.

Ablauf über ein Wehr

Ich hatte die Idee, die leicht geneigte Oberfläche eines Wehrs, über die das Wasser in einem relativ dünnen Film fließt, durch geformte Betonblöcke zu unterteilen, die so angeordnet sind, dass sie sich zu Einheiten zusammenschließen, die Flowform-Ausbuchtungen bilden. Durch diese sollte das Wasser in verschiedenen rhythmischen Bewegungen hindurchfließen. Falls diese Bewegungen positive Wirkungen aufzeigen sollten, könnte dies ein einfacher Weg sein, sie zu erzeugen. Es gäbe viele verschiedene Wege, dies durchzuführen. Einige Ideen aus Skizzenbüchern sind hier zu sehen (Abb. 61 – 62).

Mathematische Oberflächen

Bereits im April 1970 wurde mir klar, dass meine Arbeit zur Technik der rhythmischen Bewegung und deren mögliche Auswirkungen auf die Wasserqualität auf George Adams' Untersuchung der mathematischen Oberflächen und ihre möglichen Auswirkungen auf die Wasserqualität (siehe Anhang 3) aufbauen konnte. Dazu war es nötig, eine Teilstrecke der bestehenden Oberflächen zu nehmen, sie zu spiegeln und die linken und rechten Teilstücke so zueinander in Beziehung zu setzen, dass das zwischen ihnen durchfließende Wasser in Schwingung versetzt wird (Abb. 64). Die daraus resultierende Bewegung würde im günstigsten Fall das Wasser in einer flachen Welle sanft über die seitlich orientierten Oberflächen führen.

Dieses Experiment zeigte erfolgreich, dass die Flowform-Methode, die rhythmische Bewegungen auf mathematischen Oberflächen zum Ausgangspunkt nahm, die wiederum in einem engen Bezug zu lebenden Formen stehen, einen Fortschritt darstellte, wenn es darum ging, eine Optimierung des Wassers zu erreichen. Das war der signifikante Durchbruch, der die Bemühungen der sechziger Jahre, eine Bandbreite aus mathematischen Oberflächen zu erschaffen, vollkommen rechtfertigte. Möglich geworden war dies durch die Berechnungen von George Adams. Solche Oberflächen konnten jetzt in Hinblick auf ihre qualitativen Auswirkungen auf Wasser untersucht werden – eine Arbeit, die eine zentrale Rolle am «Healing Water Research Institute» in Sussex spielt (siehe Anhang 4).

Radiale Flowform

Am 1. August 1970 wurde die Idee einer radialen Flowform notiert (Abb. 65). Sie wurde ursprünglich für ein Projekt im schwedischen Fallun in Betracht gezogen. Später wurde sie als Modell für die Amsterdam-Flowform mit drei Metern Durchmesser für die Blumenschau in Holland 1982 ausgearbeitet. Es war sinnvoll, die kleine Form ebenfalls fertig zu stellen, die später zur Ashdown-Flowform wurde und erstmalig im Ashdown Health Centre und anschließend in vielen privaten Gärten anzutreffen war (Abb. 66).

Röhren-Flowforms und andere Ideen

Im März 1971, während meines nächsten Aufenthalts in Schweden, begann ich, an einem einfachen System zu arbeiten, welches aus abgeschnittenen Röhren bestand. Ich wollte Flowforms mit einem strengen geometrischen Charakter entwerfen (Abb. 67). Diese Form stellte sich als nützlicher und flexibel nutzbarer Weg heraus, die Parameter der Flowform-Methode mit einfachen mathematischen Begriffen für Patentzwecke zu untersuchen und zu beschreiben. Sogar eine Flowform mit vier Ausbuchtungen war möglich (Abb. 68). Andere Konzepte beinhalteten Flowforms als stufige

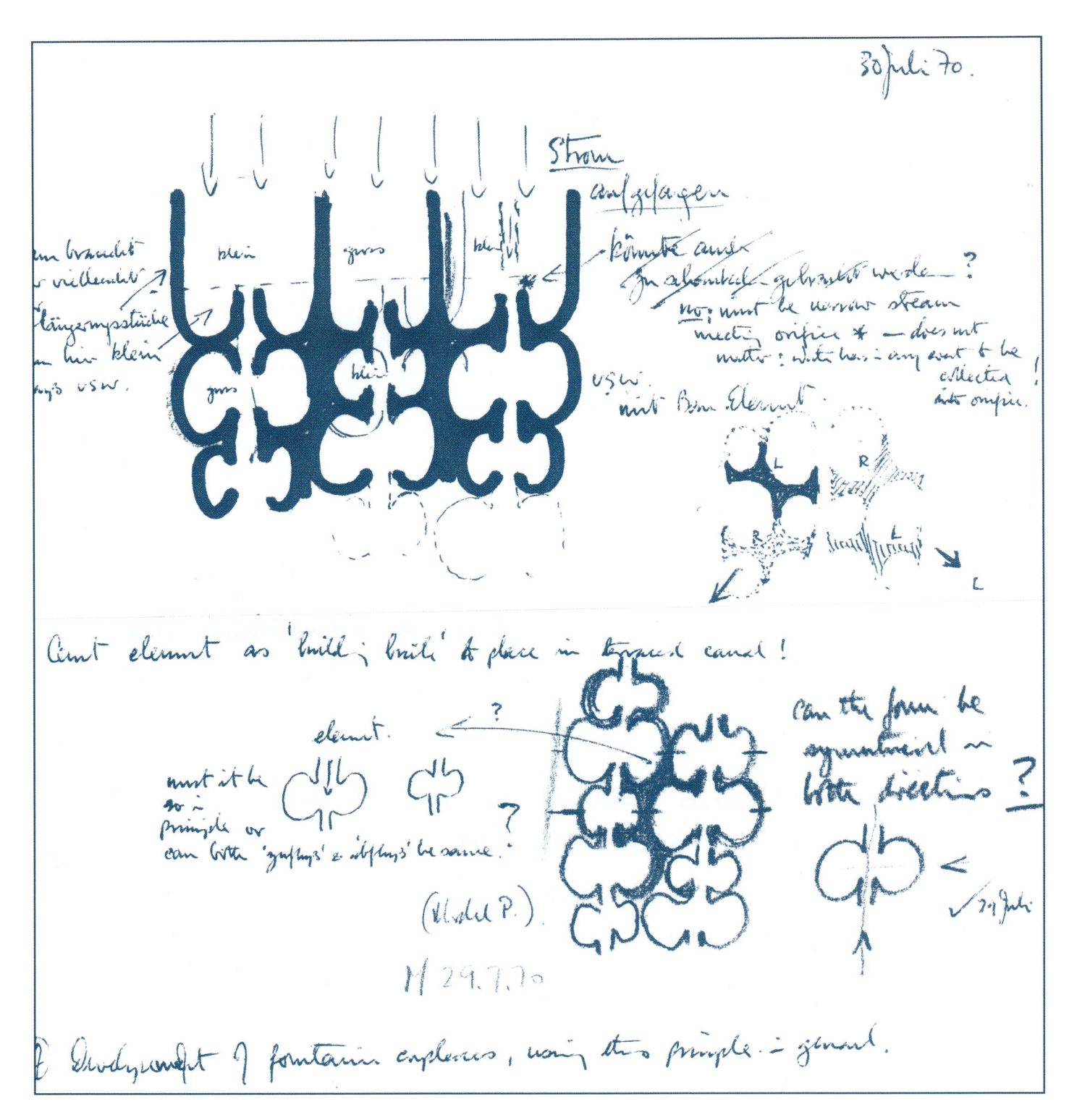

Abb. 62: Eine Seite eines Notizbuches mit einigen Ideen

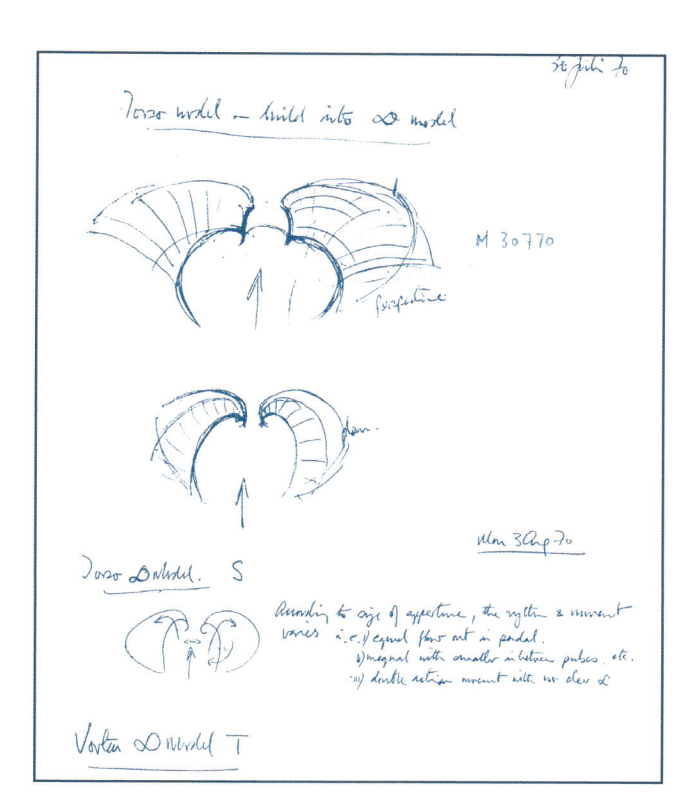

Abb. 63: Skizze einer Idee, wie man mathematische Weg-Kurven-Oberflächen innerhalb der Flowform erzielen kann

Abb. 64: Die Abbildung demonstriert einen ersten Ansatz zu mathematischen Weg-Kurven-Oberflächen in einer Flowform. Dies stellt einen idealen Weg dar, um Wasser dünnschichtig und sanft über die jeweilige Oberfläche auszubreiten.

Abb. 66: Das Ashdown-Modell ▶

Abb. 65: Hier sieht man die erste Zeichnung einer radialen Flowform mit einem zentralen Zulauf und Abläufen in drei Richtungen. Sie wurde so entwickelt, um die gesamte Oberfläche zu benetzen. Die Ausgänge mit konvexem Rand erzeugen kuppelförmige, pulsierende Wasserfälle. ▼

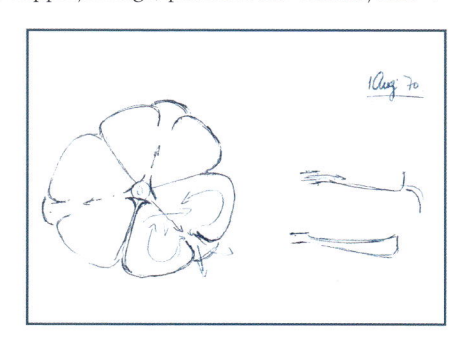

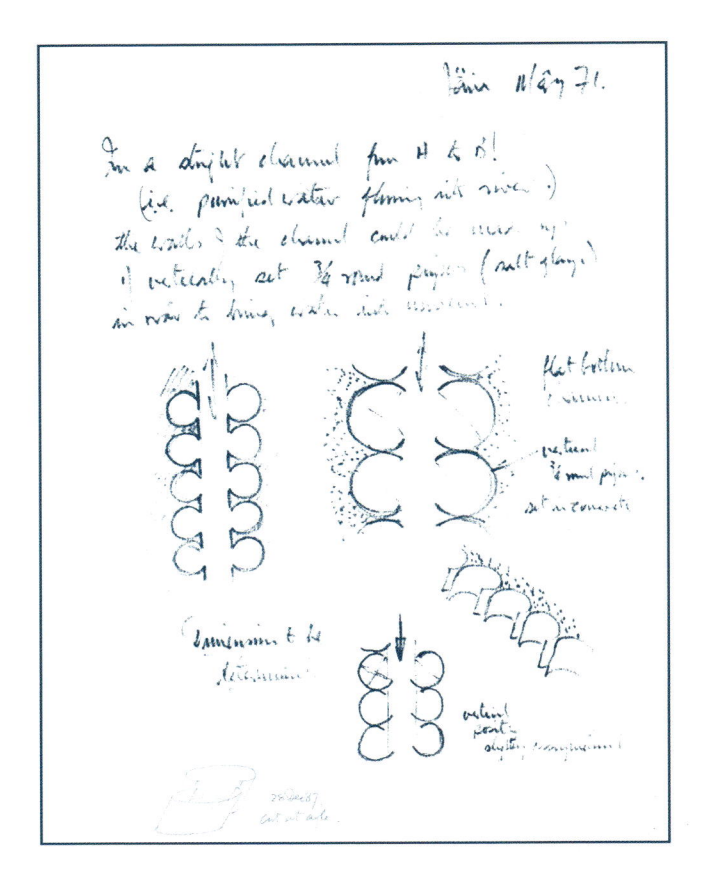

Abb. 67: Die Abbildung zeigt Ideen für sehr einfache zylindrische Einheiten aus Röhren. Diese können mithilfe von Standard-Betonguß leicht in großer Stückzahl hergestellt werden.

Abb. 68: Eine Einheit mit vier Ausbuchtungen, die komplexe Bewegungen erzeugen (siehe Kap. 11)

Anlagen, geradlinig oder spiralenförmig um eine zentrale Achse herum (Abb. 69) oder sogar vertikal übereinander (Abb. 70). Es wurden auch Keramikringe konzipiert (Abb. 71). Weitere Möglichkeiten, das Wasser zurück zum Eingang zu befördern, sind, es entweder unten austreten oder es in einem inneren und äußeren Ring fließen zu lassen (Abb. 72).

Wasserzirkulation

Ich habe mich schon mit allgemeinen Fragen zur Wasserzirkulation beschäftigt, besonders mit den negativen Auswirkungen des Pumpendrucks und mechanisch erzeugten Turbulenzen, die die Wasserqualität verringern. Mit Hilfe der Flowform-Methode wollte ich Möglichkeiten finden, Wasser ohne Verringerung seiner Qualität zu transportieren oder die Wasserqualität dabei sogar zu erhöhen.

Das Thema, das mich in den kommenden Jahren beschäftigen sollte, war die Qualitätsverbesserung durch rhythmische Bewegungen. Es musste möglich sein, ein Verfahren zu entwickeln, bei dem das Wasser so «rein» wie möglich bleibt, ein Verfahren also, bei dem Einflüsse durch Druck sowie Materialien und elektromagnetische Felder, die die Wirkungen des Rhythmus überdecken oder negativ beeinflussen könnten, vermieden werden. Eventuell könnte eine Wippe entwickelt werden, die das Wasser abwechselnd von einem Gefäß in ein zweites und von dort zurück befördert (Abb. 73 und 74). Für diesen Zweck werden Flowforms benötigt, die in beiden

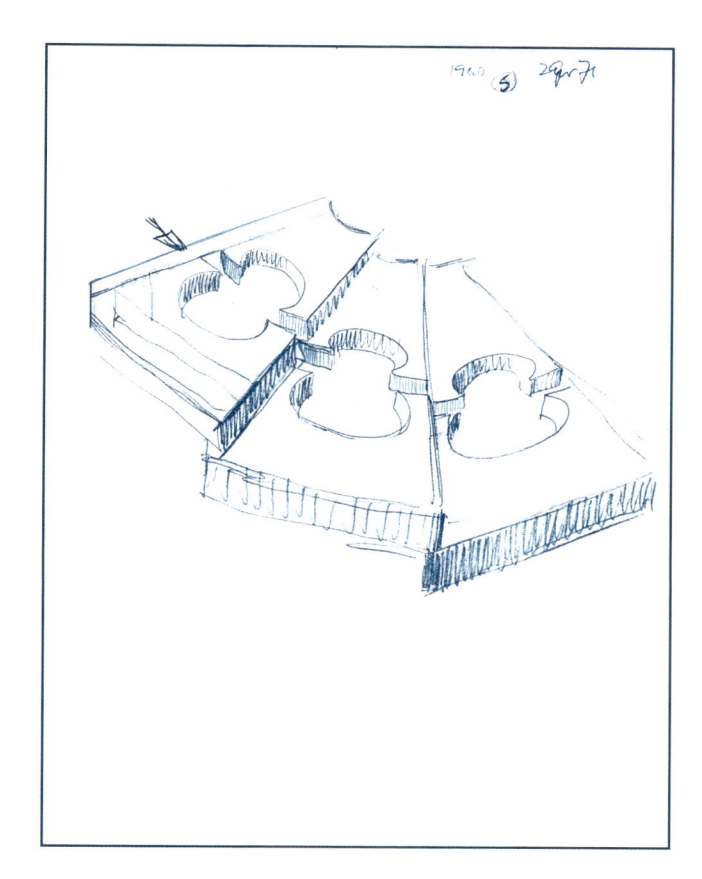

Abb. 69: Entwicklung eines Modells als Treppenstück, bei dem die Ausbuchtungen in den Treppenflächen geformt sein können

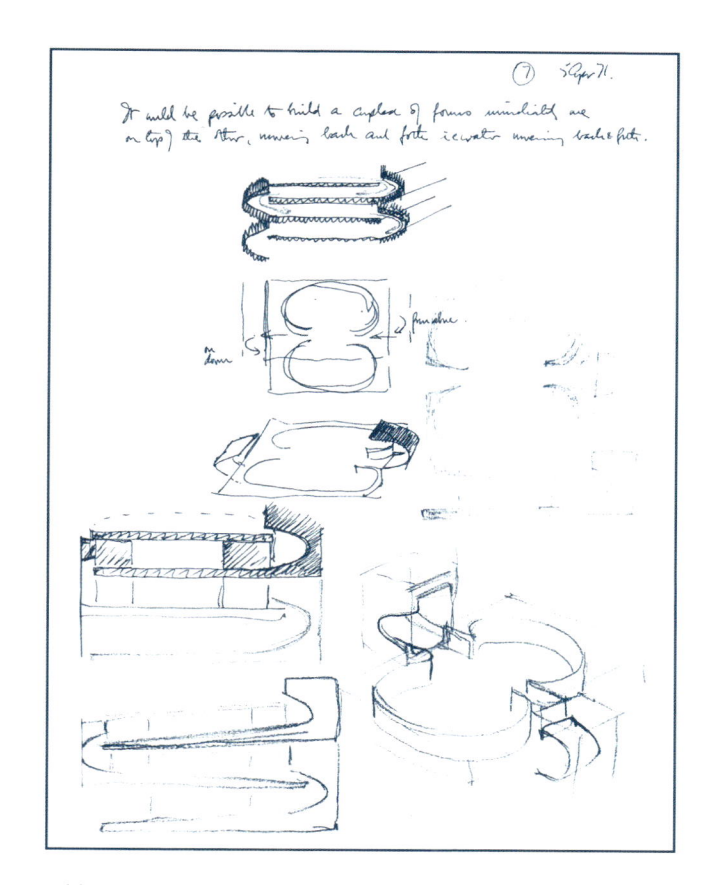

Abb. 70: Das erste Konzept zur Entwicklung gestapelter Einheiten mit Verbindungskanälen

Richtungen funktionieren! Mein Entwurf (Abb. 75) wurde zum Modell (Abb. 76).
Diese Wippenkonstruktion wurde innerhalb der folgenden Monate im Emerson College im englischen Sussex gebaut. Es erwies sich als schwierig, eine ausreichend lange Dauer des Prozesses zwischen den beiden Endbehältern zu erzielen. Mit dieser begrenzten Kapazität entleert sich das zur Verfügung stehende Wasser aus dem Behälter, bevor sich die Bewegung im Flowform-Abschnitt richtig entwickeln kann. Hinsichtlich der Bemessung und der Kapazität müssen noch Forschungen betrieben werden.
Mir kam auch die Idee, Flowforms um den Rand einer großen Drehscheibe von vielleicht mehreren Metern Durchmesser herum zu platzieren, mit einer erhobenen Drehachse im Zentrum, die eine Neigung zur Drehscheibe aufweist, die dann gedreht werden kann. Das würde sicherlich für längere Verfahren und Qualitätstests funktionieren; ich habe es jedoch letztendlich nicht geschafft, dies auszuführen. Dazu bräuchte man eine große Anzahl an passend geformten Steingut-Flowforms.
Zum Ende dieser Experimentierphase wurde es zunehmend klar, dass die Flowform-Methode auf viele Arten durchgeführt werden kann, was zu einer großen Auswahl an Modellen und Einsatzgebieten führte.

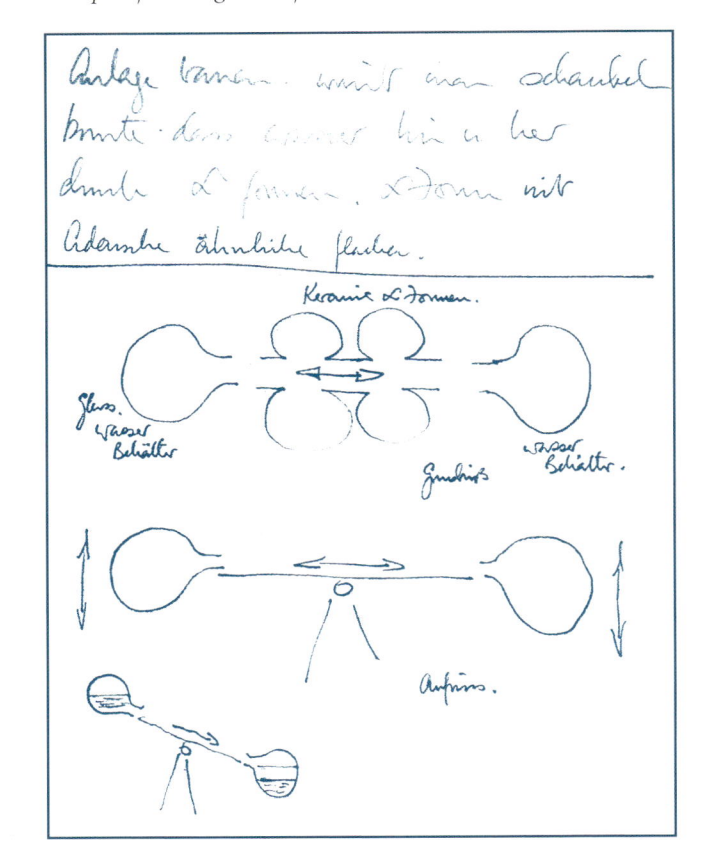

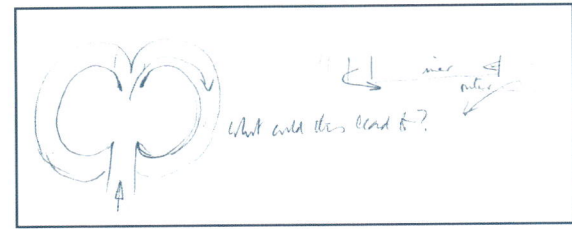

▲ Abb. 72: Dargestellt ist eine Skizze einer Flowform mit Kanälen am Rand an Stelle eines direkten Durchflusses. Dies könnte bei einer gestapelten Anlage nützlich sein. Der Abfluss befindet sich unten.

◄ Abb. 71: Keramikringe für eine einfache Konstruktion innerhalb vorhandener Kanäle, um die Wasserbewegung von laminar zu harmonisch zu fördern

Abb. 73: Skizzen zu wippenden Vorrichtungen ohne Pumpen für Langzeitverfahren ▼

▼ Abb. 74: Entwürfe für eine Wiege

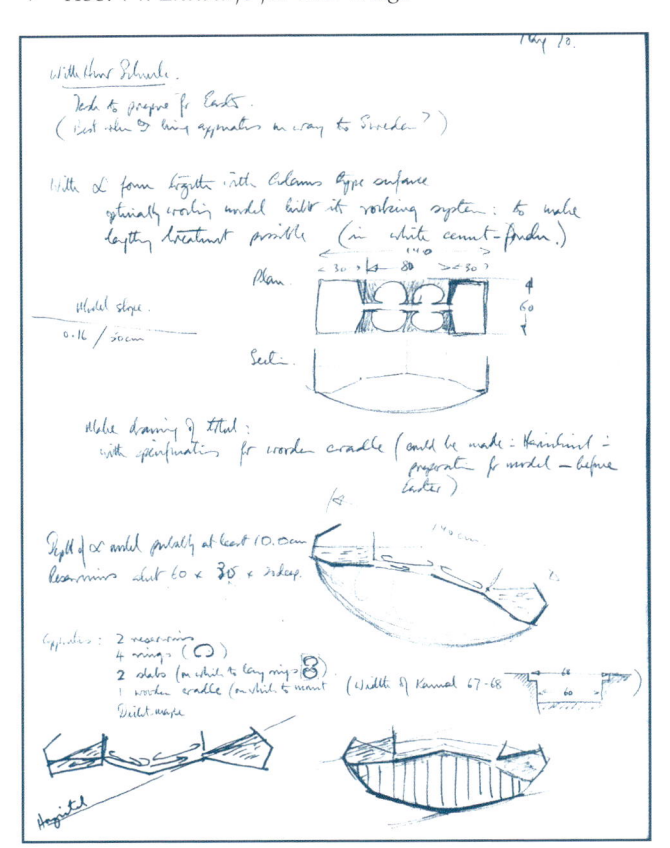

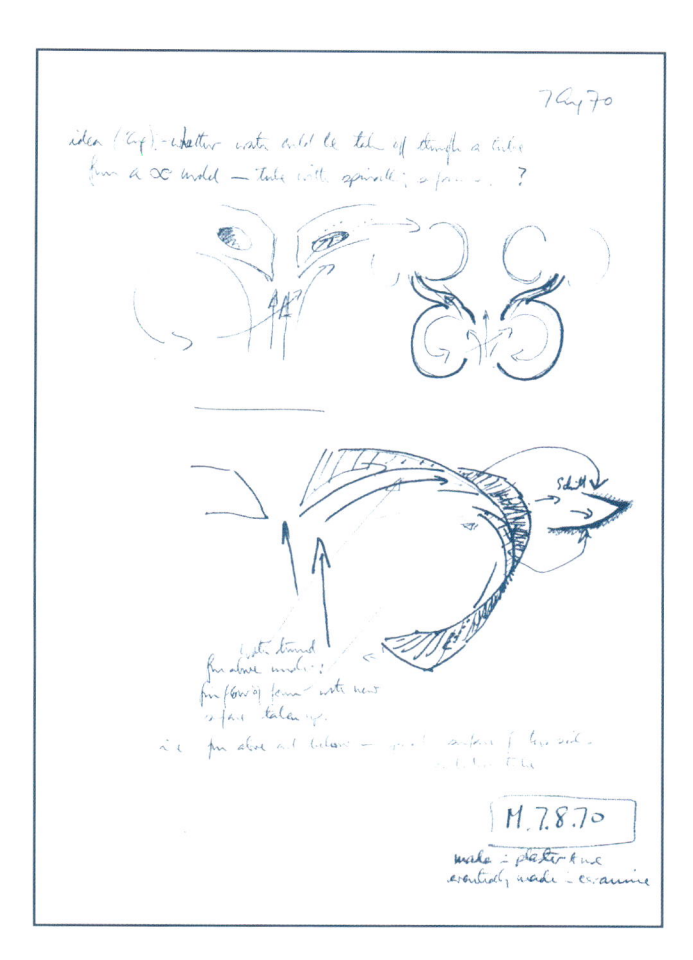

Abb. 75: Eine Flowform-Einheit, die in beide Richtungen arbeitet

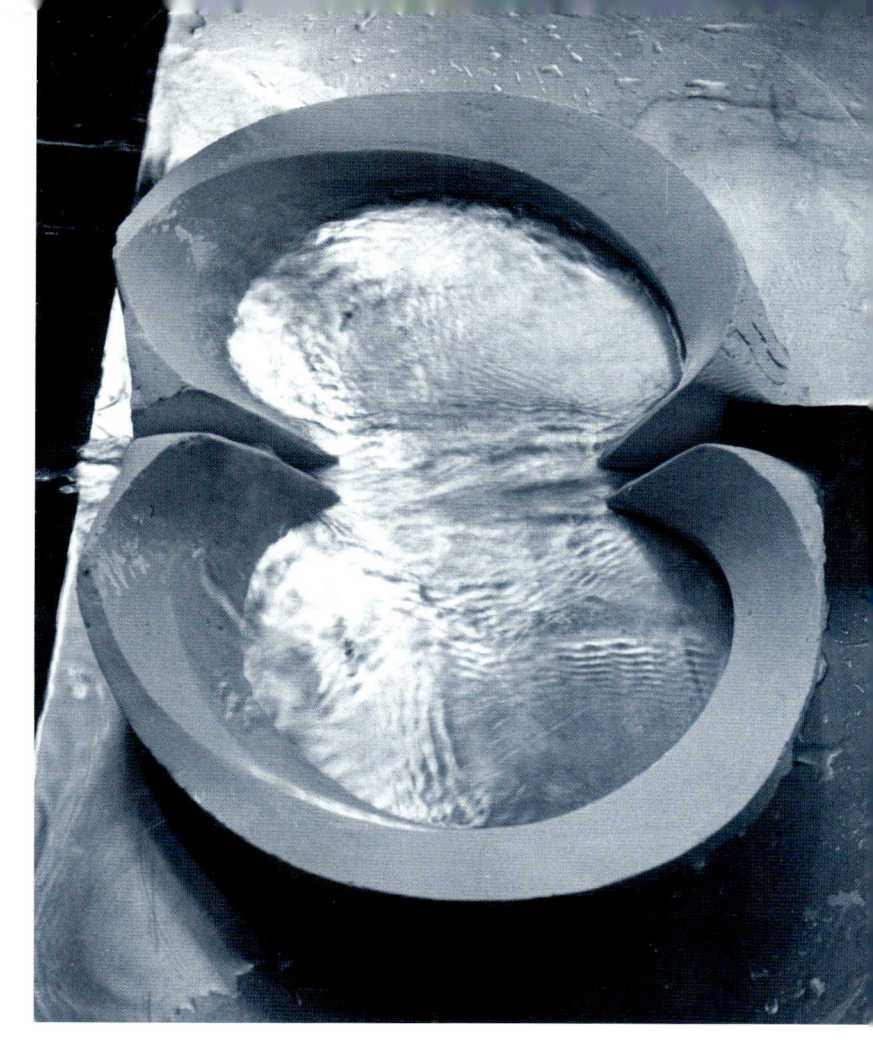

Abb. 76: Die endgültigen Produktionselemente aus Keramik, die vermutlich mathematisch kurvige Oberflächen nutzen

Fragen aufarbeiten

Diese frühen praktischen Untersuchungen warfen eine Menge Fragen auf, sowohl in meiner eigenen Arbeit als auch nach 1974 durch neu hinzugekommene Kollegen. Da der Großteil unseres Fortschritts durch Fragenstellen entstand, führe ich nachstehend einige dieser Überlegungen auf, darauf vertrauend, dass der Leser an dieser Befragungsmethode Anteil nimmt, ohne zwangsläufig umfassende Antworten zu erwarten. Es ist gut, mit Fragen zu leben, und wir können nur hoffen, dass diese wiederum andere Fragen aufwerfen.

- Der lebende Organismus scheint immer in einem rhythmischen Kontext zu existieren. Was bedeutet das? Leben existiert entweder im Jahreszeiten- oder täglichem Rhythmus – wie bei der Pflanze – oder erzeugt einen Rhythmus innerhalb seines eigenen Flüssigkeitshaushalts – wie unabhängigere, höher entwickelte Organismen das tun.
- Hat Rhythmus auch Auswirkungen auf Flüssigkeitsprozesse und -substanzen?
- Könnte die Wasserqualität, die aus einem rhythmischen Chaos in ein geordnetes Rhythmusspektrum übergeht, geändert oder positiv beeinflusst werden?
- Könnte rhythmisiertes Wasser Pflanzen, Tieren oder Menschen effektiver dienen?
- Welche Rolle spielt die Oberfläche?
- Was bedeutet Qualität?

Abb. 79: Die Sezierung eines Kuhherzens zeigt die Dicke der Wand an der Spitze. Sogar bei einer solchen Größe des Herzens ist das Fleisch kaum vier Millimeter dick.

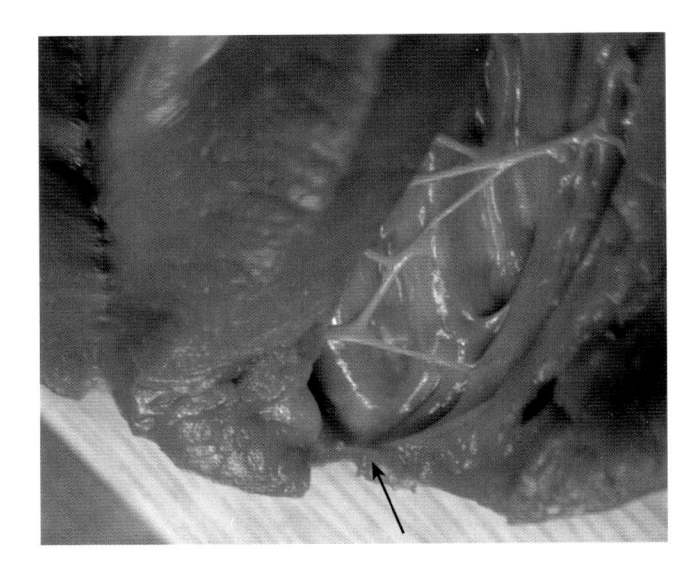

ein gekrümmtes flexibles Rohr, durch das unter Druck Flüssigkeit gepumpt wird, so dass bei höherem Druck das Rohr geradliniger ist. Während der Herzmuskelkontraktion, bei der das Blut weiterfließt, ist bei der Aorta ein *Zuwachs* der Krümmung zu beobachten. Forscher haben den stärksten Durchfluss von Blut an einer Stelle gemessen, die deutlich vor dem Punkt mit dem meisten Druck liegt, was bedeutet, dass vorübergehend am Ausgang des Herzens ein Sog entsteht. Wenn das Blut aus dem Herz *herausgestoßen* werden würde, so würde die Krümmung der Aorta zurückgehen. Jede Druckmessung ergibt sich aus unterbrochenen oder beschränkten Impulsen (vergl. Marinelli 1996).

Normaler Druck in der linken Herzkammer würde wahrscheinlich einen Riss an der sehr dünnen Spitze der Herzwand verursachen. Bei sorgfältiger Untersuchung des Herzmuskels stellen wir fest, dass die Spitze der Wand geringfügig dicker ist als zwei Millimeter, während der Herzkammermuskel 40 Millimeter Stärke erreichen kann. Dies widerspricht den üblichen Darstellungen in modernen Büchern. Interessehalber habe ich ein Rinderherz seziert um herauszufinden, wie eine Herzspitze aussieht (Abb. 79). Im Gegensatz zu den Herzkammermuskelwänden, die eine Dicke von 60 Millimetern und mehr aufweisen, ist die Herzspitze nur vier Millimeter dick. Dasselbe gilt im kleineren Maßstab für ein Schafsherz.

In seinem 1996 erschienenen Artikel zitiert R. Marinelli eine frühere Beobachtung von J. Bremner, Harvard 1932:

«Er filmte die Blutzirkulation, die sich selbstständig in einer spiralförmigen Bewegung antrieb im Frühstadium eines Embryos, bevor die Herzfunktion einsetzte, [und] [...] bemerkte nicht, dass das soeben beobachtete Phänomen das Druck-Antriebskraft-Prinzip widerlegte.»

Aus physikalischer Sicht steht fest, dass die kontinuierlich kleiner werdenden Maße der Blutgefäße von der Aorta zum Kapillargefäß ein effizientes Bremssystem darstellen. Bei der Beobachtung der Flüssigkeitsbewegung innerhalb der winzigen Gefäße ist allein schon die Kraft und die Komplexität dieses Phänomens, das keineswegs von einer externen Quelle erzeugt zu werden scheint, beeindruckend.

Kürzlich sah ich im Fernsehen eine Reportage, in der einem toten Herzen, welches aus dem Körper entfernt und vollständig abgetrennt war, Blut zugeführt wurde. Das Herz schlug weiterhin und zwar nicht aufgrund der eigenen Pumpfunktion, sondern durch die Blutzufuhr, die hindurchgepumpt wurde. Das Organ ist somit fähig, die Flüssigkeitszufuhr durch den eigenen Widerstand gegenüber dieser Strömung zu regulieren. Die daraus resultierende pulsierende Bewegung kann noch mehrere Stunden nach der Organentnahme aus dem Körper andauern, obwohl dies mit einer Restaktivität der Nerven in Verbindung gebracht werden kann. Dieses Phänomen muss noch weiteren Beobachtungen unterzogen werden.

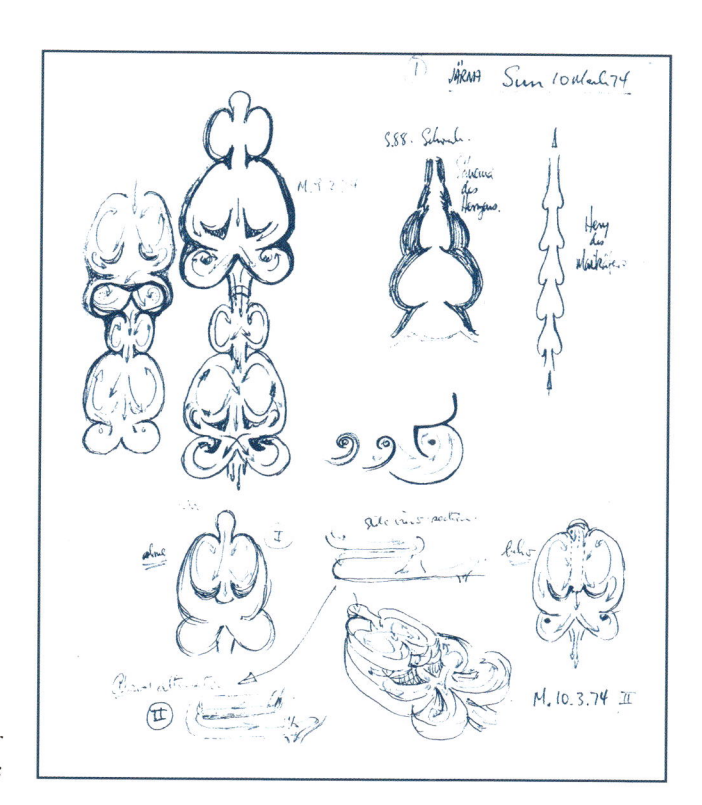

Abb. 80: Ideenskizzen für organähnliche Flowforms

Abb. 81: Diese vier Zeichnungen von links nach rechts zeigen erstens die Formen, die Wasser durch Fließen durch eine Öffnung unter Wasser erzeugen kann, eine schematische Darstellung des Herzens, das Herz eines Käfers (alles nach Illustrationen aus «Sensibles Chaos») und letztlich die schematische Konstruktion einer Flowform. Es ist wichtig, die Fließrichtung jedes Beispiels zu beachten.

Primitives Herz eines Käfers	Flowform-Serie
Formative Prozesse regeln per se die Organbildung innerhalb der Flüssigkeiten.	Ähnlich erschafft der Designer die Gefäßformen in Verbindung mit Wasserbewegungen.
Die Aktivität der Flüssigkeit ist immer im gesamten Umfang von Haus aus wirbelig.	Die Wasserbewegung hat die Eigenschaft der mehrfachen, zusammengerollten, schleierhaften Oberflächen in der Gesamtheit.
Die Form der Gefäße richtet sich nach der Flüssigkeitsbewegung.	Konzipierte Gefäßoberflächen müssen den Eigenschaften vom fließenden Wasser entsprechen.
Dehnbare Membranen bilden einen dreidimensionalen, umhüllten Hohlraum.	Unelastische Gefäße bilden einen offenen, im Allgemeinen horizontalen, zweidimensionalen Kanal.
Der Durchfluss wird durch die Sogkraft oder biologische Aktivität vom Umfeld erzeugt (Leichtigkeit).	Der Durchfluss wird durch die Neigung der Gefäßabfolge erzeugt (Gravitationseinfluss).
Die Proportionen der dehnbaren Aushöhlung erzeugen eine Systole/Diastole.	Die Proportionen der Aushöhlung erzeugen einen rhythmisch regulierten Fluss, der abhängig ist von der frei fluktuierenden Wasseroberfläche.
Ein angemessener Widerstand der Gefäßform erzeugt einen regulativen Rhythmus.	Ein durch die Vorlauföffnung erzeugter, angemessener Widerstand erzeugt rhythmische Schwingungen.
Aufgrund der resultierenden Kontraktion und Ausdehnung des Organs werden Ventile zur Gewährleistung der Fließrichtung benötigt.	Neigung und Gravitation gewährleisten die Fließrichtung (keine Ventile notwendig).

Tab. 3: Vergleichende Gedanken: das Herz eines Käfers und die Flowform

Rhythmus im Herzen und in der Flowform

Wir haben gesehen, dass ein Wasserlauf, der durch einen Durchlass oder eine Verengung fließt, die gleichzeitig einen Widerstand verursacht, eine Verzögerung oder eine Instabilität mit nachfolgendem Puls aufweisen kann. Das kann im Labor anhand der flexiblen Oberflächenspannung der «pulsierenden Pfütze» nachgewiesen werden (siehe Kap. 4). Diese entsteht, wenn die richtigen Bedingungen und Proportionen für eine Strömung geschaffen werden.

In einem Organismus hat das elementarste Gefäß, durch das Flüssigkeiten fließen, eine mäanderartige Form, die so proportioniert ist, dass sie impulsfördernd wirkt. Lebende Organe sind dreidimensional, geschlossen und dehnbar, wie zum Beispiel das Herz. Die Flüssigkeit, die es durchfließt, wird zum Pulsieren angeregt. Einmal ausgelöst, fördert die dehnbare oder muskulöse Struktur des Organs durch periodische Kontraktionen die Tendenz zu rhythmischen Bewegungen. Auf diese Weise unterstützen Sog und Druck zwischen Peripherie und Zentrum den Prozess der Regulierung und der Bewegung. Um eine Umkehrung der Fließrichtung zu verhindern, sind zwei Hohlräume durch ein Ventil verbunden, das einen Rückfluss verhindert.

Betrachtet man den Querschnitt eines Herzens, so gleicht dieses in seinen Grundzügen dem Konzept einer Flowform. Diese besitzt jedoch einen unbeweglichen, grundsätzlich offenen Behälter, durch den Wasser hindurchfließen kann, und ermöglicht eine freie Oberfläche. Lebende innere Organe sind jedoch normalerweise dehnbar (Abb. 80).

Die typische, konzeptionelle Flowform-Folge erinnert an die Struktur eines Herzens oder an verdauungsfördernde Organe einiger Insekten. Solche Organe, zum Beispiel in Käfern, weisen mehrere Aushöhlungen auf, die mehr oder weniger symmetrisch sind (Abb. 81). Die Tabelle zeigt Ähnlichkeiten zwischen dem primitiven Aufbau eines Käferherzens und einer Reihe von Flowforms.

Die Fließrichtung wird bestimmt durch die Art und

Weise, in der die Umgebungsform, ob dehnbar oder starr, Rhythmen unterstützt. In der starren Flowform stößt der extern erzeugte Wasserlauf auf eine enge Öffnung, die den Widerstand erzeugt, der die Schwingung auslöst. Die Form ist statisch, und der Fluss wird durch eine Neigung mit Gefällen zwischen den fortlaufenden Flowform-Gefäßen angeregt. Die Impulse werden durch die Flexibilität der Wasseroberfläche unterstützt.

Im Gegensatz dazu wird die Strömung in lebenden Organen durch Sog von der Umgebung und der allgemeinen biologischen Aktivität erzeugt und durch die Ausmaße der organischen, dehnbaren Form reguliert. Es wird ein Impuls erzeugt, auf den das Muskelorgan reagiert, und den es aufrechterhält. Um die Fließrichtung des geschlossenen Systems beizubehalten, sind Ventile nötig.

Im Querschnitt gleichen sich dehnbare Organe und feste Gefäße. Bei beiden entsteht ein Impuls, jedoch ist die Fließrichtung entgegengesetzt. Die Gegensätzlichkeit zwischen Dehnbarkeit und Starre bezüglich der Fließrichtung ist faszinierend. Das Organ an sich zieht sich durch einen Nervenreiz zur Erhaltung des Flusses zusammen, der durch eine geringfügige Verzögerung ausgelöst wird, eventuell durch den bereits erzeugten Rhythmus. In der Flowform scheint der kurze Anstieg des Gefälles zwischen den aufeinander folgenden Gefäßen der korrespondierende Teil zu sein, der dem Fluss Antrieb verleiht. So wie die Ventile des dehnbaren Organs den Rückfluss verhindern, hindern der Wasserlauf und die Wirbel auf der Strecke zwischen den Flowform-Gefäßen den aufwärts- oder rückläufigen Fluss.

Das Herz scheint den Blutkreislauf zu regulieren, während es gleichzeitig als Sinnesorgan fungiert, durch das der Zustand des gesamten Organismus beurteilt werden kann. Wahrscheinlich hilft dieser Prozess umgekehrt, die Empfindlichkeit des Blutes gegenüber den Körperfunktionen zu erhalten.

Flowform und Wasserkreislauf

Der natürliche Wasserkreislauf kann als ein «Einnehmen», als «Verwendung und Verarbeitung» und als «Weitergabe» beschrieben werden. Ein allgemeines Bild der Ausdehnung und Kontraktion zeigt sich. Wie bereits in Kapitel 2 beschrieben, beobachten wir den folgenden Ablauf:

Wasserdampf steigt auf in die Atmosphäre, Wolken verdichten sich, es regnet und ein Zusammenlauf der Nebenflüsse trägt langsam zum Wachsen des Mäanders bei, der selbst als regulierendes «Herz» des Systems betrachtet werden kann. Nach dem Erreichen der flachen Küste fließt das Wasser in die Arme der Deltamündungen ein und breitet sich im Meer aus, von wo aus es wiederum verdunstet. Die dreifache Natur dieses Prozesses manifestiert sich in jedem Stadium aller Zustände des Niederschlags und der Verdunstung, während Bewegung vermittelt. Wasser ist das Bewegungselement per se.

Denken wir an die Form eines Flusses, der niemals geradlinig verläuft. Der mäandrische Wasserlauf entsteht aus den für Wasser typischen Bewegungseigenschaften und dem Widerstand der Untergrundoberfläche. Diese mäandrische Form wiederum unterstützt eine regulierende Funktion für den Flusslauf und das umliegende Grundwasser. Es scheint, als ob die Vielzahl der Rhythmen in einem Gebirgsfluss aus dessen Wasserpotenzial in der abgeflachten rhythmischen Bewegung seines Bettes in der Ebene wieder erscheint. Die sich nach links und rechts schlängelnden Bewegungen des Wassers formen sich ständig selbst an dieser Stelle – am Herzen des Wasserkreislaufs. Die «Herzfunktion» des Wassers in der Landschaft hängt vom Gesundheitszustand des Flusses ab, der wiederum ein Bild der landschaftlichen Umgebung widerspiegelt.

Es wird uns durch die Arbeit vieler Forscher zunehmend bewusster, dass wir uns um den Wasserhaushalt unserer Erde kümmern müssen, da das Wasser der Erde in seiner Gesamtheit eine vermittelnde Funktion innehat, die eine «Information» der natürlichen Umwelt an alle Lebewesen sendet. Dieses Einbetten aller Lebewesen in die Totalität ist von höchster Wichtigkeit für deren zukünftige Existenz auf unserem Planeten.

Bewegung und Vitalität

Die Bewegungseigenschaften des Wassers wirken sich auf die mit ihnen in Verbindung stehenden lebenden Organismen aus. Durch die Turbulenzen, den Rhythmus, das Licht und die Luft beruhen die Fließeigenschaften eines Gebirgsflusses nicht auf dem Zufall. Ohne diese natürlichen Prozesse und Bewegungen würde der Lebenserhaltungswert komplett verloren gehen. Wir haben zum Beispiel bereits erwähnt, dass Landwirte – flussabwärts von modernen hydroelektrischen

Abb.82: Wiederum greifen wir der Malmö-Flowform (S. 117) vor. Diese hier ist an einem Gebirgsbach in Sundet am Møsvatn in Norwegen vorzufinden. Wasser vom höher gelegenen Fluss wird durch die «Gefäße» geleitet, die eine geordnete, rhythmisch schwingende Bewegung erzeugen. Im Gegensatz zu der Vielzahl an rhythmischen Bewegungen in einem Flussbett erinnert es an einen lebendigen Impuls, was das Foto deutlich zeigt.

Wenn man nach einer hydroelektrischen Anlage eine geeignete Flowform-Kaskade in größerem Maßstab bauen würde, die sogar vor Ort gegossen werden könnte, könnten solche dem Leben verwandte Rhythmen die Qualität des Wassers auf eine viel kürzere Distanz, als der Fluß alleine dazu in der Lage wäre, verbessern.

Systemen – feststellten, dass die Ernten über die Jahre hinweg plötzlich zurückgingen, da das Wasser, nachdem es durch solche Systeme geflossen war und für die Bewässerung genutzt wurde, nicht förderlich für das Pflanzenwachstum ist. Sie sagen, dass Wasser mehrere Kilometer flussabwärts fließen muss, bevor es wieder vollwertig den Wachstumsprozess unterstützen kann (Abb. 82). In engen Rohrleitungen nimmt der Einfluss der Schwerkraft rapide ab, was einen Dynamikverlust zur Folge hat.

Ende der achtziger Jahre wurde ich Zeuge von Gesprächen zwischen Landwirten und Wasserkraftvertretern in Neuseeland, in denen es sich um die Möglichkeit, ja sogar die Notwendigkeit drehte, die Wasserrückleitung in den Fluss nach einer hydroelektrischen Anlage nicht nur ästhetisch, sondern auch funktional zu verbessern. Könnte das Wasser, das unter dem großen Einfluss der Schwerkraft in Rohrleitungen die Hänge hinabgeleitet wurde, wieder vitalisiert und regeneriert werden? Aus Sicht der Landwirte sollte eine solche Regenerierung des Wassers nach dem Durchlauf durch das System durchgeführt werden.

Forschungen haben ergeben, dass sich Flüsse durch ihre natürliche Bewegung und durch die Wirkung ihrer gesamten Ökologie selbst regenerieren und verschmutztes Wasser über eine gewisse Distanz hinweg – abhängig vom Grad der Verschmutzung – reinigen (vergl. Peter 1994). Daraus ergibt sich die Frage nach einer möglichen Beschleunigung des Prozesses durch die Zugabe rhythmischer Aktivität, die die natürliche Regenerierung des Flusses steigern würde (Abb. 82).

Das «Umweltmagazin» berichtete von den Forschungen des Dr. Wolfgang Ludwig aus Horb im Schwarzwald, die verdeutlichen, dass, obwohl das öffentliche Trinkwasser chemisch rein sein kann, es elektromagnetische Bestandteile enthält, die auf die bereits entfernten Schadstoffe zurückgehen und immer noch gesundheitsschädlich sein können. Er betont, dass Turbulenzen für die Aufbereitungen des regenerierten, lebenserhaltenden Wassers notwendig sind, was in der Natur unter normalen Umständen durch den Wasserkreislauf geschieht. Je mehr das Wasser chemisch rein ist, so Ludwig, desto effektiver und beständiger werden die wiederholten wirbelartigen Prozesse die unerwünschten elektromagnetischen Frequenzen neutralisieren. Dies ist der einfachste Weg dieses Problem zu beheben, und die Aufgabe besteht darin, Flowforms mit positiven Folgen und ohne zusätzliche örtliche Energienutzung einzusetzen.[10]

Solche Fragen sind nicht nur von akademischem Interesse, denn das Problem der Wasserdynamik rückt mehr und mehr in den Vordergrund, da die Welt ihre Augen auf die Nahrungsmittelknappheit durch Übernutzung der Wasservorräte richtet (siehe Kap. 13).

Entwicklung einer metamorphen Reihe

Könnten wir eine Art ‹Organ› entwickeln, das dem Wasser ermöglichen würde, seine Fähigkeit zu Ordnung und metamorphem Wandel zu offenbaren?
Diese Frage stellte sich mir bereits vor der Entstehung der Flowform. Sie entstand aus der Beobachtung der Wirbelstraßen und stellt die vorherrschende Sichtweise, Wasser müsse fast ausschließlich als Transport- oder Energieerzeugungsmedium genutzt werden, infrage.
Diese technologischen Anwendungen übersehen die unendlich feinen, schleierähnlichen Formen, die in einem Gefäß mit nicht kontaminiertem Wasser durch harmonische Bewegungen entstehen. Die Eigenschaft des Wassers, sich in Wirbeln zu bewegen, steht in einer Beziehung zu seiner Fähigkeit, lebende Prozesse zu unterstützen. In unserer Arbeit haben wir deshalb immer ein Auge auf das Konzept der «Umschulung» des Wassers gehabt. Ziel ist es dabei, durch Unterstützung der harmonischen Bewegung, seine Fähigkeit, Leben zu erhalten, zu fördern. Indem man Wasser durch eine Vielzahl an Rhythmen sowie über eine Bandbreite unterschiedlicher Oberflächen fließen lässt, könnte das Wasser wieder in die Lage versetzt werden, die natürlichen formativen Prozesse zu unterstützen.

Frühe Konzepte für Kaskaden

Am 24. Juli 1970 begann ich an einer Idee zu arbeiten, die mir während meiner Reisen gekommen war. Es geht dabei um eine Anordnung von Flowforms, die zuerst an Größe zu- und danach abnehmen, wie die Form eines mehrteiligen Blattes (Abb. 83). Die siebenfache metamorphe Reihe oder Kaskade wurde mein zentrales Thema und bot dem durchfließenden Wasser ein großes Spektrum an Rhythmen und Bewegungen, ähnlich wie bei der Organbildung für Strömungsprozesse in der Natur.
Die Artischocke ist ein Beispiel für ein solches Blatt in der Natur (Abb. 84). Ihre kleinen, geringer gerundeten Formen weiten sich in Richtung des Mittelteils des Blattes aus und wachsen zum Ende hin spitz zu. Solch ein einzelnes Blatt sagt den Blätterwachstumsprozess der

Abb. 83: Das erste Konzept für eine Flowform-Kaskade mit sieben metamorphischen Ebenen basierte auf der Form eines Blattes. 24. Juli 1970

Abb. 84: Das gesamte Artischockenblatt weist die geschwungenen Bewegungen seiner zusammengesetzten Bestandteile von der Basis bis zur Spitze auf. Rechts ist eine Seite des gesamten Blattes abgebildet, das die Beziehung zur metamorphen Entwicklung in der gesamten Pflanze zeigt.

Abb. 85: Originalentwurf, der zur Idee der siebenfachen Kaskade führte

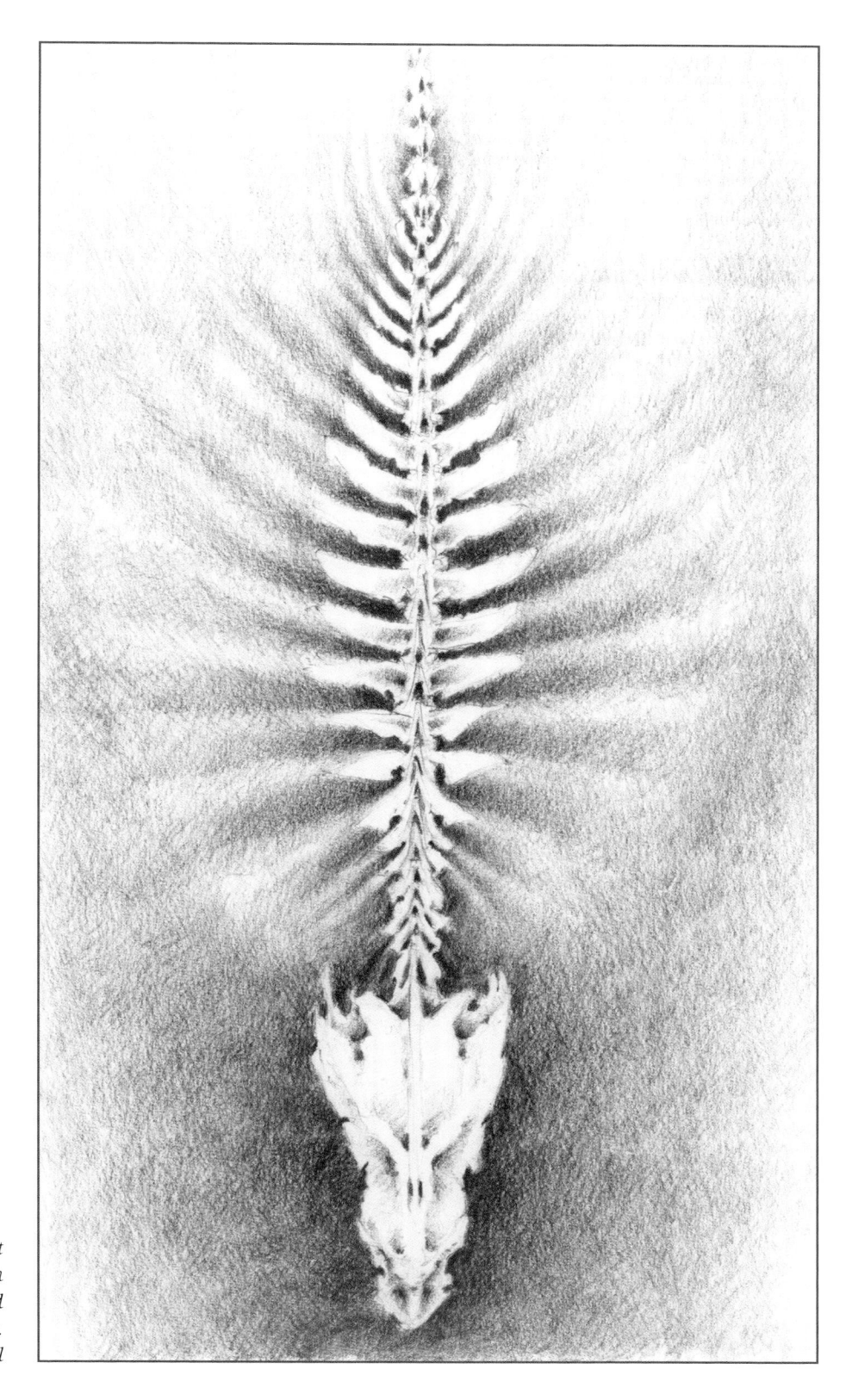

Abb. 86: Ein Fischskelett zeigt den Übergang zwischen einem zusammengesetzten Blatt und einer Säugetierwirbelsäule. Gezeichnet von Helen Aurell

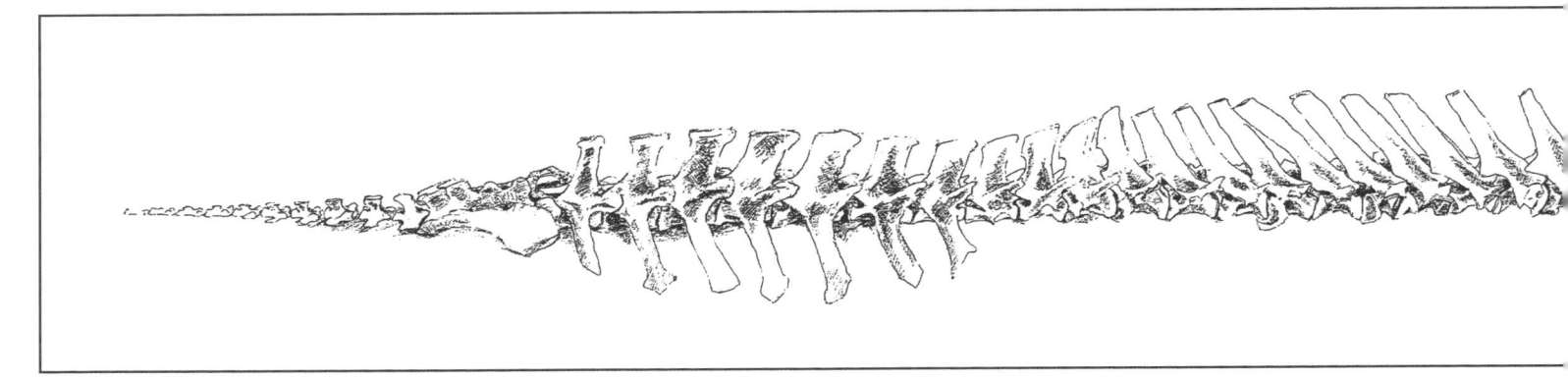

Abb. 87: Das Skelett eines Pflanzenfressers (eines Lamas), kann man in folgende sieben Knochenabschnitte unterteilen: Schädel, Atlas/Axis, Halswirbel, Rückenwirbel, Lendenwirbel, Kreuzbein und Schwanzwirbel. Gezeichnet von Helen Aurell

ganzen Pflanze voraus (siehe J. Bockemühl 1967). Ein von mir erstelltes Muster zeigt das komplette Blatt auf der linken Seite, während die rechte Seite die Ähnlichkeit zur normalen Blattentwicklung der ganzen Pflanze darstellt. Dies beruht auf dem normalen «Blattkonzept», das schließlich zum Entwurf der siebenfachen Kaskade führte (Abb. 85).

Die verschiedenen Muster der Natur wiederholen sich so oft, wobei uns ein vertikal ausgerichtetes Fischskelett an ein zusammengesetztes Blatt mit der größten Formausdehnung in der mittleren Region erinnert (Abb. 86). Es ist erkennbar, dass sich die Winkel der seitlichen Knochenfortsätze entlang der Wirbelsäule drehen, und somit wird das Leitmotiv angedeutet, das schließlich in den veränderlichen Lemniskaten-Achsen der Flowform zum Ausdruck kommt (vgl. Abb. 156). Angefangen beim Blatt, über den Fisch als Übergang zur Wirbelsäule der Säugetiere, erfahren wir die allmähliche Erscheinung und Definition der Siebenfachheit (Abb. 87). Beim Brustkorb ist ebenfalls vom einen Ende zum anderen ein erhöhtes Volumen in der mittleren Region vorzufinden.

Dieser Ablauf leitet sich metamorph von der geistigen Urform des Menschen ab, von der alle organischen Erscheinungen der Natur, Mineralien, Pflanzen und Tiere, abstammen. Jeder Organismus manifestiert einen Aspekt der Urform aufgrund seines physikalisch-mineralischen Körpers, der Lebenshülle und des Bewusstseins. Die Rippen selbst stellen die allmähliche Krümmung von der Vorder- zur Rückseite dar, oder, wie beispielsweise im menschlichen Skelett, von der Horizontalen in der höher gelegenen Rückenwirbelregion zur Vertikalen in der unteren. Die obersten Wirbel der Wirbelsäule liegen bereits innerhalb des Schädels und bilden einen Übergang. Am Ende weist die Wirbelsäule einen kontraktiven oder linearen Verlauf auf, ähnlich dem von Knochen von Gliedmaßen. Die gegenüberliegenden Enden weisen eine gewisse Einfachheit auf, sind jedoch von polarer Beschaffenheit, während sich der komplexe Bereich der rhythmischen Zusammenhänge in der Mitte befindet. Vom einen Ende zum anderen kann man einen dreifachen Eingang, sowie einen dreifachen Ausgang mit einem vermittelnden Zentralbereich sehen.

Die «ideale» Flowform

In den drei Anfangsstadien einer Kaskade kann man drei Bewegungseigenschaften beobachten: polare Gegensätze von schnell und langsam mit einer harmonischen Kombination dazwischen. Es stellt sich die Frage: Gibt es eine ideale Flowform von spezieller Größe und Form, die der spezifischen Viskosität des Wassers eine optimale Rhythmusqualität gewährleistet? Diese würde zwischen den beiden gegensätzlichen Tendenzen liegen, die einerseits eine angeregte, schnelle Bewegung in kleinen Gefäßen, und andererseits eine schwerfällige, langsame Bewegung in großen Gefäßen erzeugen. Letztere würde wiederum alle vorangegangenen Rhythmen in sich aufnehmen. Die optimale, zentrale Form würde die Größe der gesamten Abfolge bestimmen. Die gleichen Fragen könnten bezüglich der letzten drei Stufen gestellt werden, und schließlich auch hinsichtlich der gesamten siebenfachen Reihe: des ersten Abschnitts, des letzten Abschnitts und der mittleren Flowform als ausgleichende Einheit.

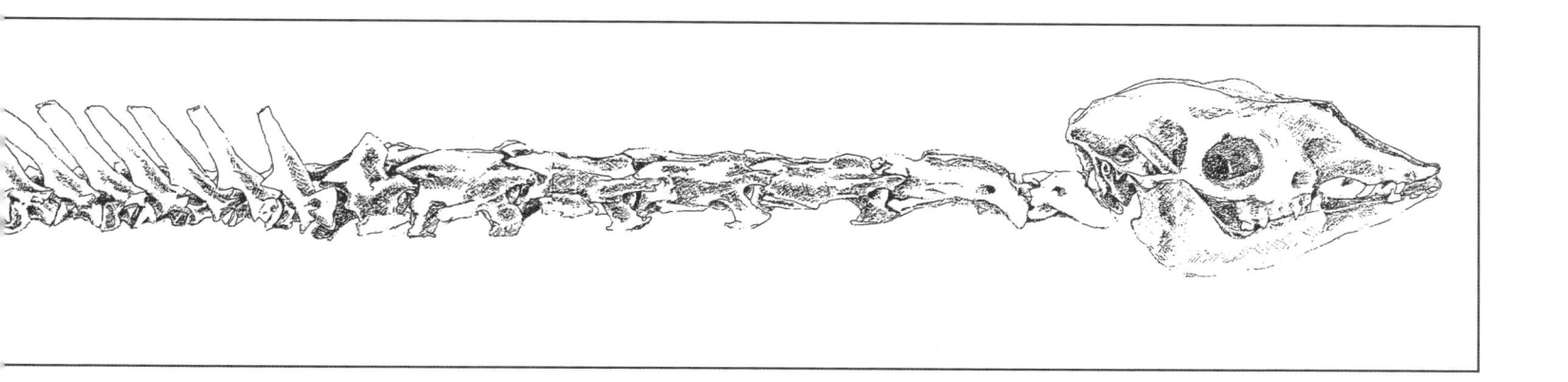

Eine Antwort auf die Frage nach der idealen Flowform wäre, dass es eine ganze Reihe davon gibt, bei denen aber stets die Größenverhältnisse von höchster Bedeutung sind. Der Verbesserungseffekt auf das Wasser wäre Teil des beabsichtigten Aufnahmeprozesses.

Es handelt sich um komplexe Prozesse, die jedoch durch sorgfältige Gestaltung der Flowform nach Bedarf gewählt werden können. So kann ein bewegliches Muster aus mehr oder weniger im Voraus geplanten Rhythmen entstehen. Es scheint plausibel, anzunehmen, dass dies den Vorgängen in lebenden Organismen gleicht. Eine existierende Kombination aus Rhythmen und Formen ist hilfreich bei der Schaffung eines Organismus, der sich selbst – besonders durch seinen flüssigen Aufbau – wie ein Vermittler für diese Rhythmen verhält.

Zusammenfassend ist zu sagen, dass die Ähnlichkeiten, die wir erwähnt haben, als Bestätigung des Konzeptes betrachtet werden können, dass wir mit der Flowform sinngemäß ein «Organ für das Wasser» geschaffen haben. Rhythmus reguliert den Fluss, während er gleichzeitig das Wasser resensibilisiert und seine Vermittlungskraft steigert.

Die zugrundeliegende Motivation, einen qualitativen Wandel zu erzielen, verkörpert den zentralen Kern dieser Studie. In einem gänzlich anderen Zusammenhang außerhalb des Organismus verdeutlicht die Flowform-Methode, dass rhythmische Prozesse durch den Widerstand einer sehr spezifischen Anordnung in einem bestimmten Fließkontext erzeugt werden.

Im folgenden Abschnitt befassen wir uns mit den Einsatzgebieten der Flowform und in Kapitel 9 untersuchen wir die unterschiedlichen Formen der siebenfachen Kaskade genauer.

Abb. 88 (Seite 88/89): Ein Blick auf die Anlage, nachdem sich die Pflanzen gerade angesiedelt haben; ursprünglich wurde beabsichtigt, nicht nur die Stufenkaskade mit der Flowform-Kaskade, sondern auch die möglichen unterschiedlichen Auswirkungen der verschiedenen Flowform-Ausführungen miteinander zu vergleichen.

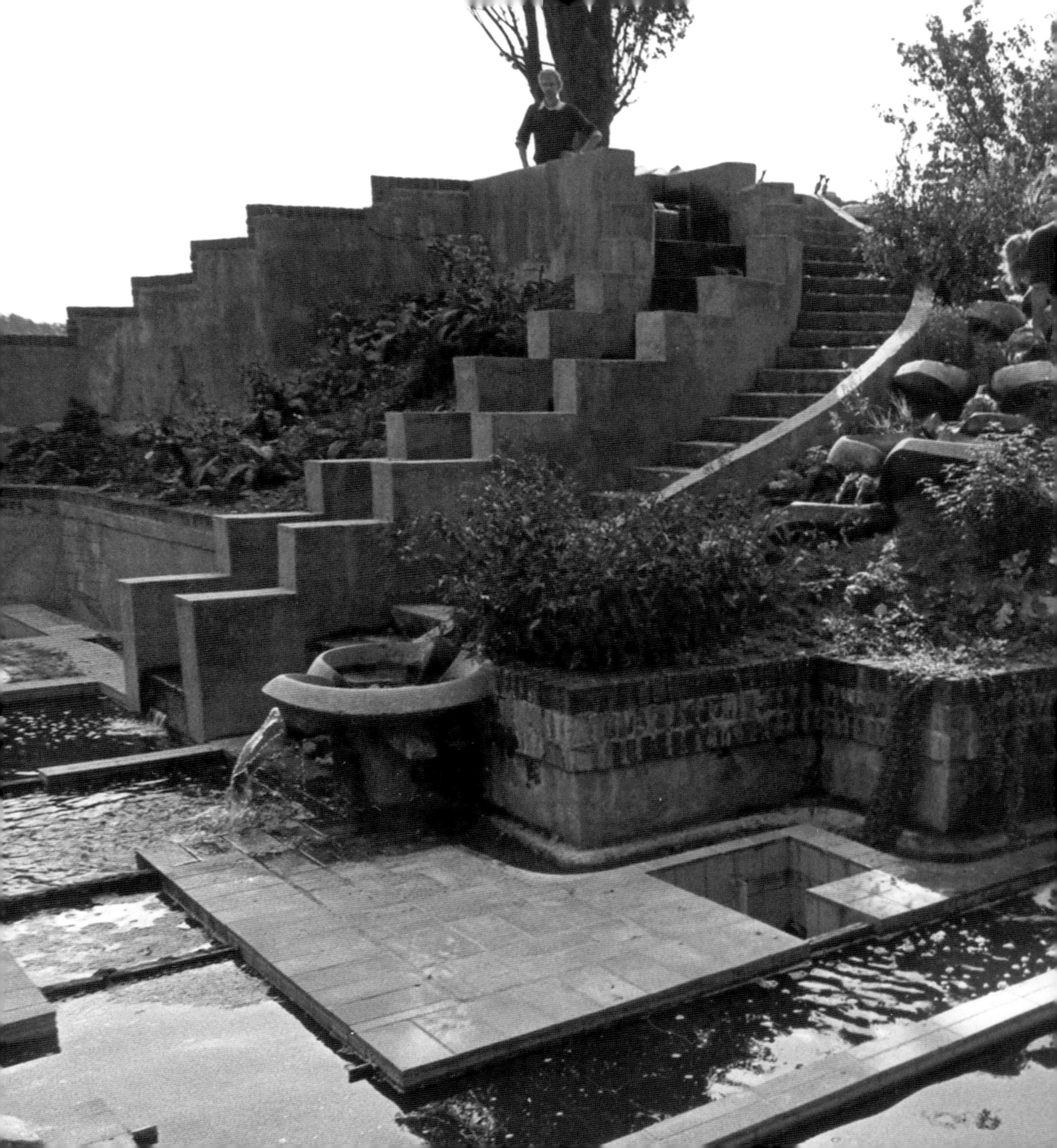

Teil 3
Anwendungsgebiete und Forschung

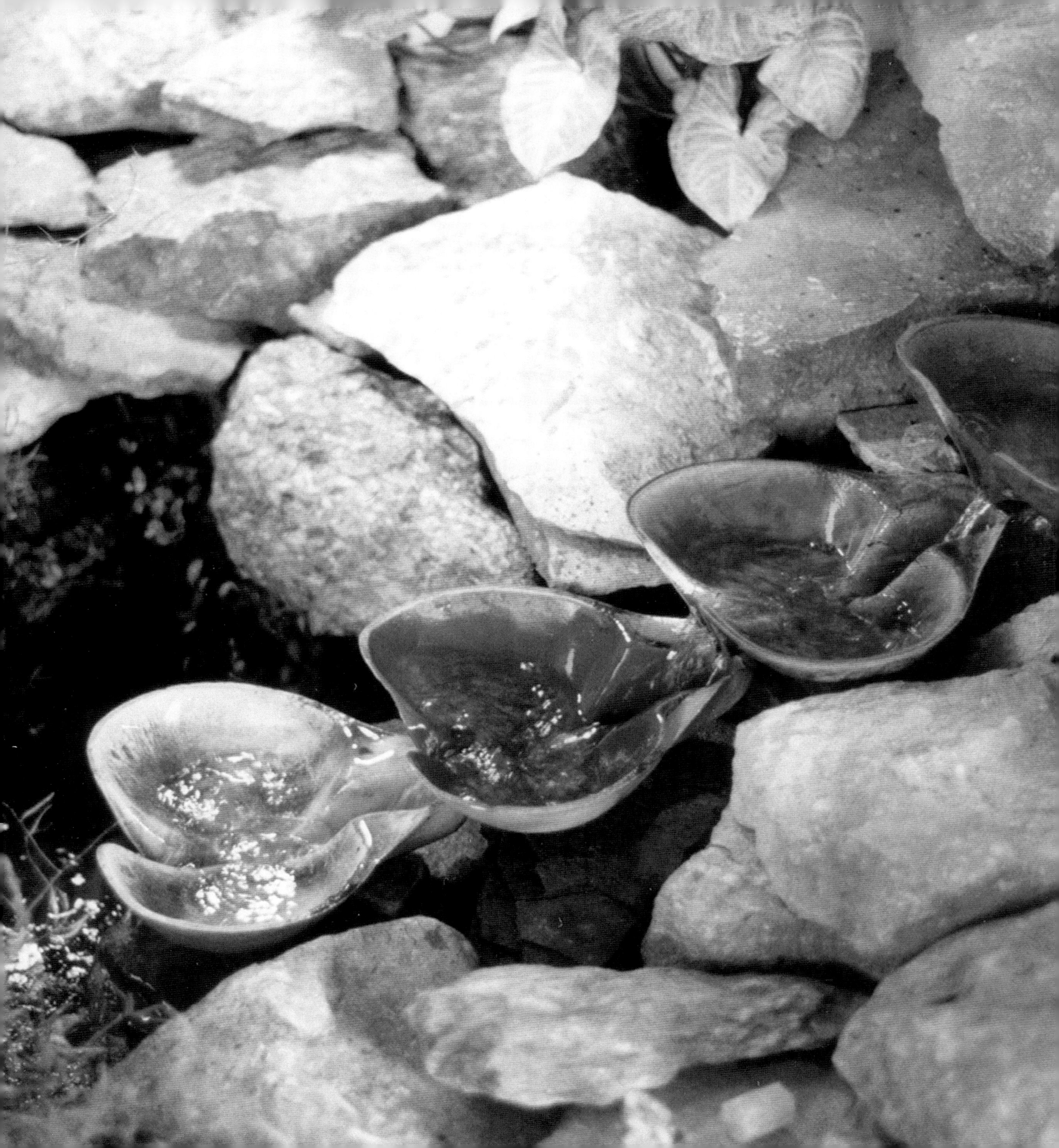

7. Järna: das erste bedeutende Flowform-Projekt

Im Sommer 1973 ergab sich durch die Einladung des bekannten Malers, Designers und Pädagogen Arne Klingborg die erste Gelegenheit, ein bedeutendes Flowform-Projekt zu entwerfen und umzusetzen. Schauplatz war die Rudolf Steiner Erwachsenenbildungsakademie, die er in den frühen sechziger Jahren am Baltischen Meer in Järna, 50 Kilometer südlich von Stockholm, gegründet hatte. Kleine, biologische Aufbereitungs-Becken wurden dort eine Zeit lang genutzt und benötigten eine Vergrößerung, um einen Populationszuwachs an Abbaubakterien in dieser Anlage aufzunehmen. Das neue System wurde gebraucht, um das gesamte Abwasser der Gemeinde von bis zu 200 Personen zu bewältigen.

Klingborg favorisierte beim Umgang mit Abfallprodukten nicht die «aus den Augen – aus dem Sinn-Methode». Er hatte die Vorstellung, einen Wassergarten zu erschaffen, der den Betrachter mit Schönheit belohnt und gleichzeitig zur Lösung des Abwasserproblems beiträgt, bevor das Wasser in den natürlichen Kreislauf (in diesem Fall in das Meer) zurückkehren kann.

Im Juni 1973 besuchte Arne Klingborg das Emerson College und kam mich in meinem Studio besuchen, um zu sehen, was seit 1970 entwickelt worden war. Bei seiner Vorstellung eines Wassergartens sollten besonders viele Aspekte des natürlichen biologischen Kreislaufes umgesetzt werden. Er war der Meinung, dass Flowforms ein verwendbares Kaskadensystem darstellen würden, das die sonst sehr statische Landschaft in Bewegung versetzen könnte. Durch Flowforms würde das Wasser in einen Rhythmus versetzt, wodurch eine Umgebung entstehen kann, die den Sauerstofftransport erhöht, um sauerstoffabhängige Prozesse zu unterstützen.

In der Hochschule in Järna strebt man danach, den Gebrauch toxischer Substanzen zu verringern – sogar abzuschaffen –, die einem akzeptablen biologischen Abbaubarkeitsgrad nicht entsprechen. Sie zerstören die Natur. Die umliegenden Gärten und der Park, die Gemüsefelder der Hochschule und die nahe gelegenen Marktgärten sowie die landwirtschaftlich genutzten Flächen werden alle sehr erfolgreich biodynamisch betrieben. Dieser ökologische Landbau schließt den Gebrauch jeder Form von chemischen Zusätzen aus. Ein Plan des Wassergartengebiets ist in Abb. 90 dargestellt.

Unsere Arbeit an den Flowforms ging hier in eine neue Phase über. Ich hatte zuvor bereits die Frage gestellt, ob Flowforms die Aufbereitung des Klärwassers beim Abfluss aus der Kläranlage verbessern könnten, mit dem Ziel, so einen Wiedereintritt des Wassers in den natürlichen Kreislauf zu fördern. Durch das Järna-Projekt wurden die Flowforms in die biologische Reinigung und in regenerative Prozesse als solche integriert.

Der von uns erwogene Beitrag der Flowform hatte hauptsächlich mit den Rhythmusauswirkungen auf das biologische System und nicht nur mit dem Ausmaß der Sauerstoffanreicherung durch die Flowform zu tun. In natürlichen, regenerativen Prozessen sind es die Organismen, die dem Wasser Substanzen entnehmen und sie biologisch abbauen; und sie alle sind streng rhythmisch.

Es ist sehr aufschlussreich, die Aktivitäten der Mikroorganismen durch ein Mikroskop zu beobachten. Sie befinden sich in ständiger rhythmischer Bewegung. Sie sind mit ihrer Umwelt so sehr vereint, dass man denken könnte, sie seien ihre eigene Umwelt. Sie stellen einen vertrauten Anblick einer Totalität dar und bewegen sich immer rhythmisch mit ihr, ohne sich jemals zu wiederholen. Die Planeten bewegen sich im All, und diese Hierarchie aus Organismen bewegt sich in einer Antwort darauf. Es scheint so, als müssten wir die Bedeutung dieser Vielzahl an Bewegungen erörtern.

Die Erde kam seit Jahrtausenden durch Mikroorganismen zur vollen Entfaltung. Unsere Aufgabe besteht jetzt darin, diese zu verstehen, und nicht darin, sie zum Erliegen zu bringen oder zu zerstören. Ich möchte den Leser bitten, diesen Blickwinkel als grundlegenden

Abb. 89: Steingarten-Keramik

Abb. 94: Im darauf folgenden Sommer wurde mit der Bepflanzung begonnen.

Abb. 95: Der Balken, der von Lars Fredlund für die zufällige Aufeinanderfolge der Basic-, Slurry- und Sewage-Flowform errichtet wurde

Abb. 96: Eine Nahaufnahme der funktionstüchtigen Balken-Kaskade

Abb. 97: Akalla Flowforms in Järna, durchgeführt von Nigel Wells, Paul Farrell und Niels Sonne-Fredriksen

Abb. 98: Das Ausgießen weiterer großer Akalla-Flowforms ...

Abb. 99: ... musste ohne die Annehmlichkeiten einer Fabrik durchgeführt werden.

Abb. 100: Paul Farrell platziert die Järna-Flowform-Kaskade.

Abb. 101

Abb. 102

Abb. 103

Abb. 104

Abb. 101 – 105: Mit der Zustimmung von Pele Larson von Ohlsen und Skarne konnten wir die zusätzlichen unbenutzten Akalla-Formen als Grundlage für weitere Kaskaden hinsichtlich des Klärbeckensystems nach Järna bringen.

Abb. 102 und 103: Eisbildung mit Schnee, Tauprozessen und einer vorübergehenden, schönen Eisspirale inmitten.

Abb. 104 und 105: Kleine und große Akalla im Frühling

Abb. 105

Kälte isoliert. Für gewöhnlich entstehen Öffnungen, die einen hinreichenden Luftaustausch ermöglichen. Abgesehen von der Funktion können die faszinierendsten und schönsten Eisformationen (Abb. 106) beobachtet werden. Auch akustisch ist das Phänomen höchst interessant.

Im Frühling erhöht sich mit steigender Temperatur die biologische Aktivität in fließenden Gewässern. Wegen des kontinuierlichen Sauerstoffaustauschs zwischen Luft und Wasser in den Flowforms schon während der kalten Jahreszeit kann die biologische Aktivität sofort beginnen. Ohne die Kaskaden würde es mehrere Wochen dauern. Die zusätzlichen Ablagerungen des Abflusses im Winter werden allmählich reduziert, der Schlamm, der sich gebildet hat, wird biologisch abgebaut und ein jährliches Gleichgewicht wird erreicht. Trotz dieser Tendenz lagerte sich im Laufe der Jahre Schlamm ab, und es mussten weitere Verbesserungen durchgeführt werden. Das Hauptprinzip besteht nun darin, zuerst die Feststoffe auszufiltern und den verbleibenden Schlamm und die Flüssiganteile getrennt voneinander zu bearbeiten. In speziell gebauten Pflanzenkläranlagen kann der Schlamm sehr effektiv entgiftet und entwässert werden. Der Kreislauf bleibt bis zur Entleerung der Anlage 10 Jahre bestehen; danach kann ein neuer Kreislauf mit den gleichen Pflanzen beginnen.

Verschiedene Pflanzenarten werden für bestimmte Zwecke ausgewählt und verwandeln sich im Sommer in ein Meer aus Farben (Abb. 108). *Petasites Alba*, die Weiße Pestwurz, ist beispielsweise sehr gut für die Bepflanzung um das erste Becken geeignet und bekannt für die Eigenschaft, seifige Materialien aufzunehmen. *Scirpus Lacustris*, der gewöhnliche Rohrkolben, um das zweite Becken; er nimmt Mineralsalze und Schwermetalle über seine Wurzeln auf, während verschiedene Weidearten der Bepflanzung des vierten Beckens dienen.

Der Umweltschriftsteller Peter Bunyard schreibt in seiner interessanten Zusammenfassung über die Funktionsweise der Järna-Anlage:

«Ein fundamentaler Unterschied zwischen den Järna-Becken und einem konventionellen Klärwerk ist, dass Letzteres versucht, über das Jahr hinweg einen ökologischen Standard des Abwassers durch die Aufbereitung aufrechtzuerhalten, wobei die ökologische Qualität des unaufbereiteten Wassers im Laufe der Jahreszeiten dramatisch schwankt. Wenn im Winter die Temperaturen auf –15 °C und tiefer fallen, finden geringe biologische Vorgänge statt, und Feststoffe lagern sich in Form von schwerem Schlamm auf dem Grund des großen Beckens ab. Trotz der Eisschicht fließen die Kaskaden weiterhin und haben wegen der niedrigen Temperaturen einen höheren Sauerstoffgehalt als im Sommer, wenn die Sauerstoffsättigung das Wassers sinkt. Die Bakterienmenge steigt über die Wintermonate erheblich an, die Klärung verlangsamt deutlich, wodurch die Ablagerungen zunehmen und der Abfluss verringert wird. Die Coli-Bakterien, die eine Wärmeempfindlichkeit ab 35 °C aufweisen, erreichen eine Konzentration von fast einer halben Million pro Liter, die wärmebeständigen Coli-Bakterien liegen bei 230 000 pro Liter. Bis zum April geht die Bakterienmenge auf eine minimale Anzahl von jeweils 49 bzw. 8 pro Liter zurück. Diese Verhältnisse bleiben bis zum November, wenn die Bakterienmenge wieder zu steigen beginnt, stabil. Das Algenwachstum beginnt im Januar, erstaunlich früh im Jahr, mit der Ausbreitung der Chlamydomonas an den Oberflächen, obwohl diese noch mit Eis bedeckt sind. Viele weitere Algen und Einzeller folgen: Euglena, Cryptomonas, Phacus, Spondylomorum und verschiedene pantoffeltierchenartige Organismen. Während das Wasser von einem Becken zum nächsten läuft, scheint sich die gesamte ökologische Umgebung zu verändern, was Klingborgs Vermutung bestätigt, dass man Abwasserreste in ‹höhere› Formen, d.h. weniger giftige Substanzen überführen kann. Während Enten, Moorhühner, Frösche und Fische in den dritten und vierten Becken vorkommen, sind sie in den ersten und zweiten Becken kaum vertreten. In Zusammenarbeit mit Klingborg hat Fredlund eine interessante Auswahl an Uferbewuchs um die Beckenränder gepflanzt, wodurch die Wurzelsysteme die Mineralien aufnehmen und somit den gesamten ökologischen Kreislauf beeinflussen (Bunyard 1977).»

Wie Bunyard bereits erwähnt, handelt es sich nicht nur um die Beseitigung der Schadstoffe, sondern um ihre Umwandlung in «höhere Formen». Das Wasser fließt durch feste Formen organischer Aktivität, sodass Mineralien jeden Umfangs aufgenommen werden können. Die Aufgabe besteht darin, eine ökologische Umgebung zu schaffen, durch die beispielsweise Phosphor schrittweise im hierarchischen System des Lebens aufsteigt, bis es schließlich in die höheren Formen eindringt. Wenn das Phosphor im Wasser folglich in die Ostsee gelangt, sollte es ein Stadium erreicht haben, in dem es von Fischen aufgenommen werden kann, um deren Grätenbildung zu verstärken.

Abb. 106: Die Järna-Flowform-Kaskade (Abb. 108) mit Eisbildung im Winter 25 Jahre später

Abb. 107: Impressionen der Kaskade von François de Barros von Pau, Südfrankreich

Abb. 108: Ein Sommerfoto der schönen Bepflanzung, die am Rand der Kaskade blüht, bepflanzt von Arne Klingborg und seinen Helfern

Abb. 109 (oben links): Die Waldorfschule Düsseldorf mit dem Regenwasser-Aufstauteich; das Wasser fließt durch ein Pflanzenbiotopsystem, das aus einem mäanderartigen Filterbett und einer Kaskade entstand. Es dient als Unterrichtsbeispiel für das Pflanzenstudium und die Makrofauna etc.

Abb. 110 (oben rechts) und 111 (unten links): Biologische Kläranlage, die ins Meer abfließt, für eine kleine Gemeinde an der Westküste Norwegens bei Hogganvik; es wurden drei Lagunen mit Filterbetten und Kaskaden verwendet. Auf der anderen Seite des abgebildeten Teichs fließt das Wasser durch ein Schilfrohrfilterbett zum letzten Fischteich das Gefälle hinunter.

Abb. 112: Ein Abwasserreinigungssystem eines kleinen Haushalts im Ballungsgebiet von Westlondon; das Bild wurde kurz nach der Neubepflanzung aufgenommen.

den Boden abzufließen und somit die Regeneration der Grundwasservorräte unterstützt, um das Absinken des Hauses zu verhindern.

Highgrove Park (Projekt 1148, Großbritannien)
1991 von Uwe Burka in Verbindung mit einer Pflanzenkläranlage und einem Weidenfilterbett für eine variable Population errichtet; eine speziell entworfene Kaskade mit lebhaften Bewegungen war geplant (Abb. 113), aber letztendlich wurde eine einzelne Scorlewald-Flowform zur Wasserzirkulation innerhalb der Nachbereitungslagune angelegt.

Body Shop factory, Sussex, Großbritannien (Projekt 1181, Großbritannien)
1993 von Jane und David Shiels von Living Water als Forschungsprojekt angelegt, das mehrere Järna-Kaskaden beinhaltet, um die Wirkungskraft im Umgang mit Giftmüll aus den Produktionsprozessen zu verbessern (Abb. 114)

Griechenland (Projekt 1493)
Anfang 1993 von Uwe Burka angelegt, benutzte er kleine Akalla-Flowforms für eine ziemlich große Gemeinde.

Trussocks Hotel (Projekt 1596, Großbritannien)
1993 von Iris Water für ein Hotel in Schottland angelegt, unter Verwendung von Malmö-Flowforms

Stensund (Projekt 1734, Schweden)
Von Virbela Atelje durchgeführt, ist die Anlage seit 1989 für ein ökologisches Forschungscenter mit öffentlichem Zugang in der Folkhögskola, Trosa, im Einsatz. Die Flowforms dienen der Aufbereitung des abfließenden Wassers beim Verlassen der Anlage vor dem Eintritt ins Baltische Meer.

Kolding (Hanne Keis, Dänemark)
Malmö-Flowforms wurden in ein ausgedehntes Projekt von 1994 eingebaut, um das Abwasser von einem Häuserkomplex in der Stadt aufzubereiten. Eine Pyramide

◀ Abb. 113: Eine freie Zeichnung einer idealisierten Flowform-Kaskade, die für einen Highgrove-Auftrag geplant war

Abb. 114: Ein Forschungssystem wurde über mehrere Jahre für die Body Shop Produktionsanlage bei Littlehampton, Sussex genutzt, um Abfallprodukte zu untersuchen. Das System befindet sich in einer verglasten, geschützten Umgebung und ist ein laufendes Forschungsprojekt, das schrittweise weiterentwickelt wird. ▼

Abb. 115: In Kolding, Dänemark befindet sich die faszinierende Abwasserentsorgungsanlage in einer Wohngegend. Das Pyramiden-Gewächshaus enthält eine gewerbliche Bepflanzungsanlage und wird mit Wasser aus der Pflanzenkläranlage mit einer Flowform-Kaskade und mäandrischer Strömung versorgt, die die verschiedenen Elemente miteinander verbindet.

Abb. 116: Die Herrmannsdorfer Landwerkstätten sind ein organischer Betrieb mit einer Vielzahl an verarbeitenden Anlagen. Sie verfügen über Reifungskeller für Käse- und Milchprodukte, eine Bäckerei und eine Brauerei, in denen jeweils Flowforms inklusive der neuesten Wasseraufbereitungsanlagen genutzt werden.
▼

Abb. 117: Ausschnitte der Bewegung, die in einer der Vortex-Flowforms innerhalb kürzester Zeit aufgenommen wurden; die Kaskade fließt in die ausgedehnten Nachbereitungsanlagen, wie in Abb. 116 abgebildet.

Abb. 118

Abb. 119

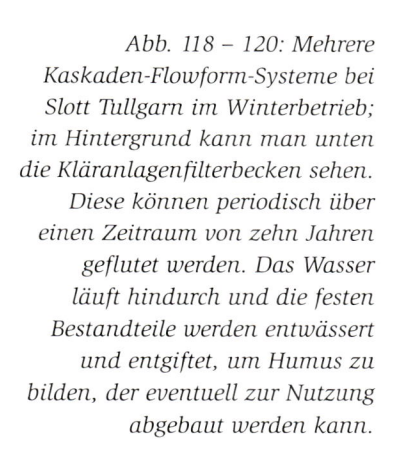

Abb. 118 – 120: Mehrere Kaskaden-Flowform-Systeme bei Slott Tullgarn im Winterbetrieb; im Hintergrund kann man unten die Kläranlagenfilterbecken sehen. Diese können periodisch über einen Zeitraum von zehn Jahren geflutet werden. Das Wasser läuft hindurch und die festen Bestandteile werden entwässert und entgiftet, um Humus zu bilden, der eventuell zur Nutzung abgebaut werden kann.

Abb. 120

Abb. 122: Ein herrliches Bild von Andrée Brett zeigt die exzellente Funktionsweise der Järna-Flowform in Neuseeland. John Pearce war einer der Pioniere, wenn es um Flowforms hinsichtlich der Mischung von Flüssigkeiten zur biodynamischen Aufbereitung in Neuseeland ging.

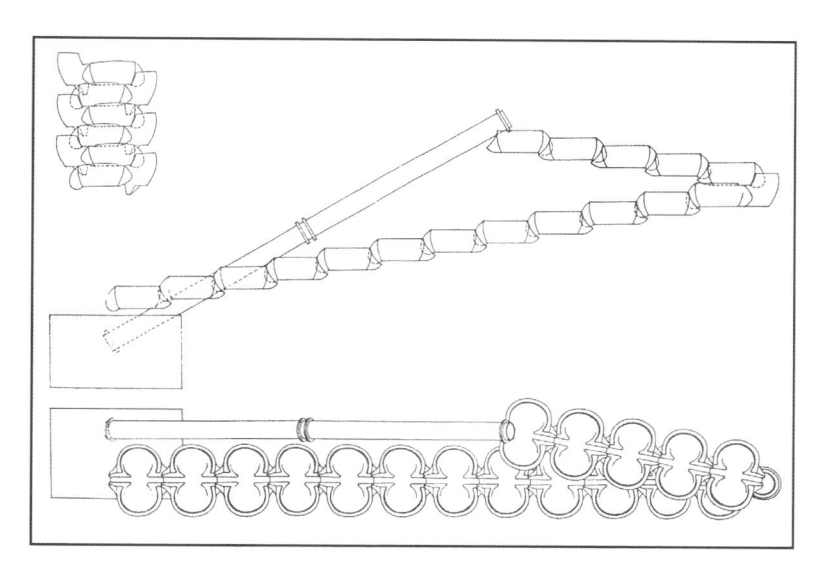

Abb. 123: Die Abbildung zeigt eine Järna-Kaskade in Verbindung mit der archimedischen Schraube, um Wasser aufzubereiten oder Präparate zu mischen. Das kleine Zusatzelement unterstützt die vertikale Aufschichtung und eine Drehung um 170°.

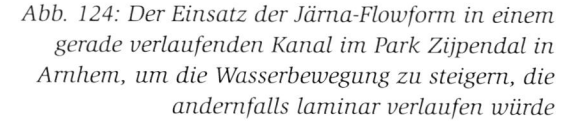

Abb. 124: Der Einsatz der Järna-Flowform in einem gerade verlaufenden Kanal im Park Zijpendal in Arnhem, um die Wasserbewegung zu steigern, die andernfalls laminar verlaufen würde

Die letzte bedeutende Änderung wurde von Nick Weidmann in den frühen Neunzigern vollzogen. Dies erforderte einen Austausch der Basis, so dass das Gefälle jetzt nur noch bei 18 Prozent liegt, und somit die Anlage deutlich vereinfacht. Die Konstruktion eines Eingangsteils in Verbindung mit der Flowform vermied die Anschaffung eines teuren Spezialeinlaufs.

Eine andere Versuchsanordnung bestand darin, das Wasser durch einen geraden Kanal zu leiten, in dem es, seiner natürlichen Fließbewegung beraubt, normalerweise dazu neigt, sich unnatürlich zu verhalten – es konnte aber dennoch in eine ergiebige rhythmische Bewegung versetzt werden. Dazu ist ein Beispiel aus dem Park Zijpendal in Arnhem unter Verwendung der Järna-Flowform abgebildet (Abb. 124).

Emerson-Flowform

Sie entstand als «Offene Flowform» in einer Zeit, in der viele Formexperimente durchgeführt wurden. Erst später, im Mai 1974, entstand die erste Fiberglasform. Sie könnte durchaus von der Torso-Flowform inspiriert worden sein, das erste Experiment mit einer Weg-Kurven-Oberfläche (siehe Abb. 63, S. 69). Ziel war es, ein eher flaches Gefäß zu entwickeln, bei dem das Wasser wechselseitig über den vorderen Rand in Form eines Wasserfalls laufen würde. Im Mai 1974 wurden drei dieser Formen als Kaskade im Gartenteich des Emerson Colleges errichtet (Abb. 125). Im darauf folgenden Winter zeigte sich ein erstaunliches Phänomen: Das Oberflächeneis des Teichs taute auf eine Art und Weise, die

◀ Abb. 125: Die ursprüngliche Emerson-Flowform-Kaskade, die sich im Gartenteich des Emerson College Campus befindet; hier noch das frühe Modell, bei dem das Wasser wechselseitig über die vorderen Ränder läuft

◀ Abb. 126: Dies ist eines der überraschenden Bilder, die sich aus Flowform-Bewegungen ergeben. Normalerweise nicht sichtbare Bewegungen des Wassers wurden durch die Wirkung des schmelzenden Eises unterhalb der Kaskade sichtbar – ein Phänomen, das über den ersten Winter hinweg beobachtet wurde, als die Flowform in Betrieb genommen wurde.

Abb. 127: Um das «Verschütten» von Wasser über die vordere Kante zu verhindern – zum Beispiel bei der Nutzung im Innenbereich –, baute ich einen erhöhten Rand, der das Wasser während der Funktionstätigkeit eindämmte. ▼

Abb. 128: Die Emerson-Flowform wurde hauptsächlich für Landschaftsprojekte genutzt, hier in einem kommunalen Garten in Sussex bei Cowden.

den Wasserbewegungen im Bassin unmittelbar unterhalb der Kaskade entsprach (Abb. 126). Während dieser Zeit war auch eine Bildungsmesse bei Liljevalchs in Stockholm geplant. Für diese Zwecke wurde diese Art der Flowform benötigt, jedoch eine, die sich nicht über die vorderen Ränder ergoss. Folglich entstand in der Weiterentwicklung eine Form, die das Wasser wirksam eindämmt, aber gleichzeitig auch die Bewegungsqualität beibehalten kann. Die verbesserte Kaskade wurde zeitweise in den Wassergärten bei Järna (Abb. 127) angebracht. Sie kommt hauptsächlich bei Landschaftsprojekten zum Einsatz, beispielsweise in Cowden, Sussex (Abb. 128).

Acryl-Flowform

Um mit durchsichtigen Flowforms experimentieren zu können, durch die man von unten die Schattenbildungen der Wellen beobachten kann (Abb. 129), entschied man sich für die Arbeit mit Acryl. Es musste ein Prototyp aus Gips angefertigt werden, mit dessen Hilfe ein enorm beanspruchbares Epoxydharz-Negativ hergestellt wird, welches in eine Hydraulikpresse eingepasst werden kann. Rudolf Dörfler setzte dies in Dornach in die Tat um. Eine sehr dicke Plexiglasplatte wurde vorgewärmt, in der Presse platziert und über die Gussform gezogen. Wenn man auf diese Art mit Plastik arbeitet, entsteht

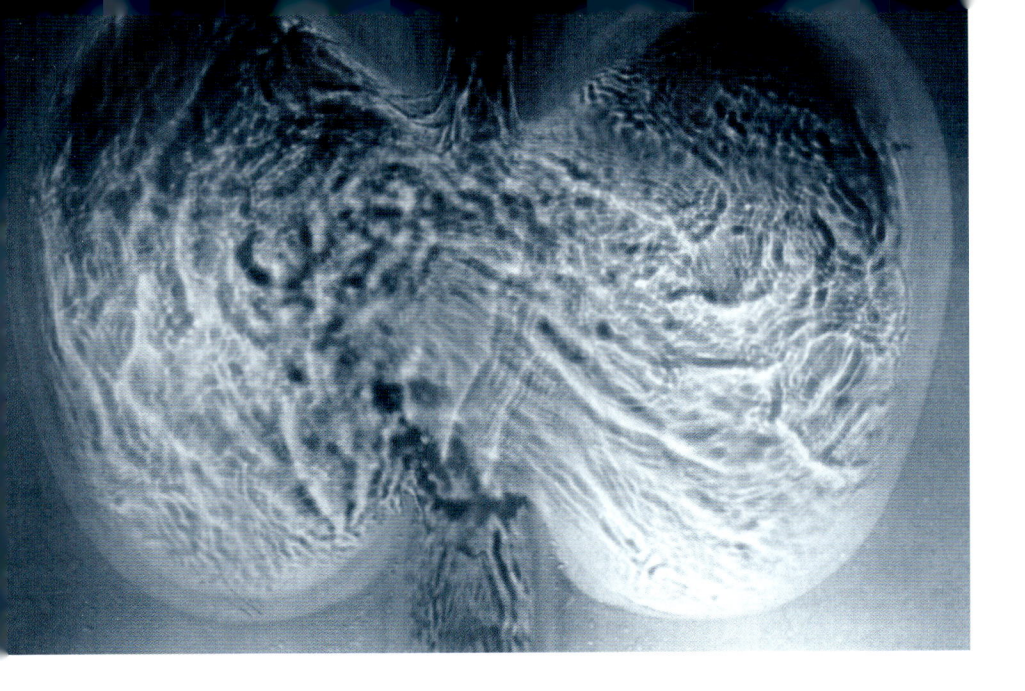

Abb. 129 (290874) (oben links): Die sogenannte Acryl-Flowform, die aus transparentem oder lichtdurchlässigem Material besteht; dies ermöglicht, das wunderschöne Schattenspiel im Wasser, wie es sich frei durch die Lemniskaten-Wirbelungen bewegt, von unten zu beobachten.

Abb. 130 (oben rechts): Dies war ein sehr schönes Projekt für Großraumbüros in Berlin. Leider wurde es später abgebaut und durch ein anderes Material ersetzt, wahrscheinlich aufgrund der Ablagerungen.

Abb. 131 (unten links): Die Versuchsanordnung in unserem Studio für Fotografie und Film.

Abb. 132: Die Malmö-Flowform, erstmals für eine Bildungsmesse in Südschweden verwendet, ist hier am Emerson College an einem Maitag des Jahres 1976 zu sehen.

Abb. 133: In Järna nach der Ararat-Ausstellung errichtet, ist diese Flowform nach mehr als 30 Jahren immer noch das ganze Jahr hindurch in Funktion. Im Winter kann man oft alle Arten von Eisbildungen erleben.

Abb. 134 und 135: Zwei im Sommer aufgenommene Bilder geben einen Eindruck der erzeugten energischen Bewegungen. Diese Malmö-Flowform-Kaskade befindet sich am vierten biologischen Teich in Järna.

Abb. 136: Als Resultat einer Tagung bei Sundet, Mösvatn in Norwegen mit Unni Coward im Jahr 1978, gossen wir eine Kaskade und errichteten sie in einem Gebirgsfluss. Unsere Kinder haben große Freude daran, einen guten Schluck zu nehmen!

eine besonders glatte Oberfläche. Wasser gleitet außerordentlich leicht darüber und führt somit zu einem besonders sensiblen Ablauf.

Solche Flowforms sind visuell fesselnd und stellen eine große Attraktion bei Ausstellungen dar, besonders wenn sie so hoch eingebaut werden, dass man die Wasserbewegungen von unten beobachten kann. Um dieses Phänomen zu dokumentieren, wurde weißes, lichtdurchlässiges Material zum Fotografieren und Filmen verwendet (Abb. 131). In einem Großraumbüro in Berlin wurde transparentes, rauchfarbenes Material für ein sehr erfolgreiches Projekt verwendet (Abb. 130).

Malmö-Flowform

Nun wurde es Zeit, an einer robusten Flowform mit einer höheren Fließgeschwindigkeit zu arbeiten, die für Einsätze in größerem Rahmen in biologischen Reinigungssystemen bestimmt war (250475). Die ersten Kaskaden wurden allerdings weitgehend für Ausstellungszwecke genutzt: in einer Waldorf-Einrichtung in Malmö, im Stockholmer Museum für Moderne Kunst, in Dornach in der Schweiz und am Emerson College in England (Abb. 132). Die erste dauerhafte Kaskade wurde in Järna errichtet, wo sie seit 1976 durchgehend im Winter (Abb. 133) sowie im Sommer (Abb. 134 und 135) im Einsatz ist. Es sind zwei Fotos abgebildet, um die erzeugten dynamischen Wasserbewegungen noch anschaulicher zu machen.

Der Direktor des Skansen-Zoos in Stockholm erklärte uns, das Algenwachstum in diesen Flowforms belege, dass die Wasserqualität in dem letzten Teich sehr gut sei.

Sie wurden auch in einer Fischaufzucht in Sussex errichtet. Meiner Meinung nach konnte man hier zum ersten Mal beobachten, wie sich die Fische vorzugsweise unterhalb des Auslaufs in der rhythmischen Strömung versammeln – sie ziehen diesen Ort dem nahe gelegenen Wasserfall, der aus einer Rohrleitung austritt, vor. Bei diesem Beispiel bildeten die Fische eine drei oder vier Meter lange Reihe. Diese Erscheinung wurde bei einer Vielzahl weit auseinander liegender Kaskaden beobachtet und führte zu der Idee, die Kaskaden im Zusammenhang mit Fischleitern einzusetzen. Als Ergebnis einer Tagung in Sundet, Mösvatn in Norwegen wurden Flowforms gegossen und an einem nahe gelegenen Gebirgsfluss mit der Absicht errichtet, die Fische vom tiefer gelegenen See anzulocken (Abb. 136). Der Malmö-Flowform wurde eine bedeutende Rolle als Teil der umfassenden Forschungsanlage am Warmonderhof (siehe Abb. 178 und 179, S. 143) zugeschrieben, wobei die mittlere Kaskade für Vergleichsuntersuchungen mit der Treppen-Kaskade herangezogen wurde. Ein besonders interessantes Merkmal ist der Ausfluss des Abschlusselements, dessen spezieller Rand es dem

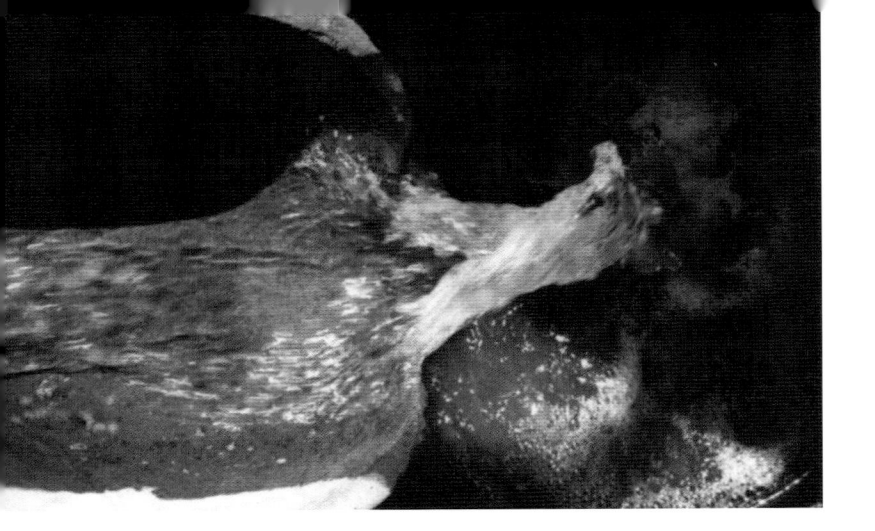

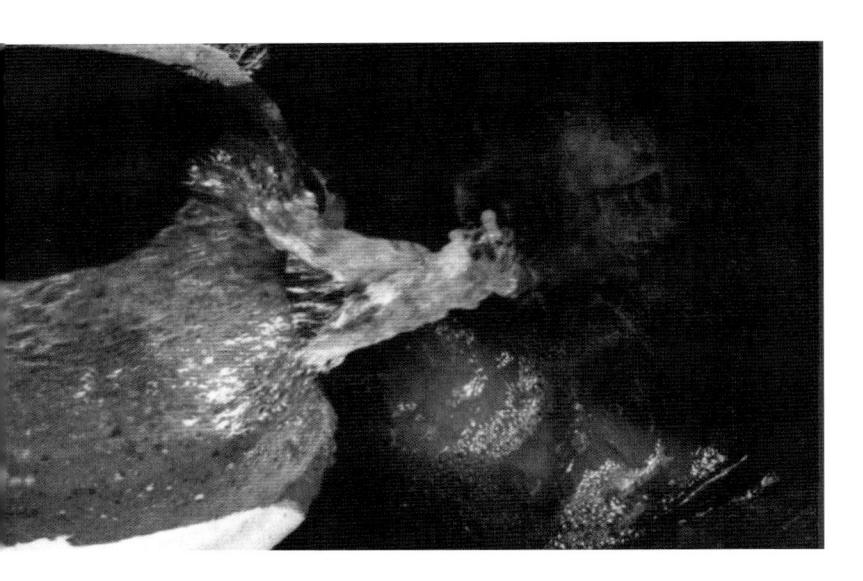

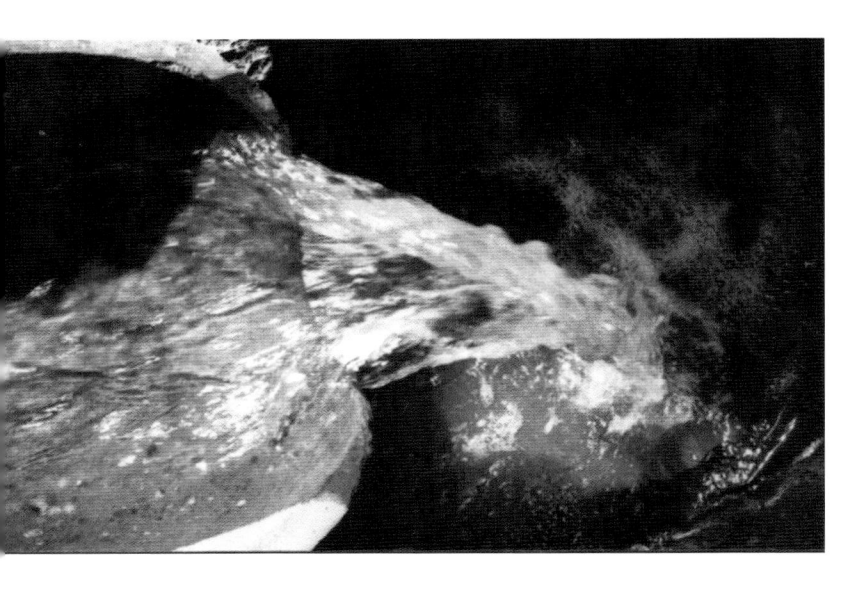

Abb. 137 – 139: Hier ist eine spezielle End-Flowform abgebildet, die dazu dient, Kaskaden abzuschließen (siehe auch Abb. 60 auf S. 65). Dieser Rand nutzt die schwingende Strömung, um die Bewegung des Wasserfalls zu verstärken, der in einer 8-er-Form im Becken endet.

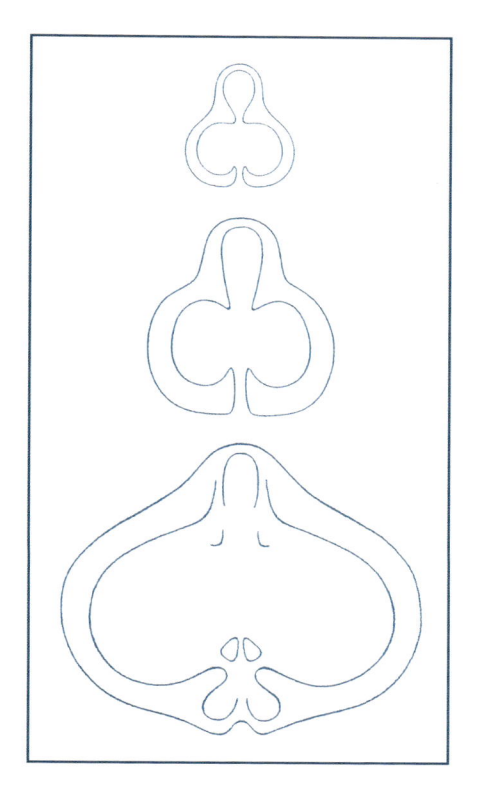

Abb. 140: Dies ist die Akalla-Flowform, maßstabsgerecht in ihren drei Größen. Natürlich wird für alle drei Formen die gleiche Menge an Wasser benötigt; somit wird bei kleineren Flowforms ein tieferes Profil benötigt, was ein steileres Gefälle erfordert. Größere Flowforms, die schrittweise flacher werden, erfordern weniger Gefälle. Dies – um sich ändernde Neigungen zu überwinden – war einer der Gründe zur Schaffung der metamorphen Abfolge.

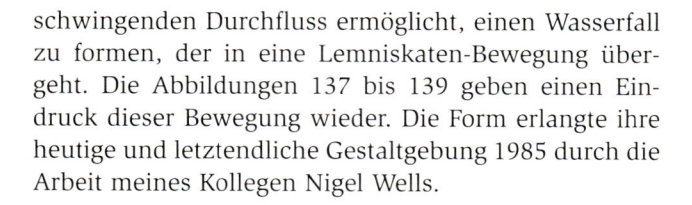

Abb. 141: Der Prototyp aus Ton der mittelgroßen Akalla

schwingenden Durchfluss ermöglicht, einen Wasserfall zu formen, der in eine Lemniskaten-Bewegung übergeht. Die Abbildungen 137 bis 139 geben einen Eindruck dieser Bewegung wieder. Die Form erlangte ihre heutige und letztendliche Gestaltgebung 1985 durch die Arbeit meines Kollegen Nigel Wells.

Akalla-Flowform

Im August 1975 besuchte der Landschaftsarchitekt Lars Crammer Järna, und sofort hörte ich von Arne Klingborg, dass ein Projekt für einen Kinderspielplatz nördlich von Stockholm in Betracht gezogen wurde. Ich besuchte die Anlage in Akalla am 31. Oktober und besprach innerhalb der nächsten Tage die Details mit Lars Crammer und anderen. Die Auftragsbestätigung für das Projekt erhielten wir am 5. November 1975, am Tag meiner Rückreise nach England.

Als Anerkennung unseren Kunden gegenüber und als Indiz dafür, was solch ein Projekt alles beinhaltet, möchte ich den Verlauf dieses Projektes mit einigen Details kurz beschreiben. Es stellte sich als Beispiel eines sehr idealen Ablaufs heraus. Es war perfekt zeitlich abgepasst und galt als unmittelbarer Erfolg meiner Leistungen in Järna. Zu dieser Zeit hätte man sich nichts

Abb. 142: Das Entfernen der Form vom Guss einer großen Akalla

Abb. 143: Umdrehen der Form mithilfe eines Ansatzstückes, das auf der Form angesetzt wurde, um der Form keine Beschädigungen zuzufügen

Abb. 144: Erneutes Ansetzen einer Stahlarmatur an der Form für den nächsten Guss

Abb. 145: Ian Corrin wartet auf die Mischung, die mithilfe eines Krans transportiert wird.

Abb. 146: Der Beton wird in die Form gegossen und gerüttelt.

Abb. 147: Meine neuen Kollegen: Nigel Wells (links) und Ian Corrin (rechts), der in Folge einer langfristigen Krankheit 1993 verstarb

Besseres als Unterstützung für diesen neuen Anstoß wünschen können.

In Akalla verlangte die geneigte, steinübersäte Anlage Flowforms mit felsblockähnlicher Form. Mir kam der Gedanke, diese in drei Größen herzustellen, um der Unregelmäßigkeit des Hanges entgegenzuwirken, und jeweils energische und ruhigere Bewegungen in den kleineren und größeren Formen darzustellen (Abb. 140). Wir wollten dem Gebiet so wenig Störungen wie möglich zufügen. Daher wählten wir die Grenze zwischen Felsen und Gras. Am 12. November begann ich mit dem ersten maßstabsgetreuen Modell, und Ende Dezember nahmen Nigel Wells und ich die große Flowform von 180 cm im Durchmesser in Betrieb. Am 19. Dezember und 10. Januar begannen wir jeweils mit der mittleren Größe (90 cm Durchmesser; Abb. 141) und der kleinen Größe (50 cm Durchmesser).

Gipsabgüsse und letzte Arbeiten wurden fortgesetzt, gefolgt vom Anfertigen der Abgussformen für die Flowforms aus Beton. Ab diesem Zeitpunkt erhielten wir Unterstützung von Ian Corrin, einem Handwerker aus Wales. Technische Details hinsichtlich der Anlage wurden ausgearbeitet und mit den Schweden abgesprochen.

Wir stellten zusätzliche Polyestergussformen als leichtgewichtige Doubles für jede Flowform her, um es uns vor Ort zu ermöglichen, die Positionierung der Flowforms in schwierigen Landschaften zu planen.

Wir drei fuhren Anfang März nach Schweden und kamen am 8. März mit all unseren Gussformen in Märsta an. Märsta war die Niederlassung einer Betonfertigteilfabrik, die den Bauherren Ohlsson und Skarne AB gehörte, und hier hatten wir Zugang zu allen Betriebsanlagen, die wir für die Flowform-Abgüsse benötigten.

Jeden Morgen entfernten wir die Flowformabgüsse vom Negativ. Dabei wird die Rückseite entfernt (Abb. 142), um die Form für den schwierigen Teil der Aufgabe

▲ *Abb. 148: Wiederholte Tests mit Wasser wurden durchgeführt, um zu überprüfen, ob die Ebenen die Funktionsfähigkeit garantieren. Kersti Biuw kam uns aus Stockholm zur Hilfe.*

Abb. 149: Die Werkstatt in Frankreich, wo 1987 Formen für die Sevenfold II sowie neue Formen für die Akalla für Vidaraasen in Norwegen hergestellt wurden ▶

vorzubereiten: Sie musste mithilfe eines Krans umgewälzt (Abb. 143) und zur Lagerung nach draußen gebracht werden. Der nächste Schritt war die Reinigung der Formen, so dass der nächste Satz aller drei Größen gegossen werden konnte.

Sobald alle Formen in der Fabrik gefertigt worden waren, wurden sie auf das Gelände gebracht, wo wir Position und Ausrichtung festlegten.

Jede Flowform wurde einzeln platziert (Abb. 148) und wiederholt mit Wasser getestet, um sicherzustellen, dass die horizontale Ausrichtung korrekt war, um eine einwandfreie Funktion zu gewährleisten. Das ist immer sehr schwierig, und man kann nicht nur auf Messungen vertrauen. Es war aufregend, die schönen, schwerfälligen Bewegungen der großen Flowforms mit den energischen Rhythmen der kleineren Flowforms zu vergleichen. Am 1. April vollendeten wir die Kaskade und nahmen sie in Betrieb.

1987 wurden von Jan Gregoire unter Hilfe von Nick Weidmann neue Formen für die Akalla-Serie in Frankreich angefertigt. Sie waren für die neue Flowform-Gusswerkstatt bestimmt, die von Lars Henrik Nessheim und seinen Kollegen in Vidaraasen Landsby, einer Dorfgemeinde für Behinderte in Norwegen, ins Leben gerufen worden war. Hier wurden viele Arten der Flowforms gegossen (siehe Abb. 240, S. 173).

9. Die metamorphische Reihenfolge

In Kapitel 6 erwähnte ich, wie ich eine metamorphische Reihenfolge als mein Leitmotiv entwickelte, die dem durchfließenden Wasser eine Bandbreite von Rhythmen und Ausdrucksbewegungen bot. Die siebenfache Abfolge wurde durch die Eigenschaft der Natur, Organe für flüssige Vorgänge zu bilden sowie durch die harmonischen Schwingungen der Aufeinanderfolge von Wellen angeregt. Die Frage war: Könnten wir die «vereinte Ausdrucksbewegung» im *Raum* ermöglichen, die die metamorphische Entwicklung der Organe in der *Zeit* charakterisiert? Tabelle 4 stellt einige Grundsätze dar, die dieser Entwicklung zu Grunde liegen.

Wenn die gleiche Flowform-Gestalt nacheinander wiederholt wird, können sich ähnliche Rhythmen miteinander verbinden und beim Wasserlauf durch die Kaskade ein sich steigerndes, komplexes rhythmisches Muster bilden. Dennoch trägt dieses Muster natürlich die Handschrift der einzelnen Flowform. Bei einzelnen Flowforms in solch einer Kaskade kann man beobachten, wie sie sich über einen längeren Zeitraum hinweg füllen und wieder entleeren. Das bedeutet, dass eine kraftvolle Bewegungsdauer bei einer gefüllten bzw. optimal funktionierenden Form entsteht, gefolgt von einer ruhigeren Schwingungsdauer bei einer praktisch leeren Form. Währenddessen neigt die einzelne Frequenz eher dazu, relativ konstant zu bleiben.

Flowforms von unterschiedlicher Größe und identischer Fließgeschwindigkeit erzeugen eine größere Bandbreite an Rhythmen innerhalb der Kaskade. Kleinere Flowforms erzeugen lebhaftere, schnellere, kreisförmige und dreidimensionale Bewegungen, während große Formen langsamere, ruhigere, eher zweidimensionale Bewegungen erzeugen. Die zunehmende Wirkung kann sehr komplex, aber dennoch beständig sein. Die Aufgabe einer solchen komplexen Einheit besteht darin, dem Wasser eine vielfältige und reichhaltige Bandbreite durch eine geordnete Gestalt mit sich verändernden Einwirkungseigenschaften zu ermöglichen, um bis zu einem bestimmten Grad allmählich die fruchtbare Komplexität des natürlichen Reiches der Lebewesen zu erreichen.

Die ersten siebenfachen Kaskaden

Frühe Formgestaltung

In den ersten 15 Jahren wurden viele Anläufe genommen, um das Projekt durchzuführen. Die erste siebenfache Versuchskaskade (Sevenfold 0) entstand kurze Zeit nach den Anfängen der Arbeit mit Flowforms im Jahre 1970. Die Zeichnung (Abb. 150) zeigt das Schema des ungefähr zwei Meter langen Modells, das auf einer flachen Metallplatte – mithilfe einer gebogenen Abgrenzung aus Blei – hergestellt wurde (Abb. 152).

Lebensprozesse	*Äquivalente, bezogen auf eine Kaskade*
Aufnahme (atmen)	*eintreten*
Empfangen (Erwärmung)	*Bezug zu Oberflächen*
Verdauung (Ernährung)	*Rhythmen*
Absonderung	*Aufnahmefähigkeit der innersten Struktur des Wassers*
Ernährung	*Sauerstoffanreicherung und planetarische Einflüsse*
Wachstum	*darauffolgende Unterstützung der Wachstumsprozesse*
Reproduktion	*darauffolgende Regeneration des Organismus und Verbesserung*

Tab. 4: Lebensprozesse, die sich auf Bedingungen beziehen, die in einer siebenfachen Kaskade entstehen könnten

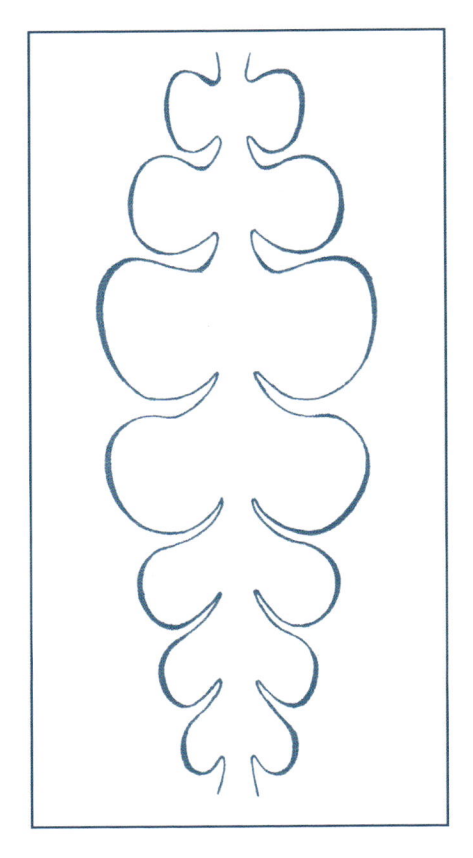

Abb. 150: Die Form der ersten experimentellen siebenfachen Kaskade

Abb. 151: Hier wurden die ersten Anpassungen vorgenommen, nun befindet sich die größte Ausweitung im vierten Gefäß.

Folglich lag der gesamte Kanal in einer gleichmäßigen Neigung. Zu diesem Zeitpunkt war er natürlich noch nicht vollkommen ausgearbeitet, aber es gab klare Hinweise auf eine Winkeländerung der Lemniskate in den einzelnen Flowforms vom Anfang bis zum Ende. An dieser Stelle ist die größte Ausweitung noch nicht an ihrer idealen, mittleren Position. Später wurde die ursprüngliche Reihenfolge geändert, wobei die größte Form an die vierte Stelle der Kaskade gesetzt wurde (Abb. 151). Das Modell ermöglichte es, einen Eindruck von der Bandbreite der Rhythmusfrequenzen zu bekommen, die durch die Vielfalt der Größen erzeugt werden. Diese wurden notiert (Abb. 153). Die Messwerte beziehen sich auf das gesamte Ausmaß der Flowforms, und diese Beziehungen müssen erforscht werden, damit einige spezifische harmonische Verbindungssätze für solch eine Abfolge gefunden werden können.

Olympia-Flowform

Diese Flowform wurde ursprünglich für ein städtisches Projekt in Nyköping, Schweden entworfen und vorgelegt, wo es unter neun Vorlagen von der Jury grundsätzlich anerkannt, aber letztendlich nicht in Auftrag gegeben wurde, da man sich unglücklicherweise nicht entscheiden konnte, wie das Projekt ausgeführt werden

Abb. 152: Abgebildet ist ein Forschungsmodell für die siebenfache Abfolge, das aus Bleistreifen auf einer Metallplatte gebaut wurde. Die äußere Führungsschiene, die das Ganze umzäunt, schützt vor dem Auslaufen.

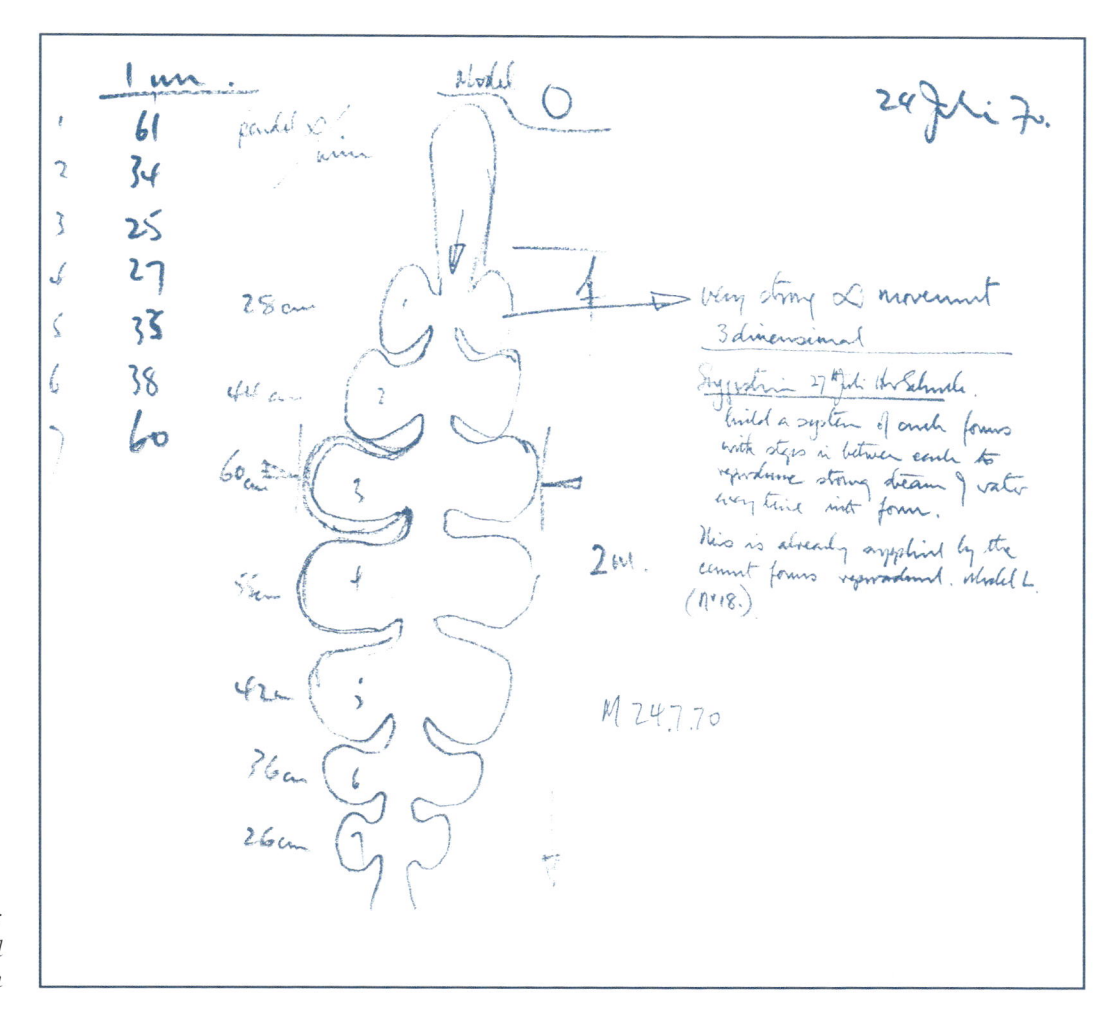

Abb. 153: Notizen der am Modell gemessenen Frequenzen

Abb. 154: Die Olympia-Kaskade wurde 1977 erstmals am Earl's Court in London ausgestellt.

Abb. 155: Gestaltungsvorlage, aus der die Olympia-Anlage – bestehend aus sieben Flowforms, drei symmetrischen und vier asymmetrischen – entstand

Abb. 156: Dieses Prinzip zeigt die Änderung der Ausdrucksbewegung in der Lemniskate, wenn die Schleifen ihren Schwerpunkt in Flussrichtung bewegen. Die Bandbreite der winkeligen Bewegung oder des Schwunges, der durch die verschiedenen, unten beschriebenen Phänomene angeregt wird, beeinflusst den Lemniskatenverlauf wie rechts illustriert und kann folgendermaßen beschrieben werden:
In der ersten Form wird die schwingende Strömung drastisch nach hinten, abwechselnd nach links und rechts getragen, nur um wieder vorwärts in den Hauptfluss zu schwingen, der ihn an der Vorderseite des Gefäßes durchkreuzt. In der mittleren Form schwingt die Lemniskate senkrecht zum Hauptfluss nach links und rechts; der Kreuzungspunkt bewegt sich von der vorderen Seite nach hinten. In der letzten Form fließt der Fluss in schwingenden Bewegungen weiterhin nach links und rechts, nur um in Richtung der Mitte zurückzufließen, wobei er den Hauptfluss im hinteren Teil des Gefäßes durchkreuzt. In der siebenfachen Kaskaden-Anlage macht die Lemniskate drei Schritte in Richtung der mittleren Lage und drei Schritte darüber hinaus, und übt somit eine schwingende Bewegung aus, deren Winkeländerung mit der Fließrichtung einhergeht.

sollte. Das Projekt wurde später vervollständigt und erstmalig im Olympia-Ausstellungszentrum in Earls Court, London, eingesetzt, nach dem es benannt wurde (Abb. 154).

Es wurde nicht als einfache, lineare Abfolge konzipiert, sondern als breiteres Durchflussmodell, das allgemeine Symmetrie aufweist und sieben verschiedene Formen der Flowform in sich trägt – drei symmetrische und vier asymmetrische (Abb. 155). Nachdem ich das geplante Nyköping-Gelände besichtigt hatte, entschied ich mich dafür, dass das Gelände eine kompakte Kaskade benötigt, und entwarf einen dreiarmigen Grundriss mit einem zentralen Einlauf. Die Hauptachse sollte vorherrschend und mit symmetrischen Flowforms gestaltet sein, und die beiden Seitenarme würden kürzer ausfallen und aus asymmetrischen großen und kleinen, links- und rechtsgängigen Flowforms bestehen. Um diesen Entwurf in einem ersten Schritt zu verdeutlichen, erstellte ich ein Flussdiagramm. Diese Zeichnung bildet drei symmetrische Flowforms – klein, mittel und groß – ab. Die Form der Lemniskate ändert sich, wobei der Mittelpunkt der beiden gegenüberliegenden Schleifen von hinten nach vorne wandert (Abb. 156). In den asymmetrischen Flowforms sind die Lemniskaten natürlich ebenfalls asymmetrisch.

Nachdem das bildhauerische Design verwirklicht war (Abb. 157), konnte der Plan der Anlage angegangen werden (Abb. 158). Mit dem Ziel, den Vervielfältigungsprozess zu vereinfachen, wurden die Flowforms ringsherum nach unten ausgedehnt entworfen, so dass zunächst einteilige Abgussformen verwendet werden konnten.

Das Wasser in den beiden kleineren asymmetrischen Flowforms, die an den Enden der beiden Arme positioniert wurden, fließt über einen konvexen Rand, der in den letzten Gefäßen einen pulsierenden, kuppelartigen Wasserfall erzeugt. Die beiden Hauptphasen der Bewegung, die im siebten Gefäß frei schwingen (siehe Abb. 155), sind hier abgebildet (Abb. 159 und 160) und

Abb. 157: Der umgesetzte Entwurf der Olympia-Anlage

Abb. 158: Die Skizze der Olympia-Anlage zeigt die drei Endgefäße, die in das weiter unten gelegene Hauptbecken zurückführen, von wo aus das Wasser zirkuliert.

bewegen sich in der kleinen Verteifung schneller und in der großen langsamer.

Nach dem Rückschlag in Nyköping erhielten wir einen weiteren Auftrag; diesmal für die erste *Mind, Body and Soul*-Ausstellung im Olympiacenter, Earls Court, London (siehe Abb. 154). Unter Benutzung der Entwürfe, die wir bereits gründlich ausgearbeitet hatten, wurde dieser neue Auftrag mit der Hilfe von Martina und Christopher Mann finanziert, und die vollständige Kaskade wurde im Winter 1976 – 1977 als eine Attraktion am Eingang zum Ausstellungsgelände vollendet.

Letztendlich wurde das Olympia-Modell von der ING Bank in Amsterdam sehr wirksam für eine dauerhafte Gartenanlage genutzt. Die Flowform-Anlage war unerwarteterweise eine bildhauerische Metamorphose des Grundrisses der Banktürme, weshalb ich die Nutzung des gesamten Konzepts vorschlug (Abb. 161 und 162).

In einem weiteren Gartengelände wurden drei linear angeordnete Kaskaden errichtet, von denen zwei aus der Höhe als pulsierende Wasserfälle in einen großen Teich flossen (Abb. 163). Auf diese Art wurde ein einheitliches Thema in den Gärten beibehalten, indem man das gleiche Flowform-Design in verschiedenen Ausführungen anwendete.

Die vier asymmetrischen Flowforms wurden die am häufigsten verwendeten und sie wurden kurzzeitig für eine Vielzahl von Projekten in verschiedenen Kombinationen angefertigt: beispielsweise in Driebergen, Warmonderhof (siehe Abb. 175 und 176, S. 141), Haus de Vaal und Klazineveen, Holland; Würenlos, Schweiz (Abb. 165); Norrköping Sjukhuset, Schweden; Engelberg-Schule Ulm-Kolbengraben (Abb. 164) und im Kunstgewerbemuseum, Berlin.

Forschungsmodelle

Bereits Mitte der siebziger Jahre wurden maßstabsgetreue Modelle für die siebenfache Flowform von ungefähr vier Metern Länge angefertigt.[13]

Fortschritte wurden auch auf dem Gebiet der Einbeziehung des «rhythmussteigernden Effekts» gemacht, wofür ein großes Detailmodell konstruiert werden konnte. Dieses Ergebnis steht im Zusammenhang mit

Abb. 159 und 160: Die beiden Hauptphasen der Bewegung, die in Nummer 7 erzeugt werden; schnell auf der rechten Seite, langsamer auf der linken, und am Ausgang ein pulsierender, kuppelartiger Wasserfall

dem Einfluss der Rhythmen, die von einer zur nächsten Flowform übertragen werden, was die Dynamik der nachfolgenden Rhythmen über länger andauernde Abschnitte verbessern könnte. Dies wird hier schematisch an Flowforms unterschiedlicher Größe deutlich. Die kleineren weisen einen schnelleren Rhythmus auf, die größeren einen langsameren. Die Verhältnisse ändern sich natürlich mit der Zeit. Der Wasserlauf der ersten Flowform schwingt von einer Seite zur anderen, in der zweiten wird die Bewegung periodisch unterbrochen und zeitweise angehalten, um in einer späteren Phase den langsameren Rhythmus wesentlich zu erhöhen (Abb. 166). Der Grad des Einflusses, der von einer Flowform zur nächsten übertragen wird, ist durch die Form des Auslaufkanals bestimmt; dies ist ein entscheidender Gesichtspunkt hinsichtlich der Arbeitsweise der nachfolgenden Flowforms – der Einfluss kann sich sogar über mehrere Stufen übertragen.

Diese ausgedehnten rhythmischen Perioden, die zu sich wiederholenden Höchstständen kommen können, erinnern uns an die Beobachtungen am Meer, wo nach einer bestimmten Anzahl Wellen, die die Küste erreichen, jede siebte die größte sein kann.

Weitere Einflussgrößen, um nur ein paar der Forschungsbereiche zu nennen, befassten sich mit den Oberwellen der einzelnen Flowformgrößen in ihrem Bezug zueinander, der Eigenschaft der entstandenen Oberflächen sowie mit den fortschreitenden, sich ändernden Formbewegungen.

Ständig stand die Frage der Zirkulationsarten, auch in Verbindung zur Form, im Raum, da wir andere Lösungen für den Gebrauch der Pumpe finden wollten, und so zogen wir Wege in Betracht, bei denen wir beispielsweise die Kaskade eine archimedische Schraube umschlingen lassen können!

Form der Sevenfold I

1985 wurde es möglich, das erste vollendete siebenfache Projekt mit Nigel Wells – wenn auch im kleineren Maßstab als vorgesehen und aufgrund beschränkter Mittel unter sehr vereinfachten Bedingungen – auszuführen. Die Sevenfold I besteht aus drei Gusselementen; das

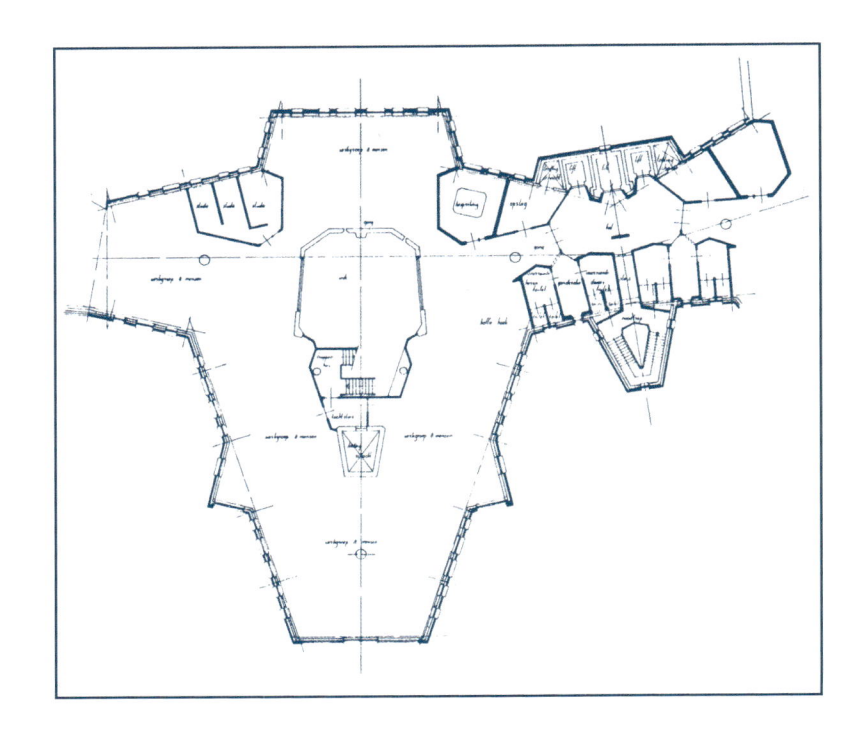

Abb. 161 und 162: Die gesamte Olympia wurde in einem der NMB-Gärten (heutige ING Bank) in Amsterdam verwendet. Sie ist eine bildhauerische Metamorphose der Banktürme.
Abb. 161 (links): Die Abbildung zeigt den Bauplan des Turmes mit dem angrenzenden Übergangsabschnitt zum nächsten Turm mit Aufzügen und Toiletten.
Abb. 162 (unten): Foto der Gärten mit den Kaskaden (vergl. Abb. 157 und 158)

Abb. 163: Eine weitere Kaskade besteht aus den asymmetrischen Olympia-Kaskaden in drei separaten Wasserläufen, von denen zwei in pulsierenden Wasserfällen enden.

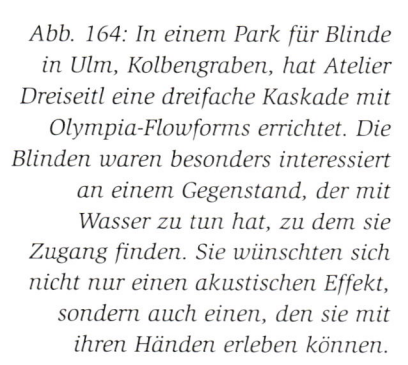

Abb. 164: In einem Park für Blinde in Ulm, Kolbengraben, hat Atelier Dreiseitl eine dreifache Kaskade mit Olympia-Flowforms errichtet. Die Blinden waren besonders interessiert an einem Gegenstand, der mit Wasser zu tun hat, zu dem sie Zugang finden. Sie wünschten sich nicht nur einen akustischen Effekt, sondern auch einen, den sie mit ihren Händen erleben können.

Abb. 165: Dargestellt sind Olympia-Flowforms, die das Atelier Dreiseitl für einen Privatgarten in der Schweiz errichtete. In Großbritannien hatten wir ein dazwischen liegendes Gefäß entworfen, so dass die kleinen asymmetrischen Flowforms mit dem pulsierenden, kuppelartigen Wasserfall als Kaskade genutzt werden können.

erste besteht aus dem Einlauf und den Formen eins und zwei, das zweite aus den Formen drei, vier und fünf, und das dritte aus den Formen sechs und sieben. Das Ganze basiert auf einem leichten «S»-Kurven-Konzept (Abb. 167). Nachdem diese gesamte Einheit in die USA transportiert wurde, begannen wir, an allen Formen getrennt voneinander mit Einzelanschlussstücken zu arbeiten, um ein Maximum an Schwingungsvermögen zu erzielen. Dies führte uns wiederum zum nächsten Projekt, für das plötzlich die Finanzierung sicher gestellt werden konnte.

Form der Sevenfold II

Im Laufe des Jahres 1986 entwickelte Hansjorg Palm weitere Formmerkmale. Die Sevenfold II-Reihe, bestehend aus einzeln zusammengefügten Flowforms, wurde schrittweise aus der ersten Variante entwickelt, bei der die Fließgeschwindigkeit durchweg konstant blieb (Abb. 168). Die bloße Beschaffenheit einer kleineren Flowform mit ihren energischen Bewegungen erfordert ein steileres Gefälle und sphärischere oder dreidimensionale Formen. Die Zeichnung von David Joiner stellt einen Aufriss mit wechselndem Gefälle (Abb. 170) dar.

Je größer die Flowform, desto weniger Gefälle ist

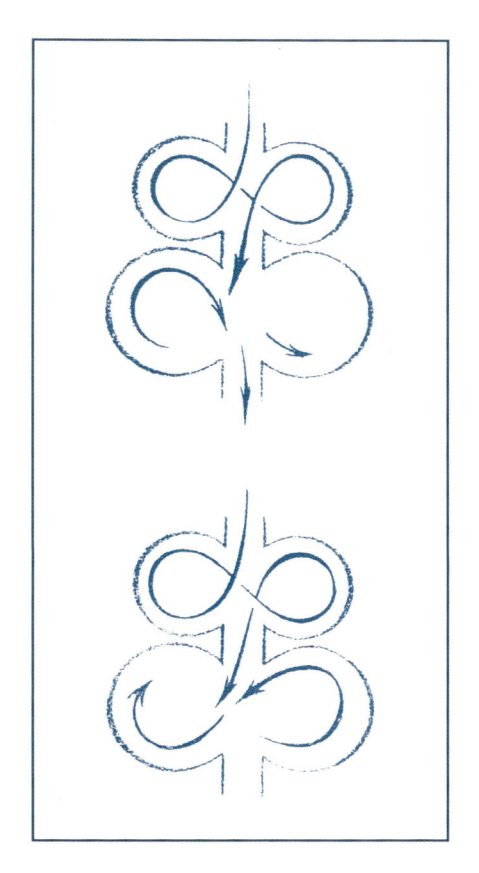

Abb. 166: Wiederum ein Schema, welches das verbesserte Rhythmusergebnis darstellt

Abb. 167: Die Sevenfold I-Kaskade mit Stromlaufplan lässt die sich ändernde Ablaufbewegung der Lemniskate erkennen.

Abb. 168: Die Sevenfold II-Kaskade wurde schrittweise aus der ersten Form entwickelt. Nun besitzen die einzelnen Flowforms individuelle Kugelgelenke, die Rechts- und Linkskurven im Verlauf ermöglichen. Das Gefälle ändert sich ebenfalls vom steilen Anfang und endet in einem eher horizontalen mittleren Abschnitt.

erforderlich, und die Bewegungen sind langsamer und schwerfälliger. Wir entschieden uns, eine geschlossene Form mit ablaufinvarianten Oberflächen für Nummer eins und sieben auszuprobieren. Obwohl dies den Nachbau verkomplizierte, musste es an einigen Verbindungsstellen ausprobiert werden. Die tiefe Aushöhlung ermöglicht eine sehr kraftvolle, dennoch zurückhaltende Bewegung. Somit wird die Lemniskaten-Bewegung dreidimensionaler.

Beinahe umgehend trat mit Anna Pauli ein potenzieller Kunde auf, der in der Lage war, die Fertigstellung der Gussformenherstellung für die Errichtung sowie eine Ausstellung in der Schweiz zu finanzieren. Obwohl das Schweizer Projekt auf halber Strecke abgesagt werden musste, schafften wir es, die Gussformen im Laufe dieser Arbeit zu vollenden. Die ersten Abgüsse wurden dann tatsächlich in Stuttgart ausgestellt.[14]

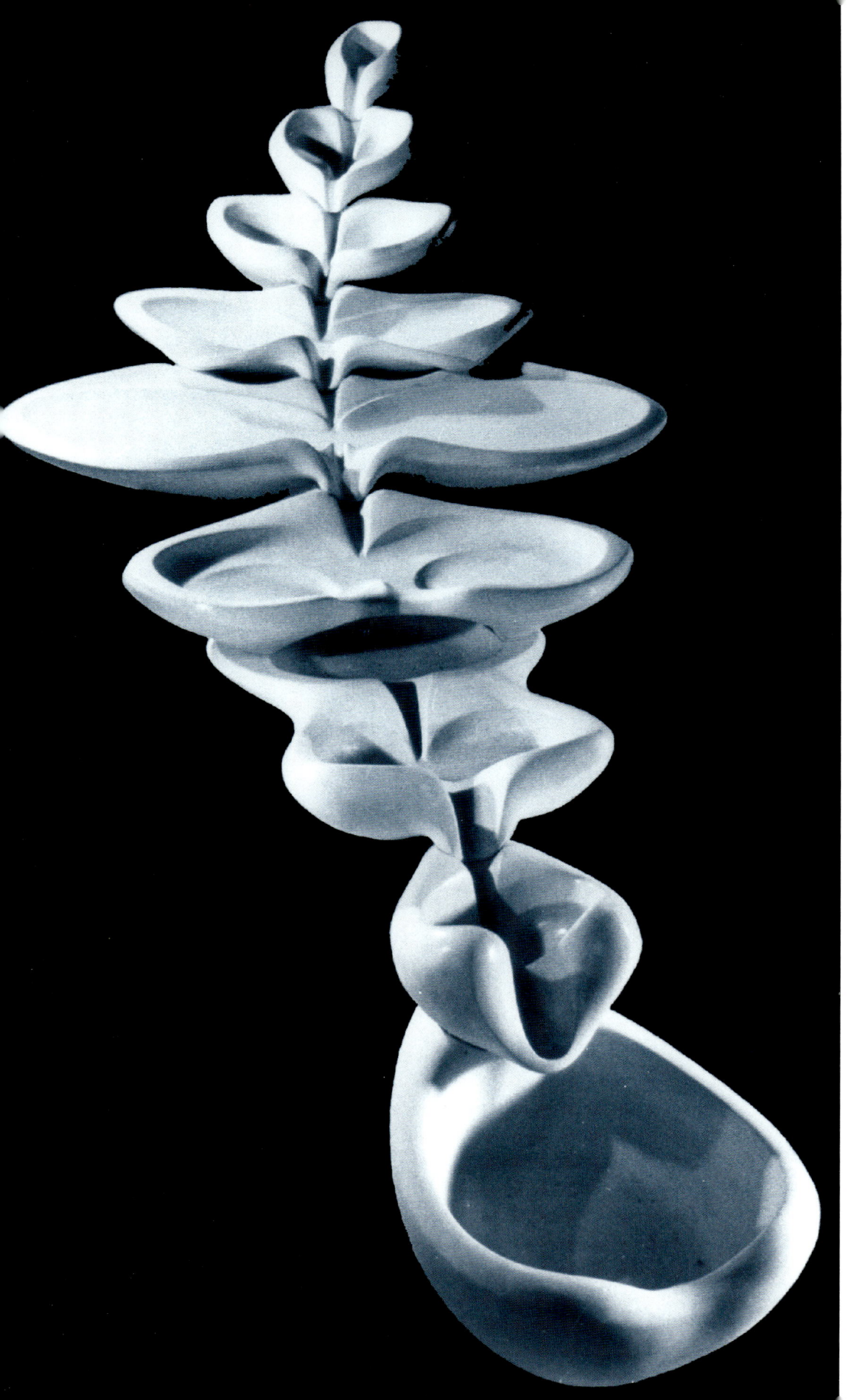

Abb. 169: Der ursprüngliche Gipsprototyp, der in Zusammenarbeit mit Hansjörg Palm und – in den Endphasen – Nick Weidmann entwickelt wurde

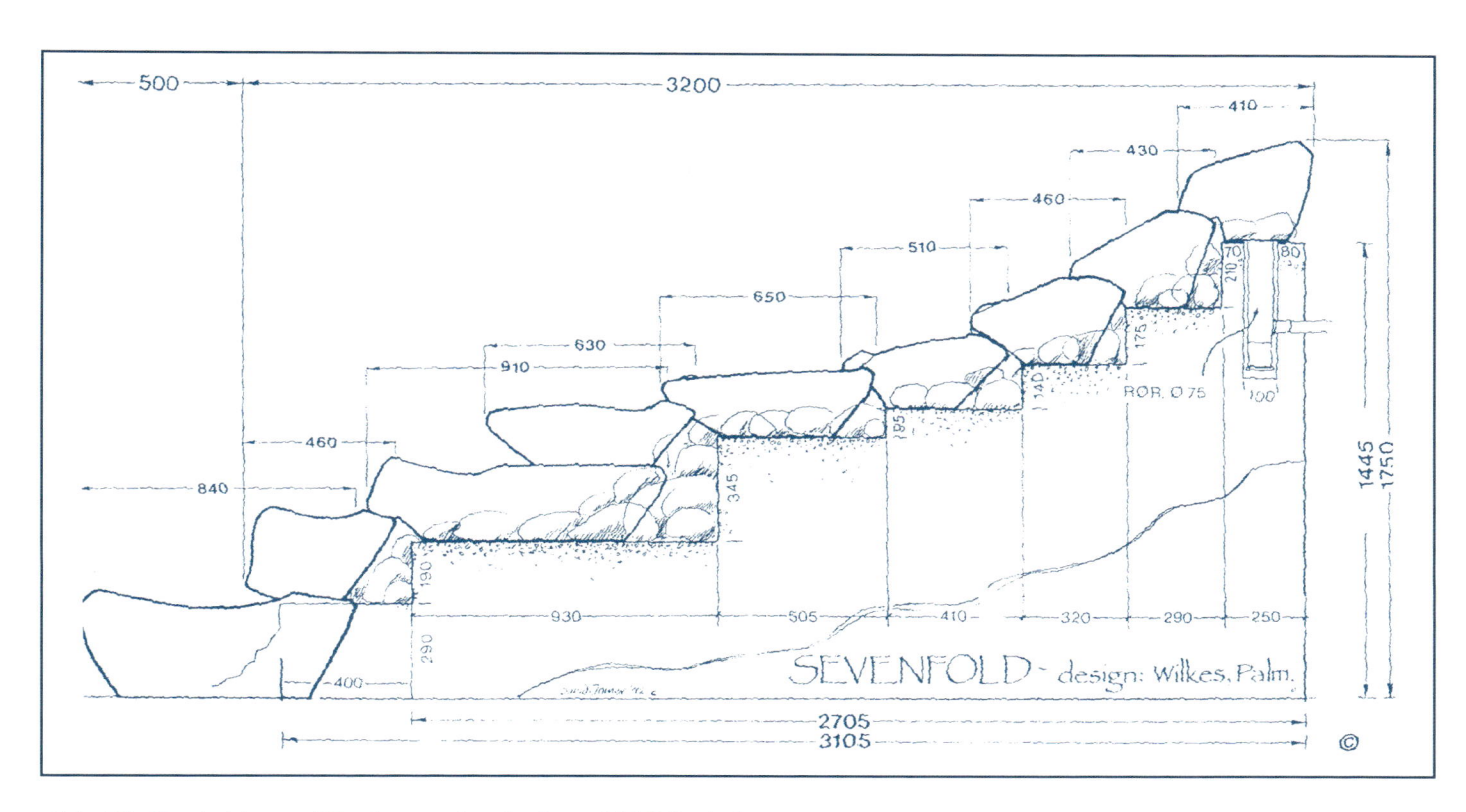

Abb. 170: Ein Aufriss- und Fundamentplan der Sevenfold II-Kaskade, Abbildung: David Jointer

Zusammenfassung

Das Leitmotiv eines «Metamorphoseorgans» für Wasser spielt eine zentrale Rolle im Gesamtkonzept des Flowform-Impulses. Es hat viel Interesse geweckt und wurde bis heute für mindestens einhundert Projekte in 15 Ländern weltweit verwendet (siehe Kap. 12).

Kaskaden mit metamorphen Tendenzen

Sevenfold 0
Dieses relativ simple Modell wurde mithilfe einer Führungsschiene zur leichteren Handhabung auf einer flachen Metallplatte errichtet. Es war ein anfänglicher Versuch, das Konzept eines «Metamorphoseorgans» zu testen. Sein Übersichtsplan von sich ausdehnenden und kontrahierenden Abläufen basierte auf der metamorphen Umwandlung einer einzelnen Flowform mit engem Einlauf, der sich zu den links- und rechtsgängigen Mulden ausdehnt und sich letztendlich zum engen Auslauf hin wieder zusammenzieht (Abb. 151). Wie im Kapitel 9 beschrieben, durchläuft der Lemniskaten-Vorgang ebenfalls eine sukzessive Umwandlung (siehe Abb. 156).

Kaskaden in willkürlicher Reihenfolge
Für dieses erste Projekt im Lagunensystem von Järna (siehe Kap. 7) wurde die Kaskade auf einem langen Balken unter Benutzung der Flowforms in drei verschiedenen Größen errichtet. Diese haben unterschiedliche Bezeichnungen: Järna-, Slurry- und Sewage-Flowforms. Sie werden in willkürlicher Reihenfolge eingesetzt.

Abb. 171: Es ist möglich, die Sevenfold II-Kaskade in vielen verschiedenen Anordnungen zu benutzen: Hier abgebildet ist die Folge 0, 5, 6 ,5, 6.

Abb. 172: Sevenfold II Flowform-Kaskade. Chalice Well Gartenanlage, Glastonbury

Akalla
Ein Landschaftsarchitekt aus Stockholm fühlte sich von der Järna-Anlage inspiriert, eine Kaskade für einen Kinderspielplatz bei Akalla in Auftrag zu geben, wo zu dieser Zeit ein neues Hochhausprojekt geplant wurde. Akalla-Flowforms wurden für eine Gerölllandschaft passgerecht entworfen (für eine nähere Erläuterung dieses Projekts siehe Kap. 8).

Olympia
Die gesamte Gestaltung der Olympia wurde eher als metaphorisches Ganzes verwandter Elemente konzipiert als eine lineare Abfolge einzelner Flowforms. Das ursprüngliche Konzept (290776) wurde während eines Urlaubs in den Bergen Norwegens in Form einer Zeichnung protokolliert (Abb. 155). Es ist faszinierend, sich das Bild und das harmonische Zusammenspiel von aneinander gereihten Wasserbewegungen vorzustellen und ins Bewusstsein zu rufen.

Sevenfold I
Nachdem wir die ursprüngliche Idee während der ersten Tage nach der Entdeckung der Methode hatten, dauerte es 15 Jahre, bis wir 1985 in der Lage waren, die erste siebenfache Abfolge wie konzipiert auszuführen. In der Zwischenzeit wurden viele Konzepte durchdacht und bildeten eine Grundlage für die gegenwärtige Ausführung.

Sevenfold II

1986 folgte sofort der zweite Entwurf, der schrittweise aus dem ersten entwickelt wurde. Wenn eine Flowform einen engen Ein- und Auslauf hat, so beginnt und endet die gesamte Abfolge mit kleinen Flowforms, in der Mitte sind größere. Die kleineren Formen benötigen ein höheres Gefälle, sodass der Anfang und das Ende steil, die Mitte eher horizontal sind. Ebenso wie der Formenwandel der Lemniskate durchlaufen auch die bildhauerischen Ausdrucksbewegungen eine gewisse Bandbreite. Als wir etwas später einige Polyesterpositive als Hauptformen anfertigten, waren wir in der Lage, verschiedene Kombinationen der sieben Flowforms auszuprobieren (Abb. 171).

Sevenfold III

Die Flowforms 1 und 7 hatten zuvor an den äußeren Rändern sich nach innen wölbende Oberflächen. Es war notwendig, dies an einem bestimmten Zeitpunkt zu testen, jedoch gestaltete sich das Abgießen als schwierig. Somit entschieden wir uns für die Änderung der beiden Formen. Der Einlauf und 1 sind jetzt zu 0/1 verbunden, was den Einlauf versorgt, aber auch als Flowform fungiert. Nummer 7 ist ebenfalls aufgeweitet, um den Fluss zu erleichtern.

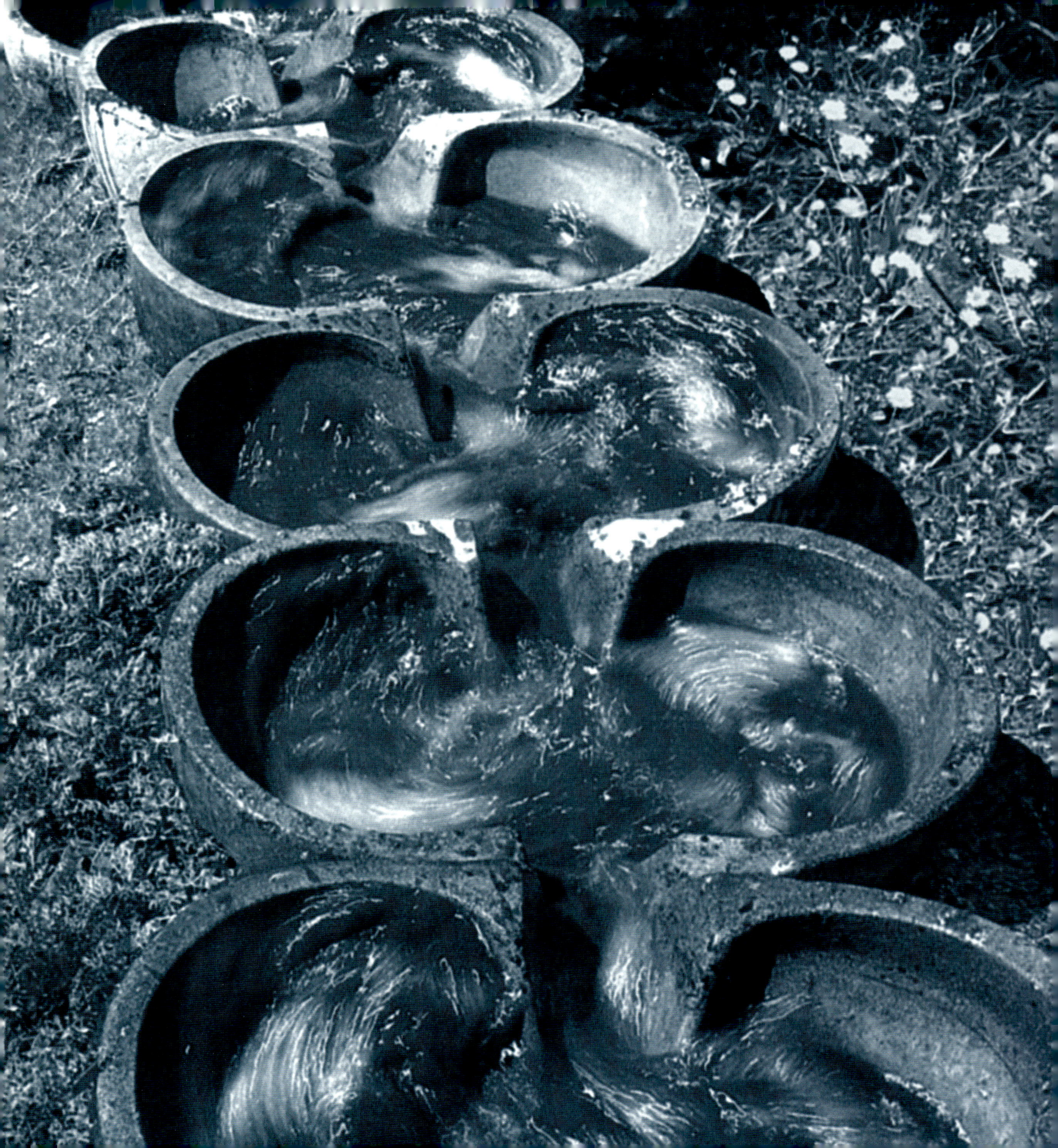

10. Kaskaden erforschen

In den frühen Siebzigern schien man in den wissenschaftlichen Kreisen nur sehr wenig Verständnis – oder sogar Interesse – bezüglich der Auswirkungen von Rhythmen zu zeigen. Auf den Gebieten der Forschung über Flowforms war der Begriff der Rhythmen jedoch ein fester Bestandteil unseres alltäglichen Bewusstseins. Durch die Arbeit mit Proportionen von Gefäßen machten wir die unerwartete Entdeckung, wie Rhythmus mittels Widerstand erzeugt wird. Die nächsten Fragen bezogen sich auf die Auswirkungen, die Rhythmen auf das Wasser haben könnten – besonders auf seine lebensunterstützende Funktion. So begann das Streben danach, auszuprobieren und herauszufinden, was mit dem Wasser im qualitativen Sinne unter diesen Einwirkungen geschieht.

Während Forscher wie Theodor Schwenk und später Nick Thomas (unglücklicherweise war George Adams nicht mehr am Leben, als diese spezielle Arbeit begann) passioniert und ernstzunehmend die Wirkungen von Rhythmen auf Wasser erkundeten, würden andere erfahrene wissenschaftliche Freidenker sagen: «Ja, die Flowform ist vom künstlerischen Standpunkt aus betrachtet ein schönes und spannendes Phänomen, an dem man die Arbeit fortsetzen und weiterführen muss, aber vergessen Sie sie im Hinblick auf qualitative Auswirkungen!» Diese Einschätzung hat sich als falsch herausgestellt, und im Laufe der Zeit haben viele Wissenschaftler und andere Fachleute begonnen, das Rhythmusphänomen und seine Auswirkungen viel ernster anzugehen. In der Tat muss es zunehmend einleuchtend sein, dass Rhythmen eine große Rolle in allen menschlichen Abläufen spielen.

Um nur einige entscheidende Gebiete zu nennen, gibt es homöopathische und anthroposophische Ärzte, die gemeinsam mit Firmen wie Wala und Weleda Arzneimittel anfertigen, oder auch biologisch-dynamische Landwirte, die rhythmische Prozesse als grundlegende Notwendigkeit für das Leben ansehen. Im Bereich der Bildung ist Rhythmus von äußerster Bedeutung im Lernprozess, was insbesondere an Waldorfschulen angewandt wird. Auf den Forschungsgebieten der Wissenschaft wird den dynamischen Systemen und der Chaostheorie, den Gesetzmäßigkeiten der Selbstorganisation und komplexen Fortpflanzungsmustern ein entsprechendes Interesse zuteil. Umweltbelastung und Klimawandel erfordern immer mehr eine Erweiterung unserer Sichtweisen. Dennoch stehen viele Wissenschaftler einer derartigen Neuorientierung im Allgemeinen immer noch sehr skeptisch und oft widerstrebend gegenüber, denn sie fürchten sich davor, sich auf die Wahrheit der Argumente einzulassen, die ihr Weltbild in Frage stellen könnte.[15]

Wissenschaftlicher Hintergrund und Untersuchungen

Die Forschungsgruppe, die sich schrittweise über die Jahre hinweg gebildet hat, hat trotz ständiger finanzieller Einschränkungen versucht, eine wissenschaftliche Tätigkeit sowie Forschungsarbeit in Gang zu halten; speziell auf dem Gebiet von Rhythmus und Metamorphose. Hier wurde die Arbeit mit Flowforms durch eine Ziel gerichtete, wissenschaftliche Einstellung zu natürlichen Phänomenen inspiriert – wie zum Beispiel bei Goethes Ansatz der Beobachtung und produktiven Erkenntnis veranschaulicht.[16] Eines unserer Hauptanliegen war es, herauszufinden, ob die lebenserhaltenden Merkmale des Wassers durch die von Flowforms veranlasste rhythmische Lemniskatenbewegung erhöht oder regeneriert werden könnten.

Neben ihren ästhetischen Merkmalen scheinen Flowforms signifikante ökologische und umweltpolitische Einsatzgebiete aufzuweisen. Eine Vergleichsstudie mit Forschungsberichten über Flowforms, die von C. Schönberger und C. Liess in Überlingen durchgeführt

Abb. 173: Die Järna-Flowform in Neuseeland

Abb. 174: Die Warmonderhof-Anlage wurde am 27. September 1980 von Louis van Gasteren an der Seite von Professor Jan Diek van Mansfelt eröffnet. Louis van Gasteren war Mitbegründer von Artec, einer gemeinnützigen Stiftung. Finanzielle Mittel wurden von verschiedenen Quellen über einen langen Zeitraum hinweg benötigt: eine Spende von Artec, ein Darlehen der Regierung und Kapital der Nationalen Lotterie.

wurde, bezeugt, dass sich die Eigenschaften des Wassers verändern, wenn das Wasser durch eine Kaskade von Flowforms fließt. Das von der Flowform bearbeitete Wasser – von den rhythmischen Bewegungen durchdrungen – wird nicht nur mit Sauerstoff angereichert, sondern unterstützt rhythmisch-biologische, regenerative Prozesse intensiver.

Der Einfluss von Parametern wie Temperatur, Dichte, Fließgeschwindigkeit und Viskosität auf die rhythmischen Bewegungen des Wassers wurden in einer Kaskade aus vier Flowforms in Luleå Hoegskolan, Schweden untersucht (Strid, 1984). Die Dichte des Wassers änderte sich zwischen 1000 und 1170 kg/m^3 durch Zugabe von Salz; die Viskosität wurde durch Polyethanoxydpulver im Bereich von 10^{-6} bis 10^{-2} m^2/s verändert und die Temperatur schwankte zwischen 5 °C und 48 °C. Man fand heraus, dass die Impulsfrequenz des Wassers in einer Flowform nur von der Wasserquantität abhängig ist, jedoch nicht von der Temperatur, Dichte und Viskosität der Flüssigkeit. In einer bestimmten Flowform beispielsweise begann der Impuls bei 3.0–3.6 L/min bei einer Frequenz von 104,0 min^{-1} (1,73 Hz), wobei bei 7 L/min die Frequenz bei 107,6 min^{-1} (1,79 Hz) lag.

Um elektromagnetische Eigenschaften zu messen, werden Elektroden an verschiedenen Stellen in das Wasser innerhalb der Flowform eingetaucht. Es stellte sich heraus, dass die Spannung in den Flowforms im gleichen Rhythmus wie das Wasser pulsiert (Strid, 1984). Dies ermöglicht die genaue Messung der Rhythmusfrequenzen (siehe Anhang 3).

Die Merkmale des in der Flowform behandelten Wassers deuten allgemein auf die Wirkung dieser Methode hinsichtlich der Abwasseraufbereitung hin. In einem Teichsystem für Abwasseraufbereitung in Solborg, Norwegen, stieg der Sauerstoffgehalt des Wassers durch den Einsatz der Flowform von 30 % auf 90 % (Trond Maehlum, 1991). Die durch die Kaskade hervorgerufenen kontinuierlichen rhythmischen Bewegungen verhinderten ebenfalls das Zufrieren des Teichs im Winter.

Der Sauerstoffdurchgangswert in den verschiedenen Flowformtypen und in einer Treppenkaskade sind sich sehr ähnlich: Olympia 0,49; Malmö 0,45; Järna 0,39; Treppenkaskade 0,46 (de Jonge, 1982).

Dennoch bleibt der Kernpunkt die Auswirkung einer erzeugten rhythmischen Umgebung auf die biologischen Prozesse; und hier waren die Vergleichsforschungen, die anhand der Anlagen am Warmonderhof in Holland durchgeführt wurden, von großer Bedeutung.

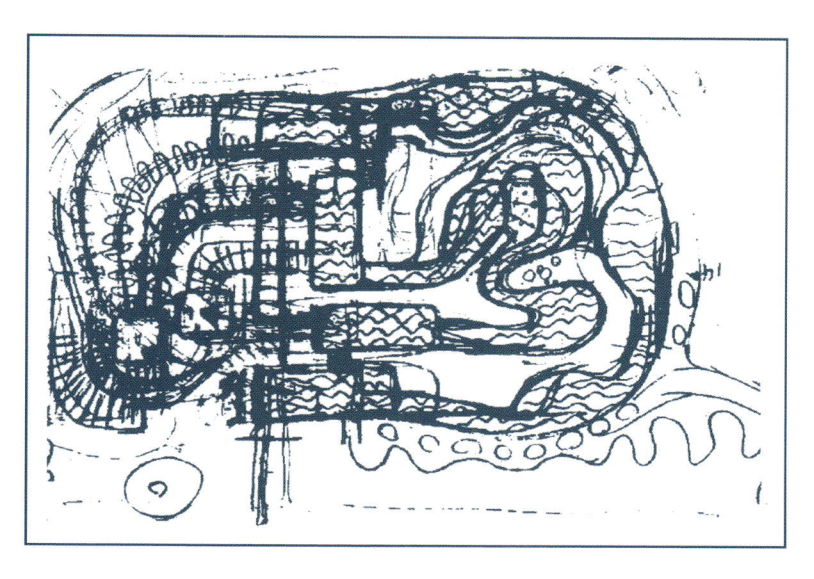

Abb. 175: Mein ursprünglicher Entwurf für den Forschungskomplex

Abb. 176: Eine Zeichnung der Anlage, wie sie von Stef Hekmann ausgeführt wurde

Das Warmonderhof-Projekt

Die Wasseraufbereitungsanlage in Järna (siehe Kap. 7) stieß auf großes Interesse, was Professor Jan Diek van Mansvelt dazu veranlasste, von der Warmonderhof Farm School – nahe Tiel in Holland – im Juni 1976 nach England zu kommen, um sich mit Professor Herbert Koepf, Nigel Wells und mir am Emerson College zu treffen. Seine Erkundigungen waren schließlich der Impuls für unseren Bau der Abwasseraufbereitungsanlage am Warmonderhof. Der Abfluss der Schule, die einen Bauernhof nach biologisch-dynamischen Grundsätzen bewirtschaftet, wurde ursprünglich über einen Klärtank in den nahe gelegenen Oberflächenwasser-Vorflutkanal geleitet. Dieser wiederum lief in den benachbarten Fluss ab, der sich hervorragend für die Anlage eignete, denn der Kanal war vor der Installation der Anlage zu überlastet, zu statisch und eutrophisch, um annehmbar hinsichtlich des geringen Abstands zu den Gebäuden zu sein. Ziel der neuen Anlage (Abb. 174) war es, eine Art Verdauungsorgan für praktische als auch pädagogische Zwecke zu schaffen.

Der Aufbau zielte darauf ab, Möglichkeiten zur vergleichenden Forschungsarbeit zur Verfügung zu stellen, indem man verschiedene Verfahren in zwei separaten Lagunenabläufen nutzt, die sich so weit wie möglich ähneln. Die Kanäle mussten ziemlich seicht und die Lagunen eher tief gebaut werden. Dies würde unterschiedliche Fließzustände und Orte, an denen das Wasser über eine längere Zeit innehält, mit sich bringen. Folglich könnten Pflanzen, die verschiedene Standorte benötigen, angebaut werden. Der ambitionierte Plan beinhaltete drei Flowform-Kaskaden und eine einfache Treppenkaskade. Alle vorhersehbaren Kombinationen wurden in dem System vereinigt.

Von oben betrachtet (Abb. 177), mit der Treppenkaskade auf der unteren linken Seite des Bildes, kann man deutlich die Abfolge der Lagunen sehen, die zu den rechteckigen Becken führen. Im Vordergrund rechts war geplant, eine archimedische Schraube unterzubringen; eine zweite Schraube war für ein weiter rechts gelegenes, rechteckiges Becken vorgesehen. Um ohne weiteren Zeitverlust fortzufahren, verwendete man herkömmliche Pumpen.

Die Forschungsarbeit bestand darin, den Einfluss von laminaren und von der Schwerkraft dominierten Bewegungen in der Treppenkaskade (Abb. 178 und 179) auf eine Vielzahl an Pflanzenarten im Vergleich zu den

Abb. 177: Blick von oben, der deutlich die Becken und Kanäle der zwei separaten Systeme zeigt, an denen Vergleichsforschungen durchgeführt wurden

Abb. 178: Die Abbildung zeit einen Blick auf die Anlage, nachdem sich die Pflanzen gerade angesiedelt haben. Ursprünglich wurde beabsichtigt, nicht nur die Treppenkaskade mit der Flowform-Kaskade, sondern auch die möglichen unterschiedlichen Auswirkungen der verschiedenen Flowform-Ausführungen miteinander zu vergleichen.

Abb. 179: Die Anlage in heutigem Zustand

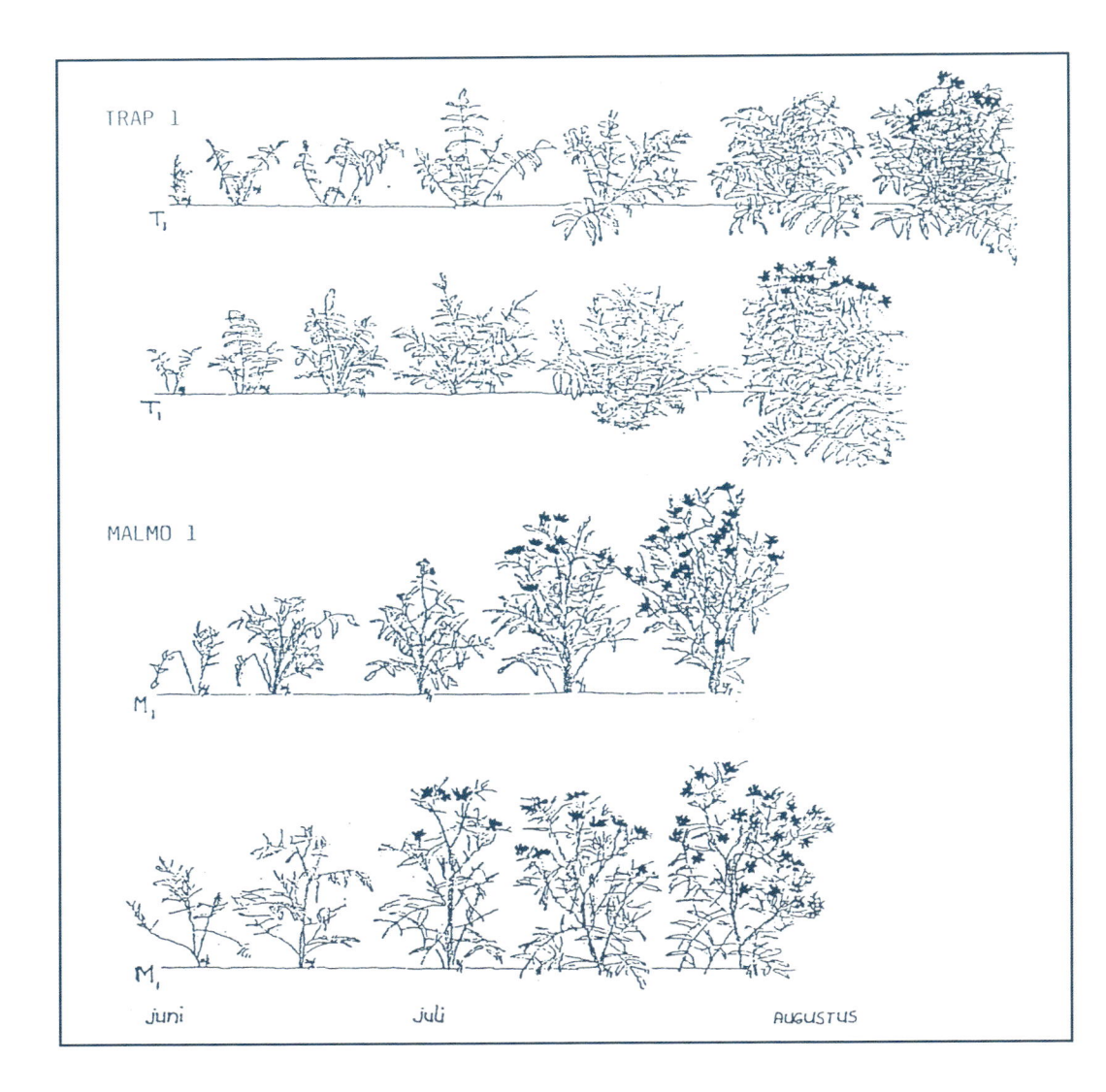

Abb. 180: Eine Ergebnisreihe zeigte beispielsweise das unterschiedliche Wachstum der gleichen Pflanzenart in den beiden Systemen. Die beiden oberen Reihen zeigen das starke vegetative Ergebnis der Treppenkaskade, während die beiden unteren Reihen die generativen Tendenzen aufgrund des rhythmischen Flowform-Verfahrens, zum Beispiel erhöhte Blüten- und Samenproduktion, darlegen.

rhythmischen Lemniskaten-Bewegungen der Flowform zu untersuchen. Zu diesem Zweck wurde die zentral installierte Malmö-Flowform-Kaskade eingesetzt. Um zu gewährleisten, dass die Lichtverhältnisse aller Kaskaden möglichst gleich sind, wurden die relativ hohen Mauern entlang der Treppenkaskade entfernt.[17]

Ein weiterer Forschungsinhalt in Warmonderhof bestand darin, die eher feinen Abweichungen, die wahrscheinlich durch die verschiedenen Flowform-Ausführungen zustande kamen, zu vergleichen. Welche Flowforms könnten wirkungsvoller sein und für welche Aufgaben? Bestimmte Rhythmen und abweichende Werte der Bewegung könnten mehr oder weniger geeignet sein, um verschiedene Organismen zu unterstützen.

Die grundlegende Forschungsarbeit setzte sich zwischen 1981 und 1984 über mehrere Jahreszeiten hinweg fort, in denen eine Vielzahl detaillierter Berichte veröffentlicht wurden. An den beiden parallelen Reihen der drei Teiche wurden regelmäßige Beobachtungen durchgeführt, wobei eine Reihe durch den Wasserlauf aus der Treppenkaskade versorgt wurde, und die andere Reihe durch Wasser aus der Malmö-Flowform-Kaskade. Bestimmte Bereiche beider Teichabläufe wurden jeden Frühling mit ausgewählten Wasser- und Uferpflanzen

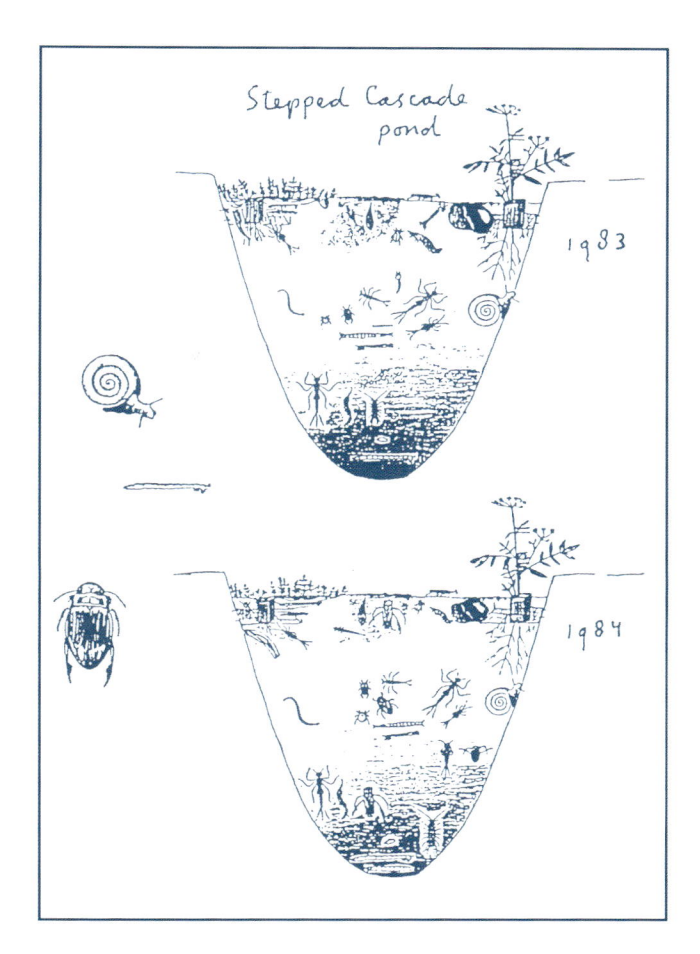

Abb. 181: Im Treppenkaskadensystem vermehrten sich die im Schlamm lebenden Arten der Makrofauna in der eher dunklen Umgebung schneller.

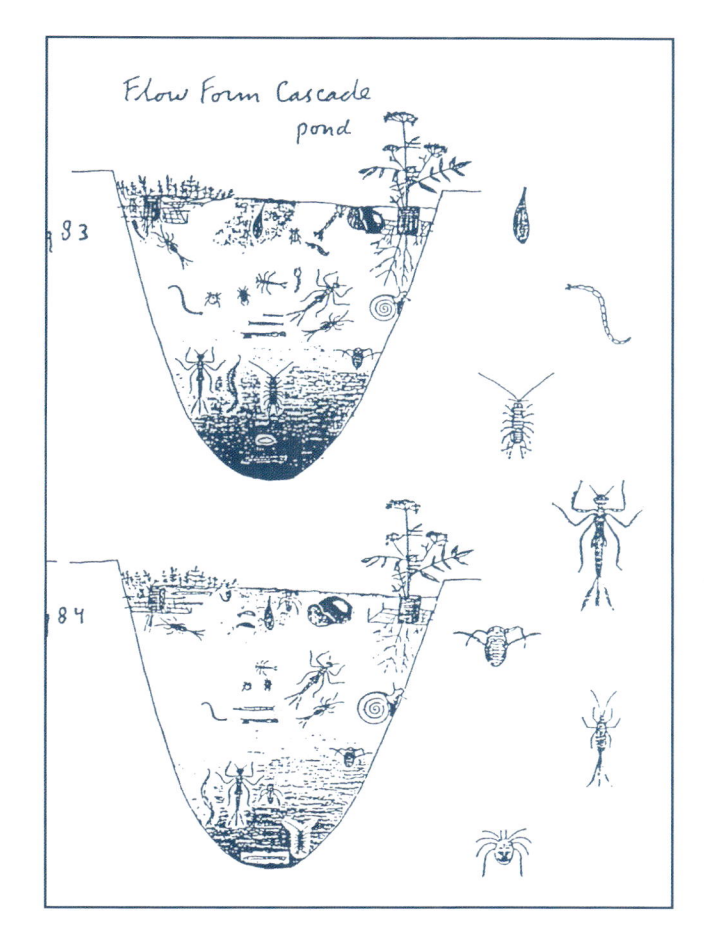

Abb. 182: Durch die Flowform-Kaskade war ein eher lebendiger Zustand in der helleren Umgebung gegeben.

aus Naturgebieten im frühen Stadium ihrer Jahresentwicklung bepflanzt. Bei beiden Abläufen konnte man beobachten, dass sich die Makrofauna spontan aus dem bearbeiteten Wasser, den Wurzelwerken der eingesetzten Pflanzen und durch natürliche Einflüsse wie Wind, Vögeln usw., entwickelt.

Professor van Mansfelts Schlussfolgerungen bezüglich der Untersuchungen, die im Laufe der vier Jahre ausgeführt wurden, machen die Unterschiede zwischen den beiden Verfahrensmethoden kenntlich (van Mansfeld, 1986). Generell wiesen Pflanzen, die in den Lagunen unter Einfluss der Treppenkaskade wuchsen, erhöhtes vegetatives Wachstum auf, während Pflanzen in den Lagunen des Flowform-Verfahrens einen Anstieg an Blüten- und Samenproduktion aufwiesen.

Treppenkaskadensystem

Die Pflanzenentwicklung tendierte zu einem vegetativen Wachstum, (Abb. 180, obere zwei Reihen) mit umfangreichem Blattwerk, wie es bei Pflanzen an schattigen Plätzen oder an überschatteten Abschnitten von Flusssystemen der Fall ist.

Die Beschaffenheit der Makrofauna (Abb. 181)

entwickelte sich ähnlich denjenigen Arten, die einen dunkleren Standort bevorzugen (Tiefenwasser- und Grundbewohner) und eine weichere, abgerundete äußere Form, langsamere Bewegungen und einen Fliegenstadien beinhaltenden Lebenszyklus, wie den der Mückenlarve, aufweisen. Untersuchungen des Wassers wiesen eine Tendenz zur Trübung mit einem modrigen und ammoniakähnlichen Geruch auf.

Flowform-Kaskaden-System

Hier ging die Pflanzenentwicklung in Richtung generatives Wachstum, (Abb. 180, untere beiden Reihen) früher blühend, im Herbst farbintensiver, gerade Stängel und weniger Blätter, wie es bei Pflanzen an hellen Standorten, zum Beispiel an oligotrophen Stellen stromaufwärts des Flusssystems der Fall ist.

Die Beschaffenheit der Makrofauna (Abb. 182) tendierte in Richtung jener Arten, die einen helleren Standort bevorzugen (obere Wasserschichten und Oberfläche) und eine deutlich ausgeprägte und robuste äußere Form, schnellere und kräftigere Bewegungen und einen im Wasser verbleibenden Lebenszyklus, wie den der Krebstiere und Wassermilben, aufweisen.

Untersuchungen des Wassers wiesen eine geringere Tendenz zur Trübung (klareres Wasser) und einen eher humus-, letztendlich heuartigen Geruch auf.

Zufällige Untersuchungen des Goldfischverhaltens ergaben, dass die Fische an der Flowform-Kaskade aktiver sind und den rhythmisch pulsierenden Ablauf dieser Kaskade bevorzugten. Am gleichmäßig fließenden, jedoch ebenso mit Sauerstoff angereicherten Wasserfall, der von der Treppenkaskade abgeht, verhielten sie sich langsamer und passiver. Ähnliche Vorlieben für den pulsierenden Ablauf der Flowform-Kaskade wurden bei Fischen an anderen Standorten beobachtet (eine Fischfarm in Sussex, Großbritannien; die Anlage im Park in Stuttgart-Bad Cannstatt; und die Kläranlage in Büssnau).

Gesamtbewertung

Wie wir gesehen haben, wurde in diesem Projekt die lebenserhaltende Fähigkeit des durch die Flowform behandelten Wassers mit dem Wasser aus einer einfachen Treppenkaskade verglichen. Ein Fluss aus verschmutztem Wasser wurde auf die parallelen Kaskaden aufgeteilt, von denen es in unterschiedliche Kanäle und Teichsysteme umgeleitet wurde.

Ein Vergleich der beiden parallel laufenden Wasserläufe ergab im Laufe der vier Jahre in der chemischen Analyse keine durchgängigen Unterschiede (van Mansfeld, 1986). Vorübergehende Schwankungen konnten nicht in die beschriebenen Unterschiede in der Entwicklung des Ökosystems miteinbezogen werden. Die Sauerstoffaufnahme beider Systeme war ähnlich, dennoch war sie im Fall der Flowform-Kaskade etwas effizienter.

Tropfenbilder von Beispielen der Flowform-Kaskade wiesen ausgeprägtere Strukturen als die der Treppenkaskade auf (siehe Einzelheiten dieser Methode auf S. 149 und Anm. 17).

Das Pflanzenwachstum und die Makrofauna in dem durch die Kaskaden bearbeiteten Wasser waren deutlich ausgeprägt. Wie oben erwähnt, fördert die Flowform-Kaskade eine eher *generative* Entwicklung mit stärkerer Blüten- und Samenproduktion. Das Wasser der Treppenkaskade verursacht eher *vegetatives* Pflanzenwachstum, indem es das Blattwachstum fördert, ähnlich den Gegebenheiten an einem ruhigen und schattigen, eutrophen Gebiet stromabwärts eines Flusssystems. Daher scheint das Wasser, das die rhythmischen, wirbeligen Bewegungen der Flowforms durchlief, zu ökologisch vitaleren Bedingungen zu führen.

Die Schlussauswertung der Forschungsarbeit beinhaltet die Aussage, dass, wenn das Wasser zur Versorgung höherer Organismen genutzt werden soll – zum Beispiel als Trinkwasser –, es wertvoll wäre, die Flowforms in das Aufbereitungssystem zu integrieren. Dies gilt auch für die reinigende Aufarbeitung des Wassers, das in den natürlichen Wasserkreislauf wiedereingegliedert wird.

Um die korrekte Form zu entwickeln und geeignete Plätze für die Flowforms zu finden, sind weitere Tests nötig. Als die Warmonderhof Farm School Mitte der Achtziger Jahre umzog, wechselte die Anlage ihren Besitzer. Die Anlage ist noch heute in Betrieb, und es besteht Interesse, die Forschungen fortzuführen.

Biodynamische Nahrungsmittelproduktion

In den letzten Jahren wurde viel Interesse am Einsatz von Flowforms zur Wasseraufbereitung in Bezug auf Nahrungsmittelproduktionsprozesse gezeigt. Besonders im Zusammenhang mit biodynamischer Nahrungsmittelproduktion ist die Qualität des im Produktionsprozess verwendeten Wassers entscheidend für die Qualität des Endproduktes. Viele scheinbar vorteilhafte Auswirkungen der Flowforms wurden in diesem Zusammenhang

Abb. 183: Die stapelbare Labor-Flowform ist hier in der Kellerwerkstatt als komplett funktionstüchtige Einheit mit darüber und darunter liegenden Vorratsbecken für die Anwendung an relativ kleinen Volumenproben zu sehen. Jede Flowform-Einheit besteht aus einer funktionstüchtigen Flowform mit einem separaten Aufsatzstück am oberen Ende, um die darüber liegende Form zu halten. Das Ganze wird an zwei Schnüren zusammengehalten. Foto: J. Green

von Nutzern und Forschern erwähnt. Einige laufende Projekte, die eine höhere gewerbliche Leistung sowie verbesserte Qualität anstreben, werden später in Kapitel 13 dargestellt.

Saatgut

In Untersuchungen, die später am Emerson College, Sussex durchgeführt wurden, zeigten Experimente mit Saatgut, dass Pflanzen, die mit Flowform-Wasser versorgt wurden, längere und regelmäßiger gewachsene Wurzeln aufwiesen als jene, bei denen das Wasser mit Sauerstoff angereichert wurde. Bei Letzteren unterschied sich die Wurzellänge nicht wesentlich von denen, die unbehandeltes Wasser bekamen. Das Flowform-Wasser und das mit Sauerstoff angereicherte Wasser wurden mit demselben Typ einer Aquarienpumpe (Yamitsu) bewegt. Die größten Unterschiede beider Verfahren bezüglich der Wurzellänge traten bei Pflanzen auf, die bei Neumond gesät wurden, bei Vollmond waren die Unterschiede am geringsten (Schikorr, 1990, Nelson, 1987a und 1987b).

In anderen Studien wurde festgestellt, dass die Keimrate von Weizen durch Flowform-behandeltes Wasser im Vergleich zu unbehandeltem Wasser um 11 % anstieg (Hoesch et al, 1992).

Die Formen innerhalb getrockneter Wassertropfen auf einer Glasplatte waren eindeutig: Tropfen vom Flowform-Wasser, das zum Auskeimen von Getreide verwendet wurde, formte spitz zulaufende, kreuzähnliche $CaCO_3$-Kristalle. Tropfen von Wasser, das mit Sauerstoff angereichert wurde – ebenfalls zum Auskeimen von Getreide genutzt – bildeten nach Austrocknung ringähnliche Formen, die einen eher gestaltlosen Eindruck erzeugten (Schikorr 1990).

Die Herstellung von Brot

Jürgen Strube und Peter Stolz von Kwalis in Fulda testeten die Wirkungen von Flowform-behandeltem und unbehandeltem Wasser zum Brotbacken. Die Aufbereitung bestand aus einer Granittreppenkaskade mit mehreren Flowforms im Anschluss, über die das Wasser lief. Die Konstrukteure schlussfolgern, dass die Wasseraufnahme des Brotes nach dem Verfahren höher sein wird, und somit das Brot länger frisch und mindestens zwei Tage länger schimmelfrei sein wird als mit unbehandeltem Wasser. Ebenfalls wurde die Teigmenge um 4 % erhöht, wodurch der Geschmack und die Konsistenz des Produktes bedeutend verbessert wurden, was von zahlreichen Konsumenten bestätigt wurde (Strube und Stolz 1999).

Perspektiven für den Einsatz von Flowforms in der Nahrungsmittelproduktion

Wir sind uns der Tatsache bewusst, dass Flowforms aus Kunststein auf einer Zementbasis den PH-Wert des durchfließenden Wassers für einen begrenzten Zeitraum durch Auslaugung verändern können (Strube und Stolz 1999). Obwohl die Wirkung nach einer bestimmten Zeit minimal oder ganz verschwunden ist, ist es sicherlich vorteilhaft, wenn Flowforms für die Trinkwasseraufbereitung für Nahrungsmittelprozesse aus Keramik, Glas oder Granit hergestellt werden. Dies wird nun von Tegut in Fulda ausgeführt, wo man Keramik-Flowforms verwendet, die für ihre Zwecke angefertigt wurden.

Durch Forschungsstudien traten andere Aspekte des durch Flowforms behandelten Wassers zu Tage. Zum Beispiel scheinen Flowforms, besonders solche, die sich auf Weg-Kurven-Oberflächen beziehen, das Einprägen von metallischen Salzen – die in Farblasuren enthalten sein können – in die Mikrostruktur des Wassers im Verfahren zu unterstützen. Dies entspricht dem potenzierenden Verlauf und macht das Material dem Organismus leichter zugänglich. Diese Energiestrukturen innerhalb des Wassers sind für den Heilungsprozess förderlich (Hall 1997).

Forschung über Qualität

Wie bereits zuvor besprochen, war die Veranschaulichung nachweisbarer qualitativer Auswirkungen auf das Wasser nach dem Durchlauf bestimmter rhythmischer Verfahren immer ein wichtiger Aspekt bei der Arbeit mit Flowforms. Hier benötigt die herkömmliche wissenschaftliche Methode einen statistisch fundierten Beweis, um zu bestätigen, dass eine Art wiederholbares Ergebnis erzielt wurde. Aufgrund der Ergebnisse eines solchen «Beweises» wird eine Untersuchungsmethode normalerweise als nützlich oder nicht nützlich befunden. Ihre weitere Entwicklung ist daher abhängig von einer quantitativen Antwort mit positivem oder negativem Ausgang. Jedoch kann man mit Statistiken fast alles – abhängig vom Aufbau des Experiments – endgültig «beweisen». Diese Statistiken können erstellt werden, um verschiedene Sachverhalte unter gleichen Bedingungen zu prüfen.

Da wir uns mit Wasser, Leben und Rhythmus befassen, kommen wir um Ergebnisschwankungen nicht umhin, und wenn man die Sensitivität von Wasser und dessen vermittelnde Funktion einkalkuliert, kann man kaum erwarten, dass die Ergebnisse immer exakt wiederholbar sind. Tatsächlich kann sich nichts in unserer Umwelt exakt wiederholen. Der Kosmos oder die Gesamtumwelt ändern sich stets, wenn auch in einer rhythmischen «Abfolge».

Zur Veranschaulichung qualitativer Veränderungen des Wassers durch Einsatz der Flowforms benötigt man Methoden, die die natürlichen Prozesse ausdehnen, und nicht nur die Einflüsse auf das bearbeitete Wasser selbst, sondern auch auf die Pflanzen und auf andere Organismen, die dem behandelten Wasser ausgesetzt sind, deutlich zeigen. Wie beeinflusst behandeltes Wasser beispielsweise die Keimung, das Pflanzenwachstum und die metamorphe Entwicklung in einer Pflanze? Sind die Vorgänge der Blätter und Blüten verändert worden und was bedeutet das? Wie sind regenerative und reproduktive Eigenschaften betroffen?

Um solche Ergebnisse zu untersuchen, stehen mehrere «bildschaffende» Methoden zur Verfügung, die – obwohl von einigen bezweifelt – dennoch in eine Richtung weisen, in der wir weiterforschen müssen. Gegenwärtige Veränderungen der Art, wie Organismen auf Wasser reagieren, können beobachtet werden, zum Beispiel jene Abläufe in einer Pflanze, die mehr oder minder stark von den verschiedenen Wasserbehandlungen beeinflusst werden. Die erhaltenden Eigenschaften der Nährstoffsubstanzen stellen einen hilfreichen Indikator mit wichtigen Auswirkungen auf die Lagerungseigenschaften des Gemüses dar.

Flüssigkeiten können anhand von Steigbildern, Chromatografie, Kristallisation oder der Tropfenbildmethode getestet werden. Die ersten drei Methoden werden seit den 1920ern, und die letzte seit den 1960ern angewendet. Die verschiedenen Testmethoden, die zum Vergleich ausgeführt wurden, können zusammen ein breiteres Verständnis des Wirkungsspektrums ergeben, eine Methodik, die zum Beispiel von Dr. Balzer-Graf sehr erfolgreich praktiziert wurde.

Steigbilder

Ein Zylinder aus Standardfilterpapier wird vertikal auf eine spezielle kreisförmige Schale gestellt, die die Flüssigkeitsprobe enthält, welche untersucht werden soll. Die Flüssigkeitsprobe wird über längere Zeit dem Filterpapier durch Kapillarwirkung zugeführt, um dieses anschließend austrocknen zu lassen. In einem weiteren Schritt folgt ein Indikator, mit dem die Flüssigkeit reagiert. Gleichzeitig entsteht ein «Bild», das anhand von Vergleichen «gelesen» werden kann. Organische und anorganische Materialien können so untersucht werden.

Chromatografie

Eine ähnliche Methode, die die Kapillarwirkung anwendet, jedoch diesmal unter Verwendung einer liegenden Scheibe, in deren Mittelpunkt sich ein absorbierender «Halm» aus gerolltem Filterpapier befindet. Die daraus resultierenden konzentrischen Ringe der Testsubstanz können z.B. einen Hinweis auf die Beschaffenheit der Bodenstichproben geben. Wie bei allen Testmethoden muss der Forscher aus Erfahrungen lernen, um die Ergebnisse zu interpretieren.

Kristallisation

Die Stichproben werden mit Kupferchlorid in Verbindung gebracht, das als Transportträger dient. In einer Zeitspanne von ungefähr 24 Stunden kann die Flüssigkeit in einer speziellen Schale in einem hinsichtlich der Temperatur und Feuchtigkeit überwachten Trockenbecken auskristallisieren. Die entstandenen Kristallmuster können wieder anhand von Vergleichen ausgewertet werden.

Tropfenbildmethode

Die zu untersuchende, flüssige Probe wird in eine speziell ausgearbeitete, polierte Glasschale gegossen. Durch Zugabe eines festgesetzten Prozentsatzes an Glycerin wird die Zähflüssigkeit der Probe erhöht. Destillierte Wassertropfen fallen aus einer bestimmten Höhe in regelmäßigen Abständen in die Schale. Die hervorgerufenen Schlierenbildungen in der Schale können mithilfe eines optischen Aufbaus beobachtet werden, welcher die Intensität der Schattenwirkungen erhöht.
Die Methode bedient sich der bloßen Wasserbewegung als Indikator seiner Fähigkeit, Information zu jeder Zeit tragen oder übermitteln zu können.[18]

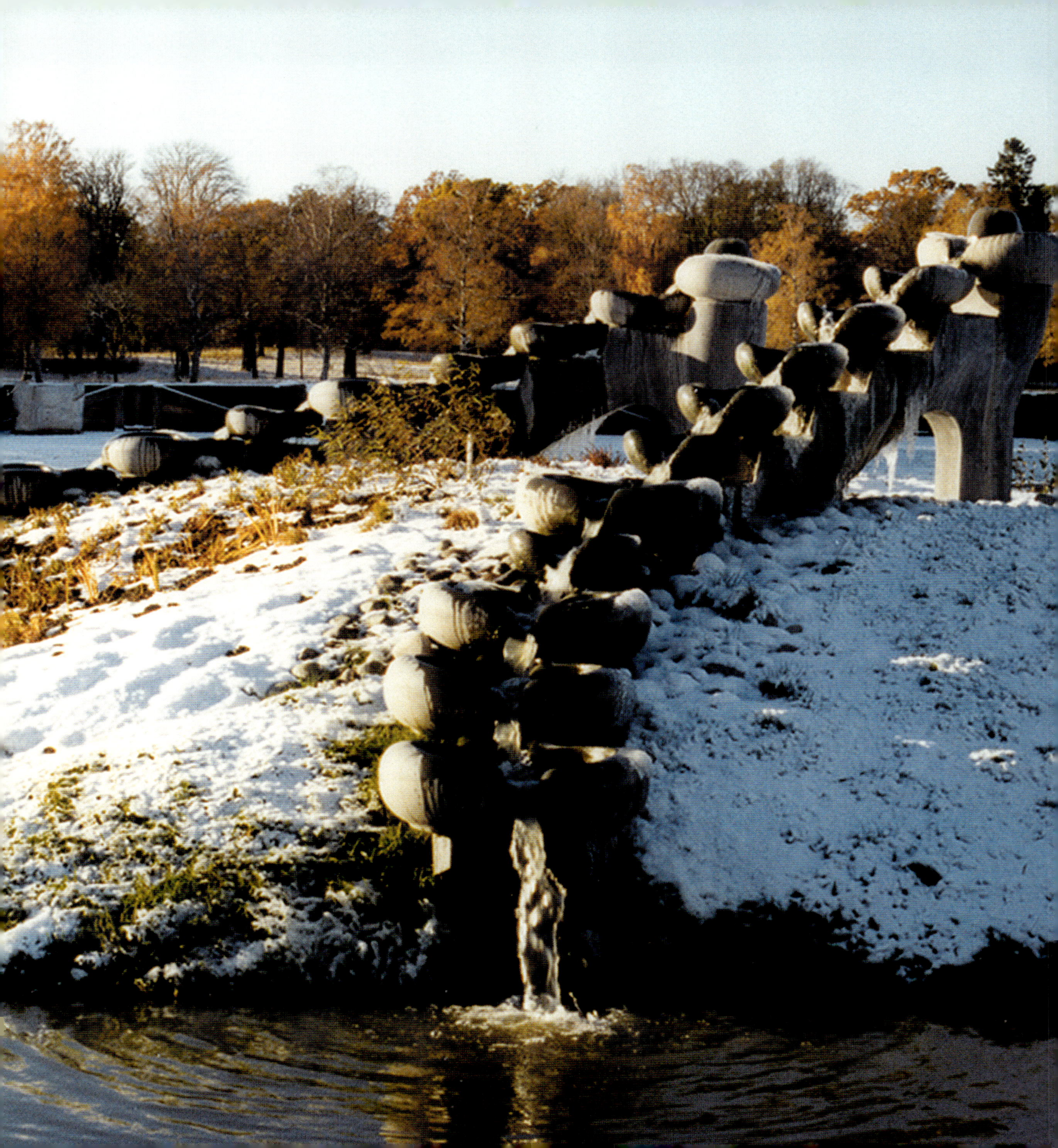

11. Auf die Flowform bezogene Entwicklungen

Einige Entwicklungen – obwohl sie durch die Arbeit an der Flowform-Methode entstanden sind – können nicht als Flowforms bezeichnet werden. Obwohl sie eine Verbindung zum Wirbel oder sogar zur Lemniskate aufweisen, sind sie dennoch von einer Art mechanischer Unterstützung, wie Rotation oder Schaukelbewegung, abhängig. Das ist ein fundamentaler Unterschied zur Flowform, da diese nur aufgrund der Abhängigkeit von Proportionen und Neigungen funktioniert.

Virbela-Schraube

Ganz am Anfang dieser Arbeit war die Frage nach der Wasserzirkulation von höchstem Interesse. Wie könnte diese erzielt werden, ohne die feinen Auswirkungen zu beeinflussen, die anhand von Rhythmus und Oberfläche erzielt werden könnten? Obwohl sie im Vergleich zu einer effizienten, motorisierten Pumpe mühsam erscheint, ist die archimedische Schraube – mit ihrer schonenden Art, das Wasser heraufzubefördern – ideal für unsere Zwecke.
Die erste Betrachtung muss mit Rücksicht auf das Material der Schraube und dem Einfluss, den es ausüben könnte, einhergehen. Giftige Materialien wie Glasfaserverstärktes Polyester könnten zweckdienlich sein, haben jedoch als Substanz unakzeptable Auswirkungen und können deshalb nicht verwendet werden. Kollegen aus Neuseeland haben zum Beispiel rostfreie Stahlelemente verwendet, die auf dem Markt zu erhalten sind. Dies scheint eine annehmbare Lösung zu sein. Obwohl die relative Neutralität der Schraubenfunktion bestätigt wurde, stellt sich die nächste Frage, ob man das Hubverfahren nutzen könnte, um etwas Nützliches beizusteuern. Könnte die Schraube so entwickelt werden, dass sie in Verbindung mit Flowforms die erwarteten Wirkungen der rhythmischen Bearbeitung steigern würde?

Abb. 184: Mehrere Kaskaden-Flowform-Systeme bei Slott Tullgarn

Für mich ist es eine fortlaufende Forschung, wie Technologien durch menschlichen Einfallsreichtum und ein vertieftes Verständnis der Naturprozesse in Bezug auf die Bedingungen der Natur vorausschauend in ihren Funktionen verbessert werden könnten. Wie können die landwirtschaftlichen Erzeugnisse – nachdem zum Beispiel die Ernte eingefahren ist – ganzheitlich gefördert werden, ohne sie auf unnatürliche Art und Weise zu zerteilen und wieder zusammenzufügen? Obwohl man langfristig angemessene Kapazitäten benötigt, um dies umzusetzen, müssen Versuche durchgeführt werden.
Mit diesem Gedanken im Hinterkopf, habe ich mir eine Entwicklung vorgestellt, die auf der archimedischen Schraube basiert. Diese Apparatur besteht aus einer offenen schräggestellten Rinne, die um eine rotierende Achse gewickelt ist. Die Rinne selbst ist spiralförmig, wobei sich eine Spirale nach innen Richtung Mittelachse bewegt, die andere von der Mittelachse weg nach außen. Beim Rotieren wird Wasser am unteren Ende hinauf geschaufelt, läuft durch die Rinne und wird so nach oben getragen. Daraus resultiert eine komplexe räumliche Bewegung, die einer ausgedehnten, sich hoch windenden Lemniskate gleicht, wie sie im Flussdiagramm abgebildet ist (Abb. 185). Das Wasser fließt generell in der Rinne von unterhalb der Mittelachse – die sich in Bezug auf die Gesamtspirale zu jeder Zeit an unterster Position befindet – nach oben.
Um den Bau der Rinne zu vereinfachen, wäre es möglich, zwei Schrauben anzubringen, von denen jede einen Kanal mit links- oder rechtsdrehenden Spiralen bildet, die in Richtung Achse abgleiten, was einfacher zu erreichen wäre. Man bräuchte somit zwei Schrauben, die es dem Wasser rechtzeitig ermöglichen, in beide Richtungen zu fließen, wie es in der Zeichnung dargestellt ist (Abb. 186).
Das Element (Abb. 187), das einen Abschnitt mit links- und rechtsgängigen Spiralen enthält, würde wiederholt werden, um die benötigte Länge zu erreichen. Es könnten sogar zwei oder drei solcher Rinnen an einer Achse, ineinander greifend und somit sich selbst stützend, angebracht sein. Wie bereits erwähnt, würde dies in

◄ *Abb. 185: Die Zeichnung (050776) soll einen Eindruck von den sich ausbreitenden und kontrahierenden Wasserbewegungen durch sich abwechselnde Wirbel in der Rinne während des Auftriebs vermitteln.*

Abb. 186: Die Abbildung zeigt eine vereinfachte Alternative, bei der sich die Rinne in links- oder rechtsgängigen Spiralen windet, wobei sie in entgegen gesetzter Richtung rotieren würden. Für das Wasser ist es nämlich einfacher, in Richtung Mittelachse zu fließen als in die ihr entgegengesetzte Richtung. ▼

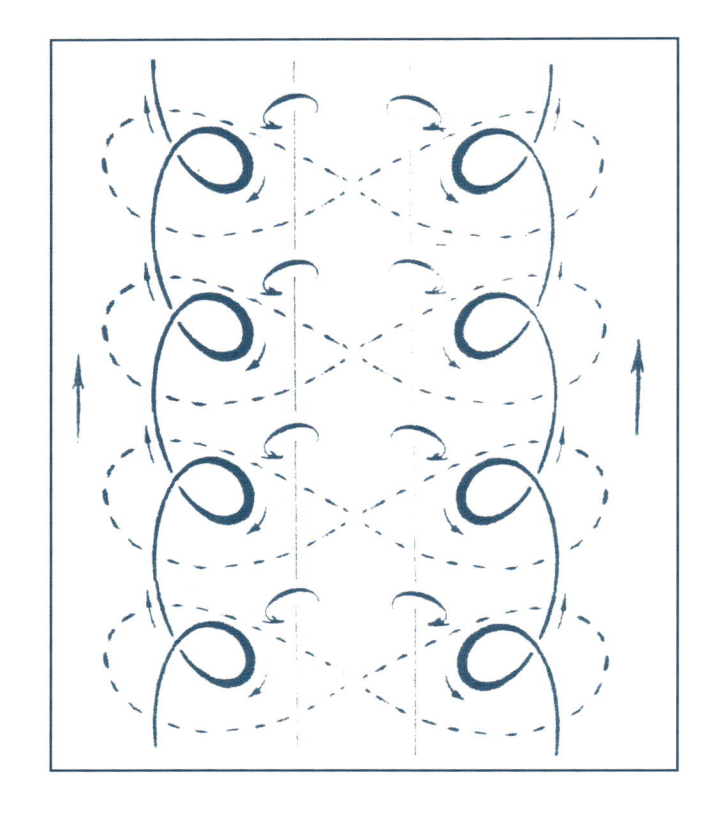

Abb. 187: Dieser Ausschnitt entstand in Zusammenarbeit mir Don Ratcliff, der damals den Kurs fur Bildhauer am Emerson College besuchte. Mehrere dieser Einheiten würden aneinandergereiht werden, um einen Kanal erwünschter Länge herzustellen. Der nächste Schritt besteht in einer Vereinfachung, bei der drei derartige Kanäle ineinandergreifend um eine Achse angeordnet sind.

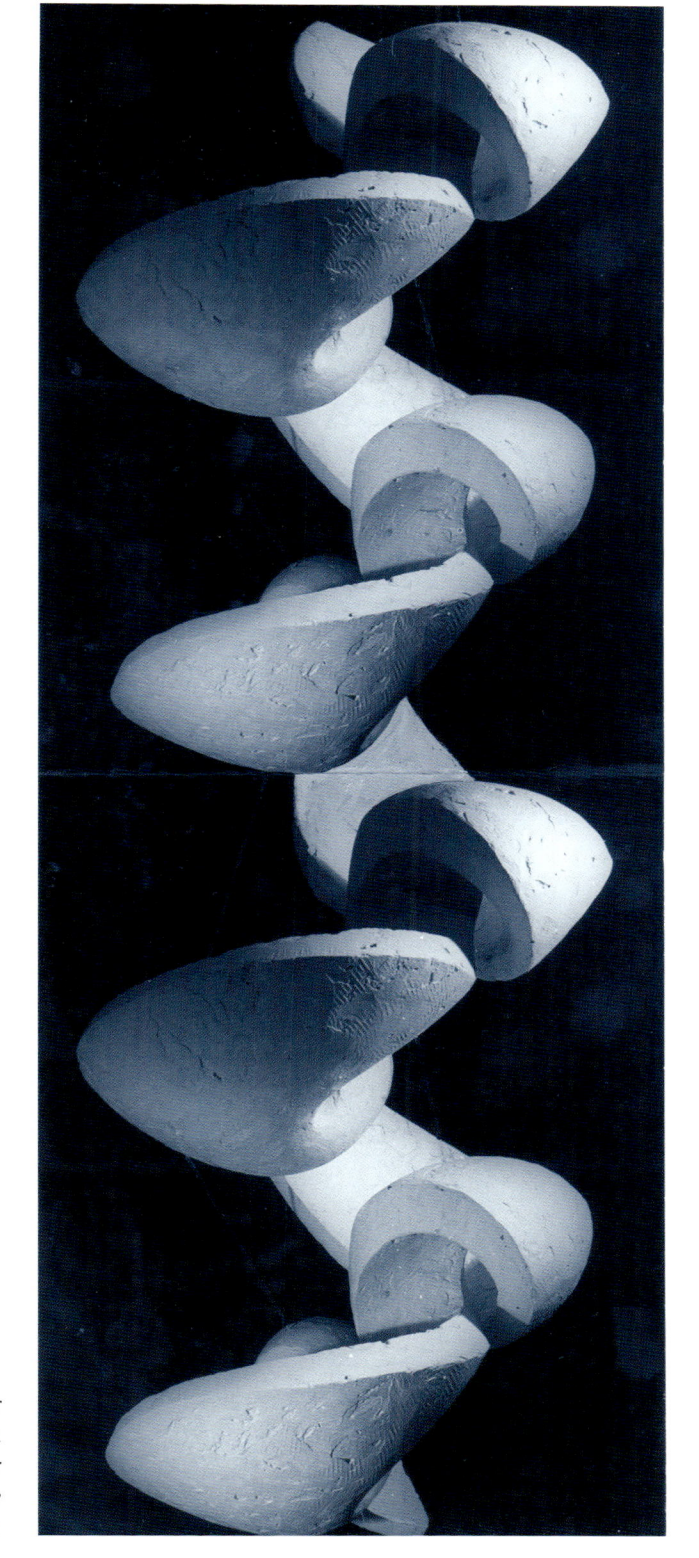

Abb. 188: Herbert Dreiseitl, ein späterer Mitarbeiter in Deutschland, entwarf dieses Modell, das einen Eindruck davon vermitteln soll, wie sich Wasser in einer sogenannten Virbela-Schraube bewegt. Hierdurch wird eine dreidimensionale Wirbelstraße sichtbar.

Abb. 189: Die Rad-Fluss-Einheit (040380) in Bewegung zeigt die links- und rechtsgängigen Wirbel, in denen das Wasser fließt.

Verbindung mit einer Flowform-Kaskade eingesetzt werden. Eine solche Gesamteinheit wäre sehr kompakt und würde dem Wasser reichhaltige Bewegungsmöglichkeiten mit durchgehend positivem Einfluss bieten.

Zum Zeitpunkt dieser Entwicklung wurden wir beauftragt, das Projekt in der Schweiz durchzuführen. Es sollte im Inneren eines Gebäudes aufgestellt werden und aus einem transparenten Material gefertigt sein, um ein faszinierendes visuelles Erlebnis zu garantieren.

Herbert Dreiseitl, der in den 1970ern eine Zeit lang mit uns forschte, entwarf ein inspirierendes Modell, um dem Verständnis und der Demonstration der Idee etwas näher zu kommen, welchen Weg das Wasser in diesem Fall nehmen würde. Dieses Modell stellte sich als ein Ausdruck einer dreidimensionalen Wirbelstraße heraus (Abb. 188). Aufgrund dieser wechselseitigen Wirbel kombinierte die Straße einen nach innen und einen nach außen drehenden Wirbel miteinander, um zwei symmetrische Seiten zu erhalten. Um die Form zu verstehen, muss man die Bewegungen und Strömungsrichtungen des Wassers an der Oberfläche aufmerksam beobachten.

Eine solche Anlage, die ich die Virbela-Schraube genannt habe, würde auch eine gute Gelegenheit bieten, Weg-Kurven-Oberflächen einzubeziehen. Diese werden später im Anhang über wissenschaftliche Aspekte behandelt. Oberflächen dieser Art sind ein Ausdruck urbildlicher mathematischer Formen, die von lebenden Organismen erzeugt werden, mit denen sie eng verbunden sind. Vom geometrischen Standpunkt aus kann man voraussetzen, dass, wenn man Wasser dazu bringen könnte, an den asymptotischen Kurven dieser Weg-Kurven-Oberflächen entlangzufließen, ein Gleichgewicht in der Bewegungseigenschaft zwischen Raum und Gegenraum zu schaffen wäre. Um solche Bewegungen hinsichtlich ihrer Auswirkungen auf Wasser,

Abb. 190: Konstruktion eines schraubenlinienförmigen Rohres

Abb. 191: Keramikausführung des schraubenförmigen Rohres

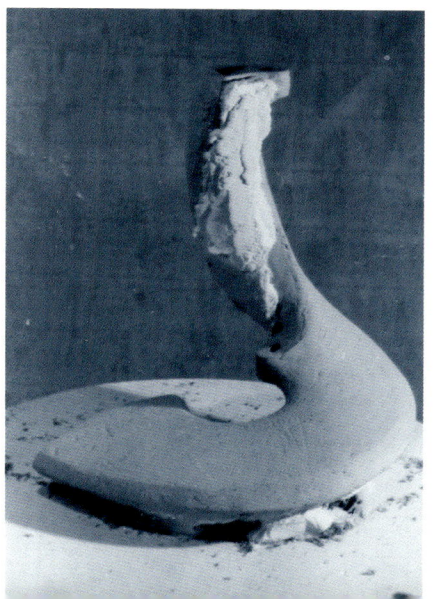

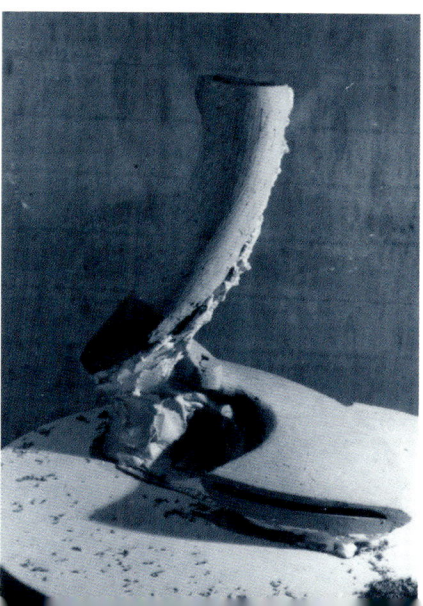

Abb. 195: Die Pumpe wird so aufgestellt, dass ihr unteres Ende unter Wasser rotiert. Ein Rückschlagventil am unteren Ende verhindert den Ablauf, sobald der Hohlraum gefüllt wurde.

Abb. 196: Die angewendete Pumpe in Fischbrutteichen zur Belüftung und gleichzeitigen Wasserbehandlung über mathematische Flächen

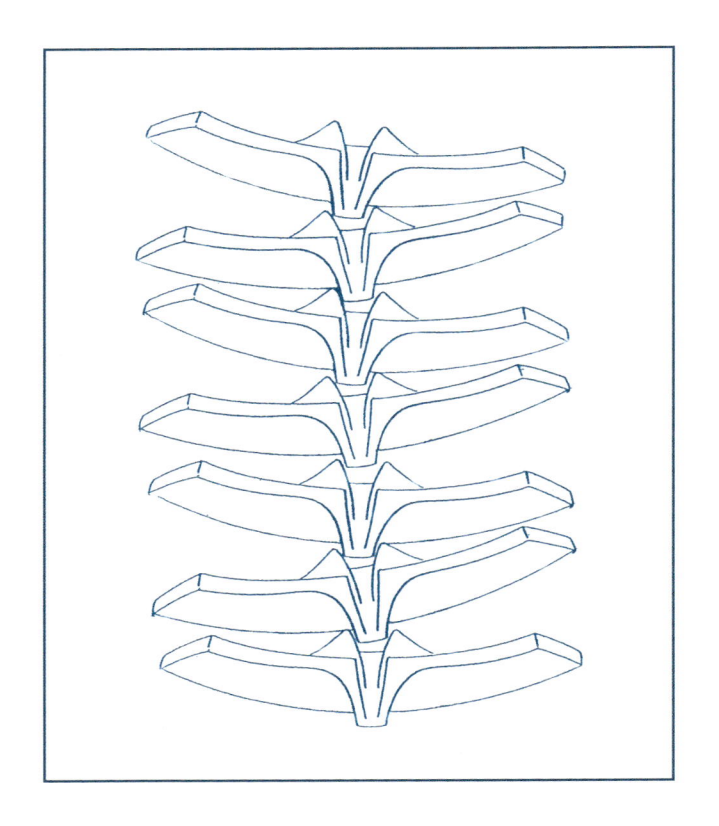

Abb. 197: Zeichnung von wippenden Flowforms

Abb. 198: Eine Wippen-Fluss-Einheit in Gebrauch

Abb. 199: Selbige unter Einsatz von Erwachsenem und Kind

Abb. 200: Die Wippe unter Zugabe einer hölzernen Wiege, um es zwei Menschen zu ermöglichen, ihre Bewegungen zu koordinieren und optimale Lemniskatenbewegungen im Wasser zu erzeugen

erzeugt (150281). Dies ermöglicht einem Kind (Abb. 198), einem Erwachsenen oder beiden (Abb. 199), auf dem Rand zu stehen und die richtige wippende Schwingung aufzubauen, die eine doppelte Lemniskate in der Vier-Mulden-Form erzeugt. Alternativ kann die Gussform in einer hölzernen Wiege angebracht werden, die es zwei Menschen ermöglicht, eine koordinierte Aktivität (Abb. 200) auszutesten. Dies könnte auch für therapeutische Zwecke eingesetzt werden.

Zwei Fotos (Abb. 201 und 202) zeigen eine Wippen-Fluss-Einheit mit ungefähr zwei Litern Fassungsvermögen, die in unseren Werkstätten entwickelt wurde und beispielsweise zum Anmischen von Arzneipräparaten genutzt werden kann. Dies wurde nachgeprüft, jedoch noch nicht angewendet. Hier wird nur eine lineare Bewegung zur Demonstration des Gesamtmusters dargestellt. Im mittleren Bereich kann auch eine starke Stoßkomponente entstehen.

Solche Elemente wurden auch aus Keramik hergestellt, die beispielsweise zur rhythmischen Bearbeitung von Fruchtsäften eingesetzt werden können.

Es wurde eine erheblich größere Einheit mit einer Kapazität von 50 Litern (Abb. 203 und 204) hergestellt. Hier ist sie im Einsatz mit einer dicken, weichen Tonschlickermischung dargestellt. Ihre Arbeitsweise wurde auch erfolgreich mit Öl und anderem dickbreiigen Pflanzenmaterial veranschaulicht. Prinzipiell besteht der Vorgang aus Ruhe- und Bewegungsphasen, die mehrere Tage andauern. Durch solche Gefäße kann die Flüssigkeit unberührt bleiben, und wenn sie bewegt werden muss, löst die Wippbewegung einen doppelten Lemniskatenvorgang aus. Wenn dies direkt durch den Betreiber ausgeführt wird, ist es interessant zu sehen, wie die Bewegung in Bezug auf Volumen und Schwingung auf eine harmonische Art und Weise kontrolliert werden kann.

Obwohl dieses Projekt auf einem hohen Entwicklungsstand und bereits sehr erfolgreich war, musste es unglücklicherweise abgebrochen werden als ein Wechsel der Geschäftsleitung einen plötzlichen Abbruch der finanziellen Förderung der Entwicklung nach sich zog.

Abb. 201 und 202 (oben), (100282): Dargestellt ist die Bewegung in einer Wippen-Fluss-Einheit, die für Mischverfahren konzipiert wurde. Die Bewegung verhält sich überwiegend linear in einer doppelten Lemniskate. Es ist dennoch leicht möglich, einen stoßartigen Verlauf am zentralen Kreuzpunkt zu erzeugen. Die Sichtbarkeit wird durch den Gebrauch von Granulat erhöht.

Abb. 203 und 204 (unten), (131083): Tonschlick in einer größeren Ausführung der Wippe dient dazu, die Bewegungen mit dickflüssigen Materialien zu veranschaulichen. Dies wurde auch mit Öl und zerhacktem Pflanzenmaterial durchgeführt. Das Gefäß wurde für den Einsatz rhythmischer Verfahren an Flüssigkeiten während der Extraktionsvorgänge entwickelt, um therapeutische Öle herzustellen.

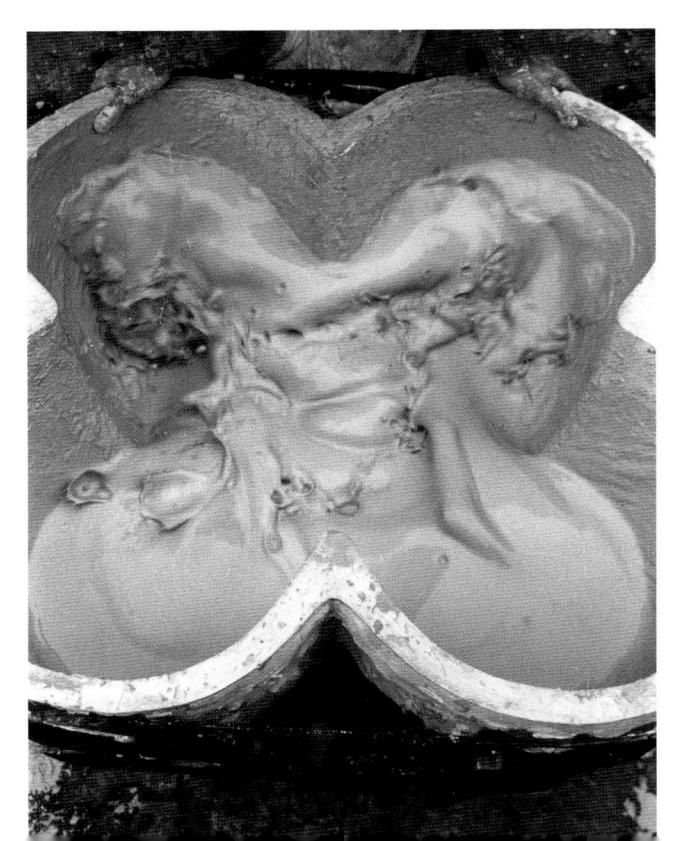

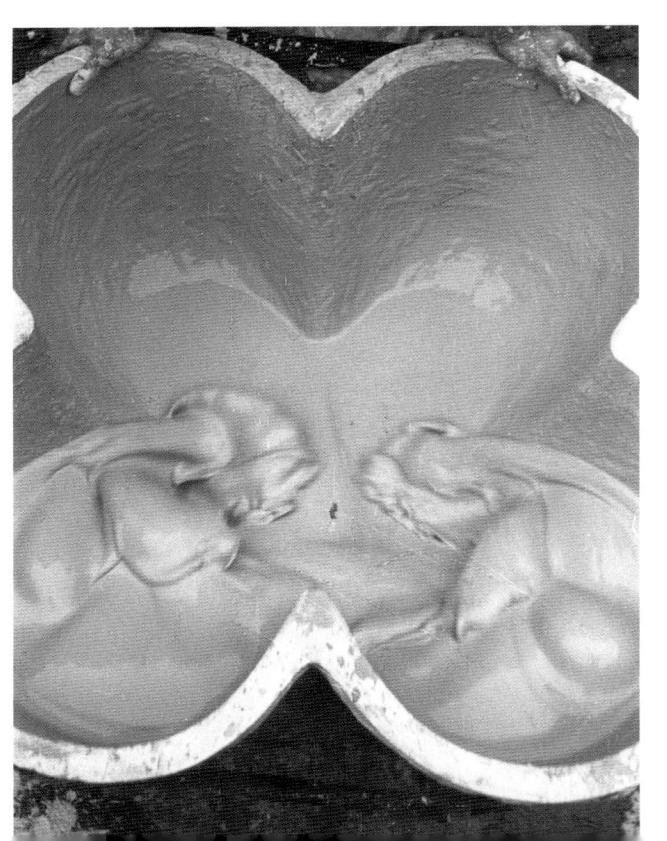

12. Die Flowform in der ganzen Welt: ein illustrierter Überblick

Von 1982 bis 1986 wurden wir in ein großes Projekt für die ING Bank Amsterdam einbezogen, für die wir eine Vielzahl an Anlagen errichteten. Eine neue Flowform-Reihe, die ich extra für dieses Gebäude konzipierte, war die Geländer-Kaskade (Abb. 205 – 207), die mit Nigel Wells umgesetzt wurde. Sie bestand aus zwei Abschnitten. In der ersten Version hatten wir einen Ein- und einen Auslauf (Prototyp Abb. 208; endgültige Ausführung Abb. 210), und das endgültige Kennzeichen der zweiten Form war ein zwei Meter hoher, pulsierender Wasserfall, der aus einzelnen Mulden-Flowforms bestand (Abb. 209). Als uns der Entwurf unglücklicherweise später aus den Händen genommen und abgeändert wurde, entsprach das Endergebnis nicht unseren Vorstellungen. Das Material für den Reproduktionsprozess der Geländer-Kaskade («Handrail-Flowform-Kaskade») nennt sich Kaltbronze und wurde von der Empire Stone Ltd. in Narborough sehr gut umgesetzt, die einen außergewöhnlichen Aufwand betrieben, um gute Arbeit zu leisten.

Für alle weiteren Projekte der Bank verwendeten wir bereits existierende Flowforms: die Ein-Becken-Flowform beim Direktoreneingang, die «Ashdown» an mehreren Orten einschließlich des Dachgartens, während in zwei Bereichen des Gartens die asymmetrischen Olympia-Flowforms und der vollständige Olympia-Flowform-Komplex (auf Seite 124 – 128 beschrieben) eingesetzt wurden.

Auf den nachfolgenden Seiten sind Abbildungen von den verschiedenen Arten der Flowforms und ihrem Einsatz auf der ganzen Welt dargestellt.

Für ein Wasseraufbereitungsprojekt in Hogganvik Landsby, an der Westküste Norwegens, entwarfen wir einen Prototyp für die stapelbare «Brunnenkopf-Kaskade» («Wellhead-Stackable-Cascade»). Das Konzept bestand darin, einen zylindrischen Turm zu formen – ein interessanter Gedankengang, der zur Vorstellung einer «Wand» führte, bei der eine beliebige Anzahl von Kaskaden – auch mit Zwischenelementen – verwendet werden kann (Abb. 239). Diese von uns realisierte Form muss aus Keramik hergestellt werden, um der Wasseraufbereitung zu dienen. Diese Flowforms können auf verschiedene Arten genutzt werden. Sie können in einer Art dualem System oder regelmäßig aufgebaut werden (Abb. 241).

Im Mai 1989 sprachen wir erstmalig mit Joachim Eble und Klaus Sonnenmoser über den Ökokulturellen Gewerbehof in Frankfurt. Der Innenraum bestand aus einer 30 Meter langen und sieben Meter breiten Rampe als Eingangsbereich zwischen Erdgeschoss und erster Etage. Sie befand sich innerhalb eines fünfstöckigen Hauses mit Abluftleitungen und Wendeltreppen sowie den Komponenten einer Klimaanlage, nämlich fließendem Wasser und Pflanzen. Nick Weidmann arbeitete die komplizierten Ebenen und die entscheidenden Gefälle der Kaskaden aus. Wir gestalteten die Eingangsform oder die «Quellform» mit einer Ein-Becken-Flowform, die rhythmische Wellen der Länge nach über eine weite Fläche in eine Ecke befördert, in der ein pulsierender Wasserfall entsteht (Abb. 242). Es folgten weite, seichte Flowforms mit Steinplatten samt Bepflanzung an den Kanten (Abb. 243). Im nächsten Abschnitt folgten kleinere, asymmetrische Flowforms (Abb. 244). Für ein nördliches Haus entwarfen wir ein Element von 80 x 40 x 40 cm, das auf den unterschiedlichen Ebenen entlang der Wand vervielfacht werden sollte. Das Wasser fließt über eine Kante, bewegt sich wellenartig über eine senkrechte Wand und bildet mit vielen Hängepflanzen eine Befeuchtungsanlage (Abb. 245).

Von 1991 an arbeiteten wir an Projekten für die Herrmannsdorfer Landwerkstätten in Glonn bei München in Verbindung mit einer Klimaanlage des Reifungskellers. Man interessierte sich für die Arbeit mit verschiedenen Rhythmusschwingungen, weshalb wir eine einfache

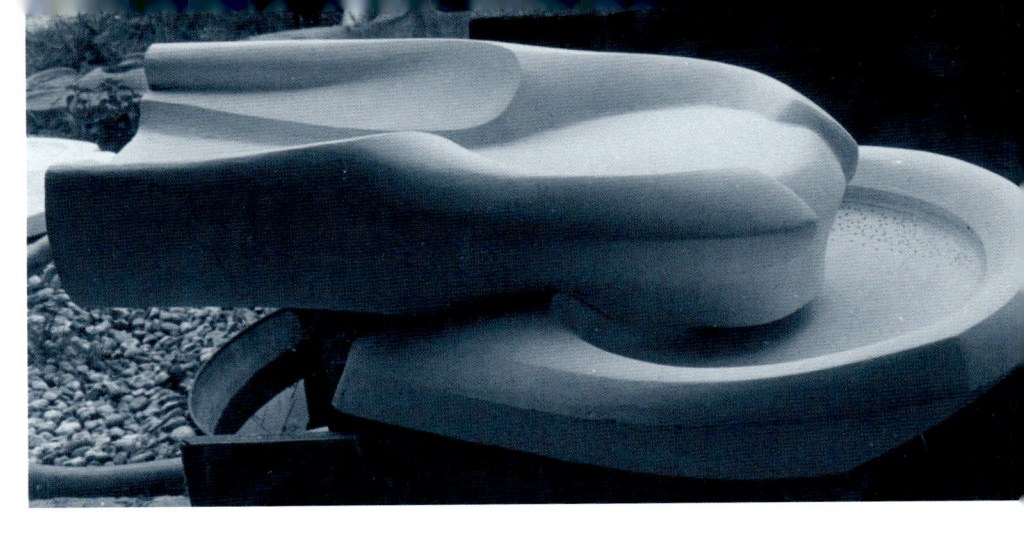

▲ Abb. 208: Ausgangsform des ersten Abschnittes

Abb. 209: Die Abbildung zeigt ein vertikales Element als Ausgangsform des letzten Abschnittes der «Geländer-Kaskade», die Ein-Becken-Flowforms enthält. Diese erzeugen rhythmische Wasserfälle, die aus über zwei Metern Höhe über den letzten Abschnitt der Balustrade fließen. ▼

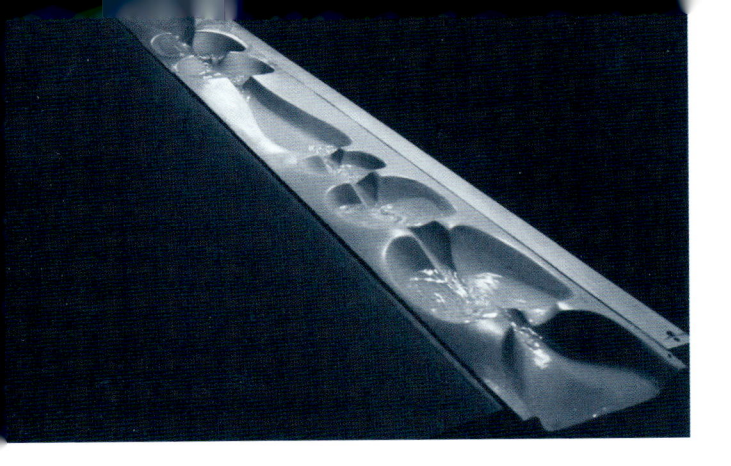

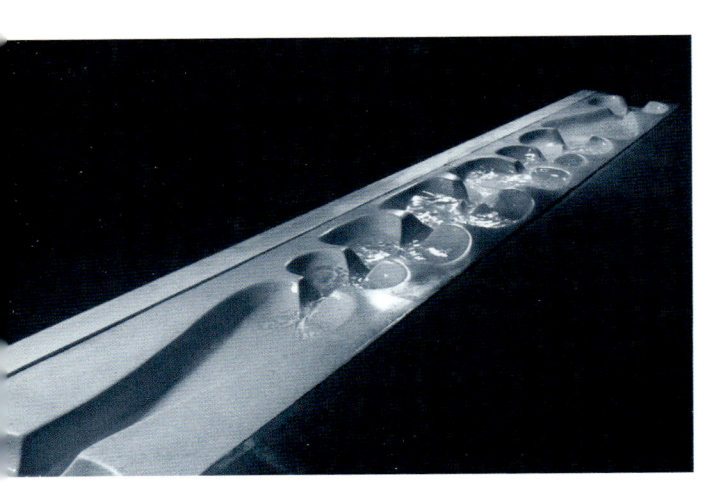

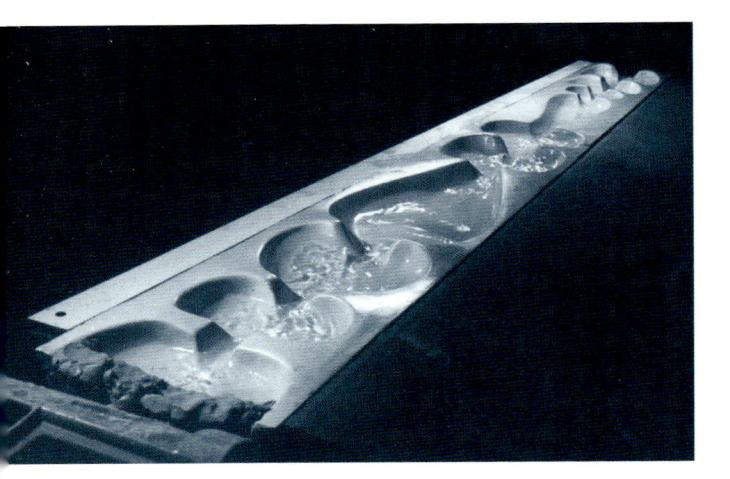

▲ Abb. 205 - 207: Prototyp aus Gips für die Geländer-Kaskade der ING Bank Amsterdam

▲ Abb. 210: Die Geländer-Kaskade, das Endstück der ersten Version in der ING Bank in Amsterdam

▲ Abb. 211: Hanne Keis, Dänemark: Offenes Büro von Diax Telekommunikation, Bang und Olufsen; diese Anlage reinigt sehr effektiv die Luft, die von elektromagnetischen Einflüssen der Computer aufgeladen ist. Der Unterschied wird sehr deutlich, sobald die Anlage aus Wartungsgründen abgestellt wird.

Abb. 212: Akalla-Flowform-Kaskade, die 1976 in Järna für das biologische Abwassersystem errichtet wurde ▶

Abb. 213: Hanne Keis, Dänemark: Die «Silent Flow» ist eine Kaskade mit integrierten Sockeln für den Einsatz im Innen- sowie im Außenbereich. Durch die variierbare Fließgeschwindigkeit können die akustischen Effekte beliebig verändert werden.

Abb. 214: Die Akalla-Flowform-Kaskade in Verbindung mit dem Plantschbecken eines kommunalen Schwimmbades in der Nähe von Basel, Schweiz (ausgeführt durch Hansjörg Palm, Arch. Raeck).

Abb. 215: Die Amsterdam-Flowform, die 1982 als ständiges Wahrzeichen der Floriade-Gartenschau in Amsterdam errichtet wurde

Abb. 216: Atelier Dreiseitl, Deutschland: pulsierende Wasserfälle bei der Landesgartenschau in Reutlingen im Jahr 1984

Abb. 217: Reimar von Bonin, Schweiz, in Zusammenarbeit mit der Flow Design Research Group; Platzierung einer Flowform in einem Bassin, mit Erzeugung rhythmischer Wasserfälle; errichtet für die Weleda in Arlesheim, Schweiz,

Abb. 218: Atelier Dreiseitl, Deutschland: eine in Stufen integrierte Flowform-Kaskade führt zum Marktplatz in Hattersheim nahe Frankfurt; 1990 aus Natursteinen geschaffen

Abb. 219: Die Emerson-Flowform im Garten von Ton Alberts in Amsterdam

Abb. 220: Die Olympia-Flowform-Kaskade wurde für den «Duft-und-Tast-Garten», Bundesgartenschau in Ulm, vom Atelier Dreiseitl entworfen und 1979 installiert. Man beachte den pulsierenden Wasserfall.

Abb. 221 (oben links) und 222 (unten links): Iain Trousdell (Neuseeland): Die Stadtattraktion in Wellington wurde 1984 errichtet. Sie ist eine Nachbildung der Olympia-Flowform, die in Großbritannien entstand.

Abb. 223 (oben rechts): Iain Trousdell (Neuseeland): Die Abbildung zeigt die Besonderheit der «Manners Mall», die in eine Fußgängerzone im Stadtzentrum umgewandelt wurde.

Abb. 224 (unten rechts): Iain Trousdell (Neuseeland): Eine bedeutende, bahnbrechende Anlage – «Haukunui» (großer Brunnen) genannt –, befindet sich auf beiden Seiten der Schienenstrecke im Zentrum von Hastings.

Abb. 225 und 226: Nigel Wells, Schweden: die Stensund-Flowform, die 1992 in Klocagården, einem Seniorenheim in Järna aufgestellt wurde

Abb. 227 und 228: Mark Baxter, Australien: eine wettbewerbsgekrönte Anlage für die Deakin Universität, Burwood Campus in Melbourne, 1998

Abb. 229: Iain Trousdell (Neuseeland): eine Gartenkaskade in Motucka

Abb. 230: Philip Kilner, Großbritannien: aus Kupfer geschlagene Ein-Becken-Flowform in einem Atrium der Brompton-Herzklinik in London, 1991

Abb. 231: Michael Monzies, Frankreich: eine einzelne Flowform, die im Innenbereich installiert ist, genannt «Papillon»

▲ Abb. 232: Axel Ewald, Großbritannien: eine gehämmerte Kupfer-Flowform bei The Mount, Tunbridge Wells

Abb. 233: Andrew Joiner, Großbritannien: der Rosenspringbrunnen in Middlesborough ▼

Abb. 234 und 235: Andrew Joiner, Großbritannien: verschiedene Flowforms von Iris Water and Design in der Hampton-Court-Gartenbauzentrale, 1995 ▲ ▼

Abb. 236: Paul van Dijk, Niederlande: die ING Ein-Becken-Flowform, die in vielen ING Bank-Büros in ganz Holland eingesetzt wurde

Abb. 237 und 238: Ein Säulen-Flowform-Modell, ursprünglich für das Ethnographische Museum in Stockholm konzipiert. Die strahlenförmigen Ausrichtungen von oben und von den Seiten ist eine der vielen Möglichkeiten, wie die Kaskade entworfen werden kann.

▲ *Abb. 239: Die stapelbare Brunnenkopf-Flowform ist eine kleine Einheit, mit der man eine Wand errichten kann. Die Kaskaden können mit Trennelementen vermischt werden. Pflanzen können ebenfalls in der Wand angepflanzt werden.*

Abb. 240: Einige dieser Produkte wurden in Vidaraasen, Norwegen hergestellt. ▼

▲ *Abb. 241: Die gleichen Brunnenkopf-Flowforms können auf unterschiedliche Weise vertikal gestapelt werden. Sie wurden ursprünglich konzipiert, um entlang der Oberkante der zylindrischen Wand eines Brunnenschachtes – zur Aufbereitung es Wassers mit Luft und Licht – eingesetzt zu werden.*

Abb. 242: Prototyp der «Quellform», der Wasserquelle; eine Ein-Becken-Flowform mit einer angrenzenden Fläche, über die die Wellen pulsieren und über die Kante als Wasserfall abfließen

Abb. 243: Wieder für das gleiche Projekt; eine weite, flache Flowformreihe, die konzipiert wurde, um in eine Fläche aus Steinen integriert zu werden, die von Bepflanzungen unterbrochen ist.

Abb. 244: Weiter unten wird eine asymmetrische Flowform-Reihe errichtet, die Steinflächen mit Bepflanzungen beinhaltet.

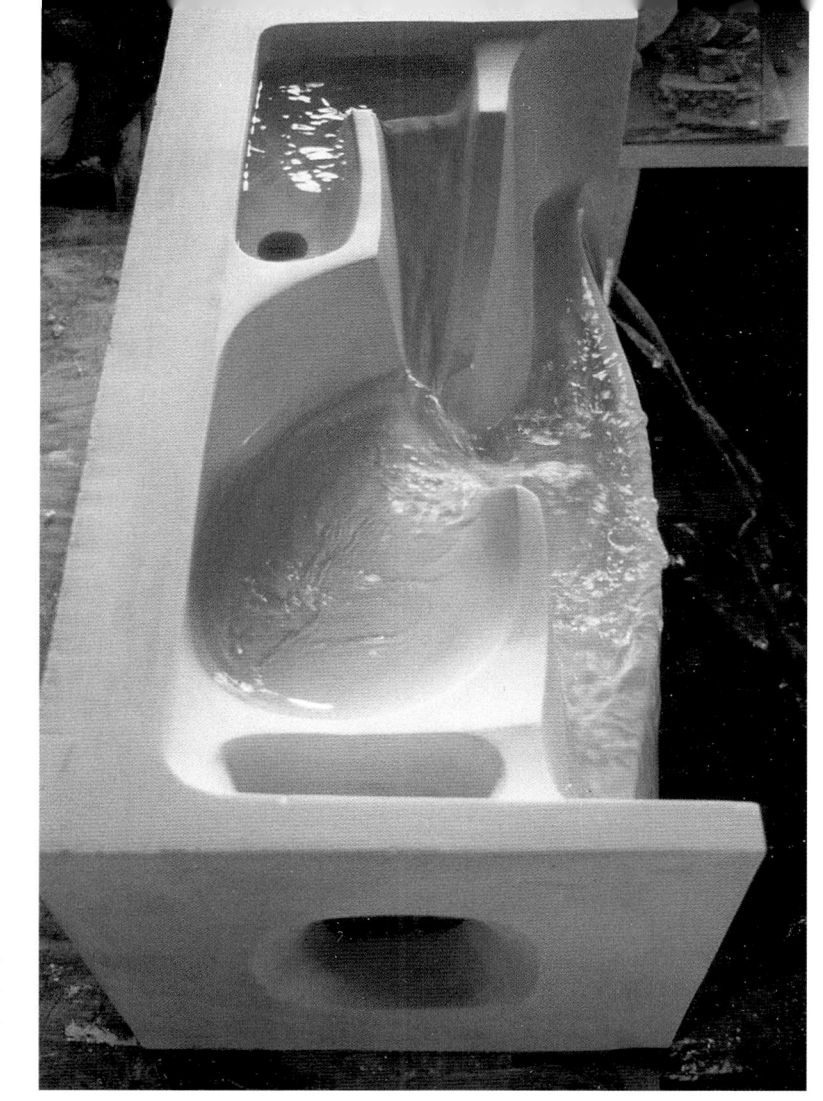

Abb. 245: Die Wand-Flowform befindet sich in einem nördlichen Wintergarten des Gewerbehofs und besteht aus zwei Blöcken mit jeweils mehreren Flowforms mit einer darunterliegenden, senkrechten Wand, über die das Wasser pulsiert. In Verbindung mit der großzügigen Bepflanzung entsteht ein Befeuchtungselement.

Abb. 246: Prototyp der Glonn II mit halber Fließgeschwindigkeit von 30 L/min

Abb. 247: Der Prototyp der Glonn I wurde konzipiert, um kraftvolle Rhythmen in Verbindung mit Wasseraufbereitung zu erzeugen. Sie kann ebenso für dekorative Zwecke in einer Landschaft verwendet werden wie an geraden oder gebogenen Wänden befestigt werden. Die Flowform kann um 180° gedreht werden, um eine Kurve oder einen senkrechten Turm zu formen.

Abb. 248: Die Glonn II ist aus Steingutkeramik hergestellt und kann senkrecht an rostfreien Stahlseilen aufgehängt werden. Sie kann zum Beispiel in Wannen zum Einsatz kommen, in denen Fruchtsäfte zirkulieren.

Abb. 249: Prototyp einer Einzel-Mulden-Flowform, die in einer siebenseitigen Anlage zur Wasseraufbereitung für eine Rindertränke eingesetzt wird

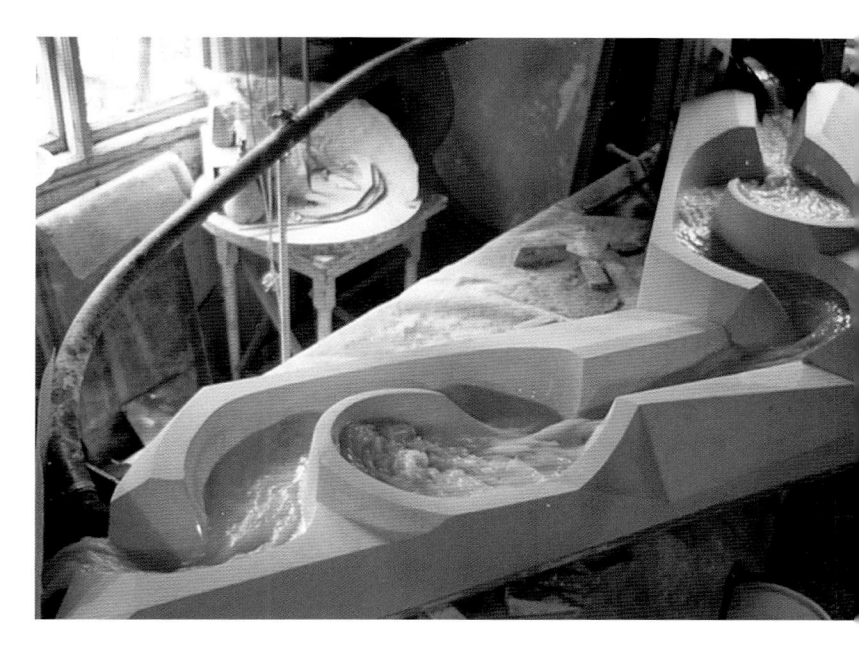

Abb. 250: Rindertränke in Herrmannsdorf mit zwei eingesetzten Kaskaden für die Umgebung von Tieren

Abb. 251: Prototyp einer Weg-Kurven-Flowform im Bauzustand, die mit Wasser auf ihre Funktionsweise getestet wird

Abb. 252: Ein späteres Stadium in der Herstellung des Prototyps; diese Flowform beinhaltet Flächen, die sich mathematisch gesehen auf Wirbel und die Spirale eines Kuhhorns beziehen. Sie ist für Untersuchungen in Verbindung mit organischen, biologisch-dynamischen, flüssigen und landwirtschaftlichen Präparaten bestimmt.

Flowform-Lösung benötigten, die – abhängig von den Ergebnissen der laufenden Experimente – veränderbar war. Dies erreichten wir, indem wir Einzelteile schufen, die eine Flowform ergeben würden, zwischen denen aber zugeschnittene Elemente eingebaut werden konnten, um die Becken zu vergrößern und somit die Rhythmusschwingung zu verringern. Diese wurden in den Verbindungstunnel zwischen der Herten-Kaskade und dem vorhandenen Reifungskeller eingesetzt.

Während dieser Zeit arbeiteten wir an einer neuen Flowform, die letztendlich Glonn I heißen sollte, da sie dort als erstes eingesetzt wurde. Diese Flowform birgt eine Vielzahl an Möglichkeiten, da sie um 180° gedreht werden kann. Sie kann vertikal gestapelt werden oder auch an einer geraden oder gebogenen Wand angebracht werden (Abb. 247). Glonn II ist eine etwas einfachere Version mit halber Fließgeschwindigkeit (Abb. 246). Sie wird jetzt aus Keramik hergestellt und kann zum Beispiel an Stahlseilen aufgehängt werden (Abb. 248).

Das letzte von ungefähr sieben Projekten für die Herrmannsdorfer Landeswerkstätten war die Rindertränke (Abb. 250), eine siebenseitige Anlage mit zwei Ein-Becken-Kaskaden und einem Trog; hier ist das Prototypelement abgebildet (Abb. 249).

1993 begannen wir mit Nick Thomas eine spezielle Flowform mit integrierten Weg-Kurven-Oberflächen (siehe Anhang 3) zu entwickeln, um biologisch-dynamische Präparate zu mischen. Diese Weg-Kurven-Oberflächen wurden so konzipiert, dass sie mathematisch der Oberfläche eines Wasserwirbels zusammen mit der eines Kuhhorns entsprechen. Der Grund dafür ist, den rhythmischen Mischvorgang einerseits mit den Wirbelbewegungen des Wassers in Verbindung zu bringen und andererseits mit der Mischsubstanz selbst, die in einigen Fällen den speziell aufbereiteten Kuhdung beinhaltet. Sogar bei der Mischung anderer Substanzen ist die Verbindung zum Rind dem landwirtschaftlichen Verfahren nicht fremd. Auf jeden Fall dient das Gerät Forschungszwecken, jedoch nicht als endgültige Lösung, denn es bedarf weiterer Untersuchungen.

Die Oberfläche wurde aus vier links- und rechtsgängigen Abschnitten konstruiert, die die Viertelteile der Flowform bilden, die hier anhand zirkulierenden Wassers auf ihre Funktionstüchtigkeit geprüft wird (Abb. 251). Wir erwarten eine verbesserte Wirkung, indem man Rhythmen mit Flächen verbindet, die sich organisch auf Pflanzen mit beigemischten Tiersubstanzen beziehen. Der Prototyp ist hier abgebildet – so weit wir bis dato gekommen sind (Abb. 252).

13. Gegenwart und Zukunft

Neue Arbeiten an Flowforms

Die heutigen Verbraucher werden hinsichtlich der Qualität der Produkte immer anspruchsvoller und fordernder – vor allem bei der Nahrungsmittelproduktion, aber auch bei der Gesundheit und den Kosmetikprodukten. Qualitative Produkte sind sehr gefragt, und es besteht ein Bedarf an Betrieben, die größere Mengen herstellen können. Wir treffen auf immer mehr Unternehmen, die Untersuchungen wünschen, inwieweit Flowforms das wirtschaftliche Produktionsniveau – inklusive der Aufbereitung und Verarbeitung ihrer Produkte – verbessern könnten. Aus Erfahrungen in der biologisch-dynamischen Landwirtschaft wissen wir, dass es möglich ist, Flowforms in groß angelegten Verfahren einzusetzen, wobei jedes neue Einsatzgebiet seine eigenen Untersuchungen und Lösungen verlangt. Um die große Vielfalt an neuen Forschungs- oder Entwicklungsfeldern aufzuzeigen, haben wir einige gegenwärtige Bereiche des wirtschaftlichen Interesses an unserer Arbeit nachfolgend zusammengefasst.

Wassertransport und Aufbereitung

Wir haben die Leistungsstärke des Wassers besprochen, Dinge aus der Umgebung – sogar energetisch – zu absorbieren, die das Wasser in Form von Energie- oder Mineralgehalt selbst nicht besitzt. Das wirft grundsätzliche Fragen hinsichtlich der Auswirkungen auf den Wassertransport durch Rohre, Pumpen, Tanker und sogar Flaschen auf, und wie diese Vorgänge die Wasserqualität beeinflussen. Können Wege gefunden werden, das Wasser effektiv aufzubereiten, so dass es immer noch die benötigte Vitalität besitzt, wenn es zum Endverbraucher gelangt? Das ist ein vielschichtiges Problem, das von verschiedenen Faktoren abhängt.

Die Art von Absorption, die oben beschrieben ist, kann sich nachteilig auf die Gesundheit auswirken. Es gibt zum Beispiel heilende Quellwasser, die, wenn sie den Patienten erreichen, nicht mehr ihre optimale Qualität besitzen. Durch die Notwendigkeit aber, dieses Wasser aufnehmen zu müssen, kann es sich als problematisch erweisen, wenn die Mineralien und die Vitalität des Wassers, das zur Unterstützung des Körpers gedacht war, vorher durch die Ausscheidung verloren gehen. Diese Frage stellen wir in einer Heilquelle in Italien, die für ihre heilenden Eigenschaften berühmt ist. Hier muss das Wasser gepumpt, mit Tanker und Rohr transportiert und letztendlich in einem Becken gelagert werden, bevor es genutzt wird. Kann das Wasser immer noch seine vollkommenen vitalen Eigenschaften besitzen, und wenn nicht, wie könnten diese wieder aufgewertet werden, indem der Lauf ein naturfreundliches, rhythmisches Lemniskaten-Verfahren passiert? Diese Fragen werden behandelt und stellen fundamentale Erforschungen für das Virbela-Rhythmusforschungsinstitut dar (siehe Seite 182).

Lebensmittelverarbeitung

Im Zusammenhang mit der Lebensmittelverarbeitung stellt die Wasserqualität zunehmend einen Faktor dar, der von den Herstellern sorgfältig geprüft wird. Zum Beispiel hat es sich im Kontext der Backwarenproduktion teilweise etabliert – auch wenn der wissenschaftliche Nachweis fehlt –, dass sich das durch Flowforms behandelte Wasser auf das Gehen des Teigs, die Konsistenz und den Geschmack des Brotes und auch auf seine Haltbarkeit auswirkt. Solche Auswirkungen erwarten eine Bestätigung und Optimierung in Zusammenarbeit mit den Forschungsinstituten, die bereits strenge Tests durchgeführt haben. In den Herrmannsdorfer Landwerkstätten südlich von München gibt es mittlerweile eine organische Bäckerei, in der kleine Flowforms aus Glas eingesetzt werden.

Ebenfalls in Deutschland produziert Tegut mit dem Hauptproduktionswerk in Fulda (siehe S. 147) Fleisch, Milch und Backwaren mit dem Demeter-Siegel für seine Filialen, die sich innerhalb einer halben Tagesfahrt befinden. Für das in der Bäckerei benötigte Wasser wird ein neuartiges Verfahren unter Einsatz eines bestimmten Granits in Verbindung mit Flowforms eingesetzt.

Abb. 253: Die duale Konstruktion aus der Metallwerkstatt David Fuchs in Deggenhausen wurde nach der Vollendung im Mai 2003 für Bio-Sophia nach Lillehammer transportiert und aufgestellt.

Weitere Anlagen mit Keramik-Flowforms befinden sich in der Bauphase.

Für Bio-Sophia in Lillehammer, Norwegen tragen wir mit Flowform-Technologien zu verschiedenen Aspekten der Produktion von Getreidemilch-Produkten bei: waschen, aufquellen, kochen, fermentieren und strecken. Die Nachfrage nach Getreide-Milch ist besonders aufgrund der zunehmenden Laktoseintoleranz in der norwegischen Bevölkerung gestiegen, und es existiert ein großer, wachsender Exportmarkt für Produkte mit dem Demeter-Siegel nach Deutschland.

Hermann Dettwiler von der Schweizer Inverta AG macht die führende Planung. Das neue, zentrale, fünf

Die Wasseraufbereitungsanlage besteht aus drei Keramik-Flowform-Kaskaden mit spiralförmigen Weg-Kurven-Kanälen, die das aufbereitete Wasser hinunter in das 6000-Liter-Becken leiten. Das darüber liegende, schützende Gehäuse aus Glas und Stahl besteht aus einem projizierten Ikosaeder, das Becken aus einem Dodekaeder; beide spiegeln als duale Polyeder den goldenen Schnitt wider. Die zentrale Säule, durch die das Wasser eintritt, stützt die Kaskaden, die an Seilen hängen. Das Wasser zirkuliert mittels einer spiralförmigen Pumpe, bis es in allen Bereichen des Produktionsprozesses der Getreidemilch benötigt wird, die aus einer Vielzahl verschiedener Getreidearten besteht.

Meter hohe Wasseraufbereitungswerk besteht aus drei Keramik-Flowform-Kaskaden mit einem 6000-Liter-Vorratsbecken darunter und wird als ein projiziertes Polyeder erstellt, das ich mithilfe von George Adams' geometrischen Methoden konzipiert habe. Weit reichende Untersuchungen haben ergeben, dass biologische Vorgänge, die innerhalb dieser Räume stattfinden, positiv beeinflusst werden. Es wird besonderer Wert darauf gelegt, dass die Bauweise der Produktionseinheit eine künstlerische Komponente widerspiegelt; das Ganze ist als Organismus konzipiert, der eine qualitative Kontinuität jener naturfreundlichen Vorgänge sicherstellt, die vor der Ernte beteiligt waren und weiter gefördert werden müssen, um den Nährwert der Produkte zu steigern. Die Gestalt und das Wesen des Verfahrensweges, genauso wie das Bewusstsein der involvierten Mitarbeiter, sind von höchster Wichtigkeit.

Seit 2004 arbeitet auch die biologisch-dynamische Apfelertragsfirma Augustin nahe Hamburg mit einer Wasch- und Sortieranlage in Verbindung mit einer siebenfachen Flowform-Kaskade, die durch Peter Müller errichtet wurde. Eine Zeit lang waren wir an den Verfahren zur Herstellung von Fruchtsäften beteiligt. 1980 erstellten wir eine Anlage für Kaare Godager in Norwegen, dessen Produktionseinheit dann von Ole Vestergaard übernommen wurde, der nun Produkte aus biologisch-dynamischen Erträgen herstellt. Er wird zunehmend für seine Firma «Corona Safteri» Wasser mithilfe von Keramikflowforms aufbereiten. Wir bereiten uns darauf vor, die Weiterentwicklung eines großen Wippengefäßes für Corona in Trondheim fortzusetzen, das den Inhalt aufgrund einer wippenden Bewegung durch eine doppelte Lemniskate bewegt.

Bereits 1974 arbeitete ich an Flowforms, die auf einer gewölbten Basis aufgrund der schaukelnden Wasserbewegungen selbst wippten. Dies führte zum Bau einer großen Wippe, in der das Wasser durch eine Zweigekaskade zwischen zwei Becken vor- und zurücklaufen konnte, wodurch ein Beförderungsmittel überflüssig wurde. 1981 konzipierte Andrew Joiner in unserem Workshop ein Gefäß in Form eines vierblättrigen Kleeblatts, das seinen Inhalt durch mechanisches Wippen bewegte. Es wurde zum Spielen und zur Therapie genutzt. Dieses Konzept, das in den Achtzigern weitergeführt wurde, um Flüssigkeiten zu bearbeiten, jedoch vorübergehend aus organisatorischen Gründen abgebrochen wurde, wird jetzt für unseren Auftraggeber Corona wiederbelebt.

Gesundheitsprodukte

Unsere Arbeit mit Rhythmen wird durch die Anfangsuntersuchungen des deutschen Chemikers Dr. Rudolf Hauschka – ich hatte die Ehre, ihn 1960 zu treffen – untermauert. Er gründete die pharmazeutische Firma Wala in der Nähe von Stuttgart, die große Erfahrungen in der Arbeit mit Rhythmus und Wasser hat. Hauschka schuf in den 1920ern im Rahmen der Forschung nach neuen Wegen in der Arzneimittelherstellung einen Versuchsaufbau, um die erhaltenden Wirkungen von Rhythmus zu erforschen. Er legte Rosenblätter in zwei mit Wasser gefüllte Gefäße, von denen das eine bestimmten Rhythmen ausgesetzt war. Die Blätter im unbehandelten Wasser verfaulten nach einigen Tagen, währenddessen die Blätter im bearbeiteten Gefäß sich zu einer schönen, rubinroten Lösung auflösten, ohne Anzeichen der Zersetzung. Der resultierende Aromaextrakt wies eine dauerhafte Haltbarkeit von über 30 Jahren ohne Rückgriff auf die übliche Alkoholkonservierung auf.

Wala stellt heutzutage aus ungefähr 150 verschiedenen Kräutern und Pflanzen, die sie auf ihrem eigenen Land anbauen, natürliche Extrakte und Essenzen für medizinische und kosmetische Zwecke her. Wir haben die berechtigte Hoffnung, dass wir auch in Zukunft bei der Bearbeitung des Wassers und der Fruchtsäfte, für die Wala bereits Keramik-Flowforms verwendet, zusammenarbeiten. Die Firma interessiert sich für die Herstellung von Rosenwasser und -öl, bei der sie die möglichen Verwendungszwecke der Flowforms zur Wasseraufbereitung untersuchen möchte. Langfristig gesehen, können Studien durchgeführt werden, um den Einsatz der groß angelegten Wasseraufbereitung in der Arzneimittelproduktion zu untersuchen. Diese Richtung scheint zum Leitmotiv für die zukünftigen Forschungen an unserem Institut zu werden.

Bei der Wasseraufbereitung, speziell um Pflanzen – wie zum Beispiel Rosen – zu bewässern, lassen die Knospen besondere mathematische Flächen erkennen, deren Zahlenwerte dem Wasser als Information übermittelt werden können. Wir beabsichtigen, solche Erkenntnisse weiterzuentwickeln, um den Einsatz des Wassers als Nährstoff für die wachsenden Pflanzen und ihrer Weiterverarbeitung zu optimieren. Das Thema der mathematischen Flächen wird an anderer Stelle genauer behandelt (siehe Anhang 3).

Blick in die Zukunft

Globale Belange

Im November 2001 meldete das US-Landwirtschaftsministerium ein Defizit in der weltweiten Getreideernte von 54 Millionen Tonnen. Im vorherigen Jahr betrug das Defizit 34 Millionen Tonnen. Die Folge war ein Rückgang der Getreidereserven auf 22 Prozent des jährlichen Verbrauchs, was den tiefsten Stand seit 20 Jahren bedeutet.

Trockenperioden waren und sind weiterhin ein Hauptfaktor in dieser Berechnung, da man in der herkömmlichen, modernen Landwirtschaft 1000 Tonnen Wasser benötigt, um eine einzige Tonne Getreide zu produzieren. Jedoch sinkt in vielen Nahrungsmittel erzeugenden Gebieten der Welt der Wasserspiegel, oder die städtische Nachfrage entzieht der Landwirtschaft die essenziellen Wasservorräte. In einer Besprechung des Earth Policy Institutes wird zu diesem Problem Stellung genommen:

«Die Zulänglichkeit der Wasser- und Nahrungsmittelreserven sind eng miteinander verbunden. Ungefähr 70 Prozent des Wassers, das aus der Erde gepumpt oder von Flüssen abgeleitet wird, dient der Nahrungsmittelproduktion, während 20 Prozent von der Industrie, und 10 Prozent von Wohngebieten verbraucht werden. Da 40 Prozent der Weltgetreideernte auf bewässerten Böden erbracht werden, wird alles, was die Bewässerungsbestände verringert, eine Verminderung der Nahrungsmittelbestände nach sich ziehen.»[18]

Das Gleichgewicht zwischen Wasser- und Nahrungsmittelbeständen ist demnach nicht nur sozial und ökonomisch, sondern auch politisch bedenklich. In diesem Zusammenhang muss beachtet werden, dass jede Art der Aufbereitung, die die Fruchtbarmachung und die Leben spendende Kraft des Wassers fördert, das Potenzial für wichtige Einsatzmöglichkeiten besitzt. Vorhandene Untersuchungen und Erfahrungen deuten darauf hin, dass die Flowform zu einer solchen Steigerung beitragen könnte.

Das Healing Water Research Institute

Wir betrachten die Niederlassung des 1975 gegründeten Virbela-Rhythmusforschungsinstituts (jetzt Healing Water Research Institute) in Sussex als wesentliche Weiterentwicklung, um den möglichen Beitrag der Flowforms zur Wasserfrage im globalen Kontext zu untersuchen.

Das Bestreben, ein solches Institut zu gründen, beruht auf einer langen und komplizierten Geschichte, die über 21 Jahre zurückführt. Durch die Bauarbeiten, die zuletzt im Jahr 2002 fortgesetzt wurden, sind wir an dem Punkt angekommen, ein sorgfältig konzipiertes Zentrum zu errichten, das sich hauptsächlich auf Rhythmusuntersuchungen in Verbindung mit Wasser bezieht. Es wird einige Zeit dauern, das neue Zentrum als eine organische Einheit in die Umgebung einzubetten – eines unserer Ziele beinhaltet, eine angemessene Wasserlandschaft um das Zentrum herum zu schaffen. Im Sinne der globalen Ordnungspolitik hoffen wir, dass sich das Institut als Schwerpunkt und Auslöser wertvoller Konzepte weiterentwickeln kann. Eine starke Netzwerkverbindung besteht bereits seit einiger Zeit durch jene, die aus allen Teilen der Welt hierher kamen, um am Emerson College zu studieren oder zu forschen.

Die Hauptziele des Instituts sind folgende:

– Arbeiten durchzuführen, die zu einem erweiterten Bewusstsein über die wahre Natur des Wassers und seine Funktionen als Vermittler zwischen den Rhythmen der Umgebung und des Organismus führen; Rhythmen werden hierbei als elementare Notwendigkeit für das Leben angesehen, die hauptsächlich von wässrigen Medien getragen werden;
– wissenschaftliche Forschungen über den Einfluss der rhythmischen und metamorphen Prozesse durchzuführen; differenzierte Wasserbewegungsphänomene zu veranschaulichen und natürliche Phänomene zu beobachten;
– Erforschung von Bewegung und Fläche; empirisch und mathematisch geformte Flächen zu erforschen;
– konkrete Flowform-Design-Forschung in Bezug auf die mögliche Umsetzung rhythmischer Verfahren;
– Erziehung in Richtung eines umfangreicheren sozialen Bewusstseins hinsichtlich der nachhaltigen Wassernutzung; Kurse und Konferenzen über bestimmte Themen unter Einbeziehung von Gastrednern anzubieten;
– ein besseres Verständnis für Rhythmus in allen Bereichen – künstlerisch, wissenschaftlich, kulturell – zu fördern;
– Beratungen, Unterstützung und Fachkompetenzen bezüglich der vielen praktischen Probleme von Wasser und Umwelt;
– die Arbeit mit Flowforms international voranzutreiben.*

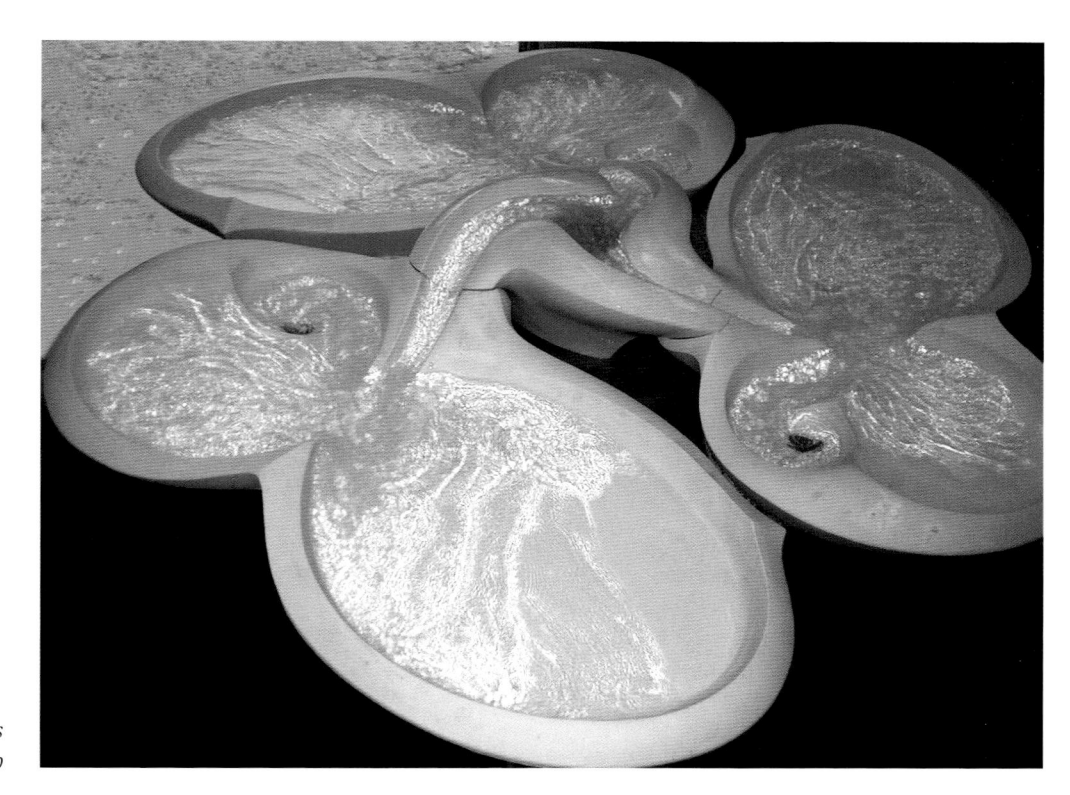

Abb. 254: Viktors Flowform-Prototyp aus Gips in unserem Workshop

Einige Bereiche der zukünftigen Forschung

Die Initiativen zur Optimierung der Virbela-Schraube (siehe Kapitel 11) wurden vor kurzem dank der Spendenzusage von Wilhelm Nickol von der Helixor-Stiftung und des Fischermühle Landguts wieder aufgenommen. Somit macht auch die weitere Zusammenarbeit mit Georg Sonder Fortschritte. Es wurde ein vorläufiges Metallelement hergestellt, dessen Form wir vereinfachen möchten, so dass es möglich wird – in Zusammenarbeit mit der Universität in Oslo –, die ausgewählten mathematischen Flächen miteinzubeziehen. Mit Hilfe der vorhandenen Computer möchten wir einen Prototyp produzieren. Mit der Schraube beabsichtigen wir, das Wasser – während es nach oben befördert wird – aktiv zu beeinflussen, danach läuft es eine Kaskade aus Flowforms hinunter. Auf diesem Wege kann eine sehr kompakte Einheit für bestimmte Wasseraufbereitungen, zum Beispiel in Verbindung mit der Nahrungsmittelproduktion, hergestellt werden.

* eine vollständigere Beschreibung der Ziele und der Struktur des Instituts liefert Anhang 4

Seit ich für George Adams in den sechziger Jahren mathematische Modelle hergestellt habe, gibt es eine Menge Material, das für Forschungszwecke verwendet werden kann.

Ein Element ist aus Keramik gefertigt und bildet eine Absaugpumpe, die wir innerhalb eines eiförmigen Gefäßes erforschen wollen. Es wird verschiedene mathematische Flächen miteinander verbinden, deren Wirkungen wir anschließend testen werden. Eine weitere, größere Version der Wirbelabsaugpumpe aus den achtziger Jahren wollen wir auch weiter erforschen.

Abgesehen von diesen Anwendungsgebieten werden wir unsere Forschung über die vielschichtigen Gesichtspunkte der rhythmischen Prozesse in den Flowforms fortführen und auch versuchen, die Geheimnisse der feinen Proportionen zu durchschauen. Das ist verbunden mit dem Studium von Organismen und der Art und Weise, wie Rhythmen überall in der lebenden Welt erzeugt werden.

Eine unserer momentanen Aufgaben beinhaltet die Entwicklung einer neuen, dynamischen Radial-Flowform, die wahrscheinlich einen Durchmesser von etwa drei Meter haben wird. Um sie handhabbar zu machen, ist es wahrscheinlich, dass wir sie in drei Abschnitte mit einer zusätzlichen, zentralen Einlaufvorrichtung unterteilen (Abb. 254). Diese Abschnitte werden natürlich miteinander verbunden sein, bleiben jedoch separate Einheiten. Dieses Projekt entsprach dem Wunsch von Henry Nold, nicht nur unser Institut mit einem bedeutenden Beitrag zu unterstützen, sondern auch die Arbeit des österreichischen Physikers und Erfinders Viktor Schauberger zu honorieren. Obwohl mir zu Anfang meiner Entwicklung der Flowform-Methode nichts von seiner Arbeit bekannt war, wurde ich mir in den siebziger Jahren der universellen Bedeutung seines Beitrags zu unserem Verständnis der Natur des Wassers bewusst. Er war einer der frühen Pioniere und lenkte die Aufmerksamkeit auf den Einfluss der modernen Wissenschaft auf die Natur. Unsere Aktivitäten sind sicherlich im Einklang, und zwar in solch einem Maß, dass einige annahmen, die Flowforms seien ebenfalls eine Eingebung Schaubergers, eine Annahme, die nicht korrekt ist, aber bei der ich mich geehrt fühle.

Zusammenfassung

Aufgrund des Wasserkreislaufs, der durch die Meere, die sich über den größten Teil der Erdoberfläche erstrecken, gespeist und durch die Sonne in Bewegung versetzt wird, findet sich auf unserem blauen Planeten Leben in Hülle und Fülle. Die Voraussetzungen scheinen im erforschten Universum einheitlich zu sein, jedoch hält die Suche nach einem Beweis für andere, mit Leben besiedelte Planeten an. Wasser löst und transportiert grobe und feine Substanzen und «Einflüsse». Es ist ein Element, das sich für seine Umwelt gänzlich selbst aufopfert. Wasser steht unter der Wirkung der Schwerkraft und der «Leichtigkeit», und aufgrund dieser diametralen Gegensätze fließt es. Das Leben bewegt sich in ihm, und es bewegt sich innerhalb von Lebewesen; diese Bewegungen sind immer rhythmisch. Lebensformen beinhalten immer Flächen oder Häute, die gewunden sind, um Formen oder Körper zu bilden. Es sind solche Flächen, die innerhalb des Mediums Wasser existieren, wann immer es sich bewegt, und die als Vermittlungsorgane für alle formenden Vorgänge fungieren, die hinsichtlich der Lebenserhaltung von Bedeutung sind.

Bewegung und Fläche

Durch kontrollierte Arbeit im Labor ist es möglich, die Entfaltung schleierartiger Flächen im Wasser und noch empfindlichere Bewegungen in der Luft zu beobachten. Es ist notwendig, die Reproduzierbarkeit dieser höchst sensiblen Phänomene und die Einflüsse auf sie im täglichen, saisonalen und im planetarischen Rhythmus zu untersuchen.

Design-Entwicklungen

Die fundamentalen Arbeiten, die in den vierziger und fünfziger Jahren von George Adams und Olive Whicher in der Goethean Science Foundation in England und gleichzeitig von Theodor Schwenk im Weleda-Labor in Deutschland durchgeführt wurden, bilden die Basis für die weiteren Aktivitäten des Healing Water Research Institutes.[20] Seither haben die fortlaufenden Forschungen von Lawrence Edwards und die unterstützenden Untersuchungen von Nick Thomas die Legitimität solcher Initiativen bestärkt, die ergriffen wurden, um den Einfluss bestimmter Flächen auf Wasser zu erforschen. Durch die Arbeit anderer, besonders im Bereich der Potenzierung, ist es zunehmend bekannt, dass Wasser Informationen trägt, wo physische Substanz nicht mehr vorhanden ist.

Mit Beginn der Flowform-Methode im Institut für Strömungswissenschaften im Jahre 1970 wurde es möglich, nicht nur die Auswirkungen von Rhythmen auf das Wasser zu erforschen, sondern auch untrennbar davon die Auswirkungen der Flächen, die für den Transport solcher Rhythmen entscheidend sind. Diese Flächen können entweder empirisch oder mathematisch geformt sein. Wie bereits erwähnt, entdeckte George Adams die Beziehung der so genannten Weg-Kurven-Oberflächen zu den Lebensformen. Wir können diese Flächen im Flowform-Gebilde untersuchen, indem das Wasser sich sanft ausbreiten kann. Die Erforschung dieser Flächen in Bezug zum Wasser stellt ein sehr spannendes Forschungsfeld dar und bildet für uns eines der wichtigsten Themen der Gegenwart.

Seit 1970, dem Anfang meiner Arbeit auf diesem Gebiet, war es sofort nachweisbar, dass die Flowform-Methode als Werkzeug zur Erforschung der Einflüsse der Weg-Kurven-Oberflächen auf Wasser sowie für das Raum und Gegenraum-Konzept der Wirbel eingesetzt werden kann. Es ist nicht nur eine Frage der Untersuchung der Auswirkungen, indem man diese Flächen in den Flowforms erforscht, sondern auch der Ermittlung der Flächen und Kurven, die das Wasser selbst bildet, wenn es sich auf verschiedene Arten bewegt. Die Hauptaufgabe besteht darin, aufzuschlüsseln, wie die Beziehungen aller beteiligten Einflussgrößen in ihren Verhältnissen zueinander eine Optimierung der lebenserhaltenden Eigenschaften des Wassers bewirken können. Wie kann die Anfälligkeit des Wassers bezüglich seiner Umweltbedingungen aufgewertet werden, sodass die Organismen in ihre Umwelt vollständig eingebettet und geschützt werden?

Rhythmus im Wasser

Wasser ist der Rhythmusträger, der alle flüssigen Vorgänge repräsentiert. In der äußeren Natur – sei es zu Lande oder im Meer, wo immer Wasser sich bewegt – treten überall Rhythmen auf, die jedoch aufgrund der Vielzahl der sich immer verändernden Einflüsse auch wieder verschwinden. Nur innerhalb der Organismen wird eine rhythmische Stabilität erreicht. Rhythmen sind lebensnotwendig, und es gibt kein Leben ohne Rhythmen. Die Flowform-Methode veranschaulicht die Tatsache, dass Rhythmus durch ein recht genaues Maß an Widerstand gegen den Flüssigkeitsimpuls mit regulierter Intensität in jeder Situation erzeugt wird. Der Rhythmus selbst ist ein Phänomen, ein Medium, durch welches das Leben gedeihen kann. Wenn Rhythmus im Raum erscheint, wird die Metamorphose greifbar. Metamorphose und Steigerung sind Hauptmerkmale aller Lebensabläufe.

Die Wirbelstraßen, die durch eine geradlinige Bewegung im stillen Wasser erzeugt werden, stellen das Ordnungs- und Metamorphosepotenzial des Wassers dar. Dieses Phänomen gab den Ausschlag für die Schaffung eines Umwandlungsorgans für Wasser, das wiederum zur Flowform selbst führte.

Bewusstheit für das Wasser

Im Allgemeinen ist das Bewusstsein auf der spirituellen Ebene des Lebens während der letzten Jahrhunderte zurückgegangen, stattdessen hat die Menschheit unsere physische und gegenständliche Umgebung intensiv studiert. Ein ausschlaggebender Aspekt, der mit allen Aussagen dieses Buches verflochten ist, ist die Anerkennung des lebenden Geistes, der hinter allen besprochenen physischen Phänomenen steckt. Nähern wir uns unserer Aufgabe von dieser Perspektive – zusammen mit einem neuen Verständnis, dass die Erde ein lebender Organismus ist, wie es die neuesten Untersuchungen der Gaia-Theorie belegen –, bestätigen alle Nachträge die Annahme, dass eine gesunde und harmonische Revitalisierung der Natur nur durch die Erkenntnis des Geistes stattfinden kann.

Des Weiteren möchte ich als abschließende Bemerkung klar und deutlich betonen, dass es heutzutage eine lebenswichtige, soziale Aufgabe ist, an dem Gedanken zu arbeiten, dass Wasser unsere kostbarste Ressource ist, für die die Menschheit ein weltweites und wachsames Bewusstsein entwickeln muss. Es ist eine traurige und desillusionierende Folge, dass wir das Klischee «die Kriege der Zukunft werden um Wasser geführt werden» so oft hören. Wenn man hinsichtlich der Wasserqualität eine Zusammenarbeit auf internationaler Ebene erreichen würde, könnten die aufkommenden Spannungen wegen der weltweiten Wasserknappheit verringert werden und es könnten, durch die Tatkraft des Menschen in Richtung eines besseren Verständnisses – nicht in Richtung möglicher Konflikte –, Lösungen geschaffen werden.

Wie wir während des ganzen Buches zu verdeutlichen versucht haben, hat sich der Wasserkreislauf über die Jahrtausende mit seiner Fähigkeit, Wasser in vielen verschiedenen Durchgangsstadien zu bewegen, als lebensspendende Ressource behauptet. Diese Stadien haben mit einer kontinuierlichen Bewegung, noch spezieller mit einer rhythmischen Bewegung zu tun, zusammen mit der Beschaffenheit von Flächen, die mit den Lebensabläufen eng verbunden sind. Kurz gesagt sind alle Organismen durch Wasser miteinander verbunden und dem Wasser zugehörig.

Unsere dringliche Aufgabe besteht darin, solche Parameter verstehen zu lernen und mit ihnen zu arbeiten, um die ursprüngliche Wasserfunktionalität in der Natur, in die wir in der heutigen Zeit so stark eingreifen, zu verbessern. Die nächste Generation muss eine vollständig neue Haltung dem Wasser gegenüber entwickeln, um das Überleben in vielen Trockengebieten der Erde zu gewährleisten, und gewiss gilt das Gleiche für den Erhalt der Lebensqualität in Industrieländern.

Anhang 1: Metamorphose*

Was ist Metamorphose?

Was ist Metamorphose? Zu allererst können wir mit Sicherheit sagen, dass dieses facettenreiche Phänomen eine der Möglichkeiten in der Natur ist, um im Menschen eine mentale und spirituelle Bewegung in Gang zu setzen. Es hängt mit unterschiedlichen und sich ändernden Beziehungen zwischen Elementen einer beliebigen Gesamtheit oder Organismen zusammen, die für gewöhnlich durch dynamische Prozesse, die nicht physischer Natur sind, verbunden sind. Die Pflanze ist ein vertrautes Beispiel mit ihren Wurzeln, Keimblättern, Blättern, Blüten, Staubblättern, Samen und Früchten, deren Beziehungen bereits verschiedene Metamorphosearten oder -eigenschaften aufweisen.

Es ist wichtig, von Beginn dieser Betrachtungen an zur Kenntnis zu nehmen, dass man unterscheiden muss zwischen den physisch diskontinuierlichen Veränderungsprozessen und den physisch kontinuierlichen. Erstere dürfen metamorphosische, und Letztere dürfen Wachstumsprozesse genannt werden. Obwohl es einen Kontinuitätsfaktor gibt, wie zum Beispiel der Stängel einer Pflanze, der alles zusammenhält, ist jedes Pflanzenorgan durch einen physischen Abstand getrennt. Jedes Blatt ist vom nächsten getrennt, und so ist es letztendlich auch bei der Blüte. Jedoch durchläuft jedes Blatt, während es wächst, einen Formenwandel, was eine andere Veränderung als die gezeigte zwischen jedem aufeinander folgenden Blatt darstellt (Abb. 255). Ähnlich zeigt Abb. 256 in anatomischer Sicht die Metamorphose (oben) und das Wachstum (unten) von Wirbelknochen. Dieser Unterschied kann auch in geometrischen Verläufen beobachtet werden, in denen die Ur- oder Originalform (in diesem Fall zweidimensional) gleich bleibt wie im Wachstumsprozess, während sich bei einer Metamorphose die Urform ändert (siehe Rotations-Metamorphose, S. 193).

Rudolf Steiner arbeitete die von Goethe initiierte (siehe Kap. 3) Methode zur Beobachtung von Phänomenen weiter aus. Mit seinen Büchern «Grundlinien einer Erkenntnistheorie der Goetheschen Weltanschauung» und «Philosophie der Freiheit» schuf Steiner eine philosophische, sogar praktische Basis für die Entwicklung latenter Erkenntnisbereiche, die von seinen Vorgängern entdeckt wurden. Zudem behauptete Steiner, dass, wenn man sich selbst dazu bringen könnte, die angeborenen Grundsätze zu verstehen, die sich in den natürlichen Phänomenen manifestieren und ihnen Struktur geben, so könnte man künstlerische Formen schaffen, die eine innere Konsistenz aufweisen. Die Ergebnisse einer solchen Einsatzmöglichkeit entsprächen nicht dem Naturalismus – das Kopieren der Natur – sondern einem freien Ausdruck der Einsatzmöglichkeit, basierend auf dem intuitiven Verständnis der formenden Abläufe in der Natur.

Steiner setzte diese Methode in verschiedenen künstlerischen Unterfangen ein, vielleicht vor allem im architektonischen Entwurf der beiden Gebäude des Goetheanums in Dornach, Schweiz, von denen das Erste bei einem Feuer im Jahre 1922 zerstört wurde. Im ursprünglichen Auditorium entwarf er eine Reihe aus sieben hölzernen Säulen, jede mit einzigartig geformtem Kapitell und Sockel. Die sieben Säulen bildeten eine metamorphe Abfolge, die eine innerliche Ganzheit, eine vereinheitlichte Geste zum Ausdruck gab. Somit waren die individuellen Säulen durch ein gemeinsames Idealelement verbunden, ähnlich wie Pflanzenarten durch ihre ideelle Urform miteinander verbunden sind (siehe auch «Metamorphose» von Frits Julius).

Bei diesem Anfangsbeispiel ist vielleicht eines der tiefgründigsten und universellen metamorphen Phänomene näher ausgeführt. Solch ein siebenfacher Ablauf ist

---

* *Die Einleitungsteile für diesen Abschnitt wurden ursprünglich in Zusammenarbeit mit Mark Riegner von der Prescott Universität, USA, geschrieben.*

Abb. 255: Der äußere Ring von links unten nach rechts oben zeigt die ausgewachsenen Blätter der Pflanze als Metamorphose, ein physisch diskontinuierlicher Prozess. Die gewundenen Linien deuten auf die Formstadien, die jedes Blatt während seines physisch kontinuierlichen Wachstumsprozesses in Gegenrichtung durchläuft. Die strahlenförmigen Linien verbinden diese Stadien mit der charakteristischen äußeren Blattreifungsabfolge. (Von Jochen Bockemühl, Erscheinungsformen des Ätherischen)

Abb. 256: Dies sind Darstellungen, die ich von Rindern gemacht habe. Oben sind die einzelnen Halswirbelknochen eines Rinderembryos von links nach rechts dargestellt; der 7., 6., 5., 4. und 3. Sie bilden einen metamorphen, physisch diskontinuierlichen Prozess. Unten sind fünf Zeichnungen eines kontinuierlichen physischen Wachstumsprozesses dargestellt, begonnen beim Embryo bis hin zum erwachsenen Tier. Diese Darstellungen des 6. Halswirbelknochens von fünf Tieren deuten auf die Formfolge hin, durch welche dieser Knochen wächst. Diese Zeichnung ist einzigartig und zeigt die Forschungsergebnisse, die anderweitig noch nicht veröffentlicht sind. Sie zeigt das anatomische Äquivalent zu Bockemühls botanischer Darstellung.

gewiss elementar für alle sich entwickelnden Prozesse in zeitlicher Reihenfolge und wird kaum als räumliche Sequenz erlebt. Mit diesem siebenfachen Ablauf begann Steiner seine künstlerische Arbeit im Jahre 1907. Es handelt sich also um einen zeitlichen Prozess, der erstmalig in einer räumlichen Folge ausgedrückt wurde.
Dieses kaum erforschte und kaum verstandene Fachgebiet der Metamorphose wurde nun zur Basis für einen neuen organisch-architektonischen Impuls, in den alle Künste integriert werden können. Um wahrlich organisch zu sein, musste die Architektur sich vor allem aus metamorphen Gesetzmäßigkeiten entwickeln. Im ersten Gebäude des Goetheanums verwendete Steiner auch eine Reihe verschiedener Metamorphosearten, die später noch behandelt werden. (Für weitere Details über die Gebäude des Goetheanums siehe z.B. «Der Bau» von Karl Kemper und «Eloquent Concrete» von Rex Raab.)

Eine Anfangs-Studie der Metamorphose

Metamorphose hängt mit den Beziehungen zusammen, von denen es – wie bereits erwähnt – mannigfaltige Beschaffenheiten oder Arten gibt. Der Ausdruck bedeutet «Formenwandel». Das heißt normalerweise ein Übergang von einem Objekt zum anderen und kann auf vielerlei Arten geschehen. Eine allgemeine Definition bezieht sich auf die Beziehung zwischen zwei (auch inmitten einer Reihe) physisch getrennten Formen innerhalb eines organischen Ganzen. Metamorphose bezeichnet entweder einen umfangreichen Begriff oder kann auf sehr viel seltenere Beispiele beschränkt sein. Mein Gefühl sagt mir, dass wir die größere, freiere Auffassung riskieren sollten, da wir heute – besonders auf künstlerische Art und Weise – Zugang zu ihrer mannigfaltigen Umsetzung finden müssen; das heißt, zu künstlerischen und wissenschaftlichen Formen, die eine Beziehung zwischen physischen und geistigen Dynamiken verkörpern. Heutzutage sind wir alle bei unserem Verständnis der Phänomene aufgrund der Betonung der stofflichen und physikalischen Aspekte der Existenzerscheinungen zu sehr gebunden. Die mannigfaltige Natur der metamorphen Prozesse kann durch die Charakterisierung etlicher Metamorphosearten wie folgt verdeutlicht werden.

Metamorphosearten

Die Eigenschaften der Metamorphosearten wurden in Kursen, die Mitte der sechziger Jahre am Emerson College in Sussex und an der Rudolf Steiner-Högskolan in Järna, Schweden begannen, erläutert und experimentell ausgeführt. Eine detaillierte Beschreibung kann eventuell später den Inhalt eines gesonderten Buches bilden.
Anstatt meine Aufmerksamkeit nur auf das konzentrierte Arbeiten an der siebenfachen Abfolge (siehe Kapitel 3) als Mittel zum Metamorphosestudium zu beschränken, wurde ich inspiriert, selbst nach Wegen zu suchen, um die verwirrende Vielfalt solcher Naturphänomene zu durchschauen, und letztendlich zu Kunstrichtungen zu kommen, die selbst eine Erfahrung der Beziehungen zwischen Geist und Materie wiedererwecken würden.
Die uns bevorstehende Aufgabe beinhaltet, durch Studieren des Phänomens, Beispiele verschiedener Metamorphosearten wie Polar-, Entwicklungs-, Evolutionsmetamorphose und so weiter, zu beschreiben. Das soll etwas mehr Klarheit in die Betrachtung eines so komplexen Fachgebiets bringen. Wir benötigen einen solchen Schlüssel, um es uns zu ermöglichen, diesen dynamischen Gesichtspunkt der Morphologie mit schöpferischer Imagination zu durchbrechen.
Durch das Treffen mit Ernst Lehrs und letztendlich durch sein Buch «Man or Matter», in dem ein Beispiel der Blattmetamorphose aufgeführt war, erhielt ich Zugang zu diesem Erfahrungsgebiet. Ich begann, Blattproben zu sammeln, da dies einfach die günstigste Methode war, ein Studium solcher Prozesse zu beginnen, mit dem Gedanken im Hinterkopf, dass die intensive Untersuchung eines Fachgebietes universelle Geheimnisse lüften kann. Obwohl es nur aus einem Teil des Pflanzenorganismus besteht, ist das Blatt ein fundamentales Organ, aus dem – wie wir bei Goethe gesehen haben – alle anderen Organe metamorphosieren.

> Das grüne Blatt ist das Kind des blauen Himmels und der gelben Sonne. Es sprießt aus der dunklen Erde und kündigt das farbenfrohe Licht der Blüte an, während es uns mit unserem ebenmäßigen, grünen Teppich versorgt.

Das Blatt, ein Übergangsorgan, liegt zwischen der linearen Wurzel und dem flächenhaften Blütenblatt (siehe Adams & Whicher, «Die Pflanze in Raum und Gegenraum»). Der Blattstiel enthält, wenn auch schwindende,

Abb. 257: Die weibliche Distel ist ein schönes Beispiel für die Entwicklungsmetamorphose, ein Wandel, der sich schrittweise von einer Spreizung des Blattes vom Stängel weg zu einem Schwerpunkt der Breite direkt neben dem Stängel vollzieht.

Daten der Wurzel, während aufeinanderfolgende Formen Richtung Blüte weisen, die vom Blatt vorweggenommen wird.

Beschreibung der Metamorphosearten

Es erscheint notwendig, zu beschreiben, wie sich Formen aufeinander beziehen und welche Beziehungseigenschaften sie haben, um unser Verständnis von Metamorphose und anderen Übergangsprozessen zu verbessern. Metamorphe Beziehungen treten hauptsächlich zwischen den verschiedenen Bestandteilen eines Gesamtorganismus auf und nicht notwendigerweise innerhalb eines einzelnen, sich entwickelnden Bestandteils, obwohl dies auch vorkommt.

Ist es angemessen, eine mögliche «wahre Metamorphose» zu denken? Statt uns auf irgendeinen bestimmten Fall zu beschränken, wie bereits angedeutet, scheint es besser zu sein, eine Diskussion auf breiterer Basis zu führen. Die Natur ist in der Tat von vielen Arten metamorpher Prozesse durchsetzt. Um sich ihrer dennoch bewusst zu werden, müssen wir unser Verständnis und unsere Beobachtungsgabe schärfen.

Die folgenden Beschreibungen stellen einen Versuch dar, eine begrenzte Anzahl verschiedener Arten zu erklären. Es geht nicht darum, sich auf die Beschreibung der Arten zu beschränken, sondern um eine kontinuierliche Entdeckung ihre Verschiedenheit. Ich bin mir sicher, dass durch einen individuellen Zugang zum Thema noch andere Arten erfasst werden.

Polar-Metamorphose (Wurzel und Blüte)

Polarität erzeugt Bewegung, da ständig ein Ausgleich zwischen den beiden entgegen gesetzten Richtungen hergestellt werden muss. Jedes physikalische Objekt, z.B. hinsichtlich seines Härte- oder Weichheitsgrades, beruht auf seinem eigentümlichen Bezug zur Polarität. Diese «Bewegung» führt mit wiederholten Versuchen zur Findung des Gleichgewichts zum Rhythmus. Metamorphose ist eine physikalische Manifestation des Rhythmus, der sich abwechselnd auf Zeit und Raum bezieht. Die Menschheit und die Natur existieren zwischen Gegensätzen, die sich auf vielerlei Arten manifestieren: Expansion und Kontraktion, flach und spitz, eben und linear, konkav und konvex, heiß und kalt, Tag und Nacht. Hier können diese entgegen gesetzten Phänomene gemäß der Metamorphose erlebt werden.

Durch eine Beobachtung des Phänomens sollte Metamorphose auch in uns stattfinden können. Wir können beispielsweise nicht erwarten, dass sich die Wurzel in eine Blüte verwandelt, aber wir müssen die Metamorphose in uns selbst erfahren.

Entwicklungs-Metamorphose

Diese wird durch einen sequenziellen Wandel zwischen entgegengesetzten (polaren) Umständen veranschaulicht, wie beispielsweise der Blattverlauf zwischen Wurzel und Blüte. Blattformen entwickeln sich schrittweise ohne einen wesentlichen Wandel in der Pflanzensubstanz. Hier ist eine weibliche Distel mit gewundenem Stamm abgebildet (Abb. 257).

Die Wirbelstraße stellt ebenfalls eine Entwicklungsmetamorphose dar, und ist in gewisser Weise archetypisch (siehe Kap. 4, S. 44).

Siebenfach-Metamorphose

Dieser ausschließlich siebenfache Verlauf hat seine eigenen besonderen Gesetze und hat von Grund auf mit einer sich entwickelnden Gegebenheit in der Zeit zu tun; egal ob es sich um einen gesellschaftlichen, einen lebendigen oder einen planetarischen Organismus handelt. Nehmen wir zum Beispiel die Eigenschaften des ersten Stadiums, des zweiten und des dritten in einem beliebigen solcher sich entwickelnder Prozesse. Das mittlere Stadium ist gefolgt von einer Art Spiegelung oder Wiederholung der ersten drei mit einer Endausführung auf einer höheren Ebene im siebenten. Zum ersten Mal wurde diese Thematik als räumliches Phänomen von Rudolf Steiner im Jahr 1907 künstlerisch dargestellt. Als natürliches Phänomen ist das Siebenfache eine Darstellung eines Zeitablaufs, wie wir im Leben die Siebenjahresperioden oder die Wochentage erleben. In beiden Fällen besteht eine Verbindung zu den planetarischen Welten, wie es die Wochentage implizieren. An dieser Stelle finden wir die mikrokosmische Wiederholung des bedeutenden Evolutionsprozesses der Erde (für nähere Details siehe Steiners «Die Geheimwissenschaft im Umriss»).

Wirbel-Metamorphose

Das siebenfache Phänomen kommt in der physikalischen Natur fast nie als eine Abfolge im Raum zum Ausdruck, jedoch ist die Wirbelsäule eine Ausnahme. Die Stadien sind vom Rumpf zum Kopf hin benannt: Schwanzwirbel, Kreuzbein, Lendenwirbel, Rückenwirbel, Halswirbel, Dreher/Atlas und Schädel. Dieser siebenfache Verlauf stellt einen versteckten Bezug zu seinem evolutionären Ursprung dar (siehe Seite 86). Organismen entwickeln sich embryologisch gesehen aus einem Kopf, der an einem «Schwanz» wächst. Demnach ist es eine Variante, die sich von einer «Veränderung» (zwischen den Gegensätzen von Kopf und Schwanz) zu einer gegliederten evolutionären Metamorphose entwickelt.

Bei den Säugetieren und den Menschen sind angeblich auch die Halswirbel immer siebenfach vorhanden, trotzdem sind der Dreher und der Atlas eng miteinander und zu besonderen Funktionen verbunden und sind somit in ihrer Form eindeutig anders als die anderen fünf Halswirbel.

Weil sich die Wirbelsäule in jedem Menschen entwickelt und offenbar im gesamten Reich der Säugetiere vorhanden ist, hat sie als eine Metamorphose der Ausdrucksform das Recht auf einen eigenen Namen. Gleichzeitig weist sie neben den Charakterzügen des Aufbaus und der siebenfachen Entwicklung auch funktionelle und entgegengesetzte Metamorphoseeigenschaften auf. Ihre Bauart ist so wichtig und universell manifestiert, dass ihr an anderer Stelle eine ausführlichere Erläuterung zukommt.

Planetar-Metamorphose

Metalle, Wälder, Farben: Hier ist ebenfalls ein siebenfacher Zusammenhang vorhanden. Diese Art metamorpher Verlauf findet im Beobachter als inneres Ereignis statt. Metalle beispielsweise verwandeln sich nicht ineinander, aber die Erfahrung mit ihnen ändert uns.

Die folgenden Objekte stellen Beispiele dar: Blei (Saturn), Gold (Sonne), Silber (Mond), Eisen (Mars), Quecksilber (Merkur), Zinn (Jupiter), Kupfer (Venus); in gleicher Reihenfolge: Hain-/Weißbuche, Esche, Kirsche, Eiche, Ulme, Bergahorn, Birke.

Hier ist es nützlich, uns die Arbeit von Lawrence Edwards in «The Vortex of Life» ins Gedächtnis zu rufen, in der er zeigt, dass diese Pflanzenarten tatsächlich in ihrer veränderlichen Form auf die Stellung der Planeten, denen sie herkömmlich angehören, reagieren (siehe auch Georg Schmidt «Über den Einfluss der Planetenkonstellationen auf das Wachstum der zugehörigen Pflanzenarten»).

Positions-Metamorphose

Dies beinhaltet eine Anzahl verschiedener Eigenarten des metamorphen Prozesses, von denen drei im Folgenden aufgeführt sind:

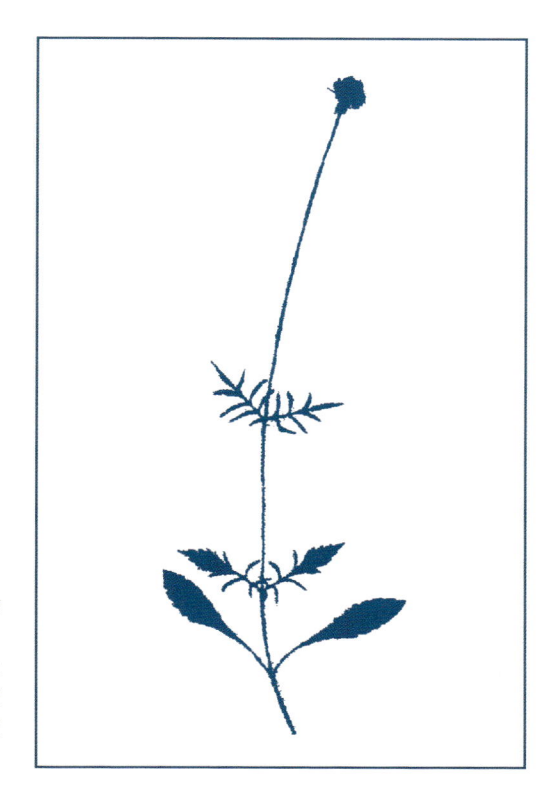

Abb. 258: Die Abbildung zeigt zwei Scabiose-Pflanzen, die an unterschiedlichen Orten gefunden wurden und einen metamorphen Wandel in der Form aufweisen.

Standort-Metamorphose

Von einer ursprünglichen Form, einem Modell oder einem Motiv aus kann eine Metamorphose in eine bestimmte Richtung oder zu einem bestimmten Standort hin, zum Beispiel bei architektonischen Elementen, stattfinden. Ein Beispiel aus der Pflanzenwelt: Ein Feld voller Butterblumen, die dicht an dicht stehen, weist Abweichungen dieser Pflanzenartmerkmale auf; wenn die Butterblume zum Beispiel von diesem Gebiet entfernt wird, und bei sich ständig ändernden Bodenverhältnissen an der Oberseite eines Hanges wachsen würde, kann sich die Erscheinungsform der Art maßgeblich verändern. Unter diesen Umständen gibt es keine genaue klassifikatorische Abgrenzung, wo die metamorphe Verhältnisqualität beginnt. Verschiedene Arten der gleichen Familie weisen deutlich Gestalt verändernde Verhältnisse auf, aber diese hingen mit der Ausdrucksform zusammen. Das kann man zum Beispiel bei der Scabiose-Pflanze beobachten.

Ausdrucks-Metamorphose

Vom Menschen als Ursprung – die Tierarten sind Metamorphosen – kommt eine bestimmte Seite des Menschen in jeder Tierart zum Vorschein. Nach Goethe ist der Mensch die vereinheitlichte Richtlinie oder Idee, aus der alle Tierarten entstehen. Aspekte des Nerven-Sinnes-Systems treten als Nager auf, das Stoffwechselsystem als Pflanzenfresser und das Rhythmussystem als Raubtier. Diese sind die Hauptgruppen, zwischen denen viele Kombinationen ausgemacht werden können. Der Mensch (Abb. 262) wird mit dem Raubtier (Abb. 259), dem Nager (Abb. 260) und dem Vogel (Abb. 261) verglichen.

Funktions-Metamorphose

Ein Formenwandel geht oft mit einem Funktionswandel einher, wie zum Beispiel die Knochen innerhalb eines Organismus ihre Form dramatisch ändern können. Hier sind die Schädelknochen der Wirbelsäule,

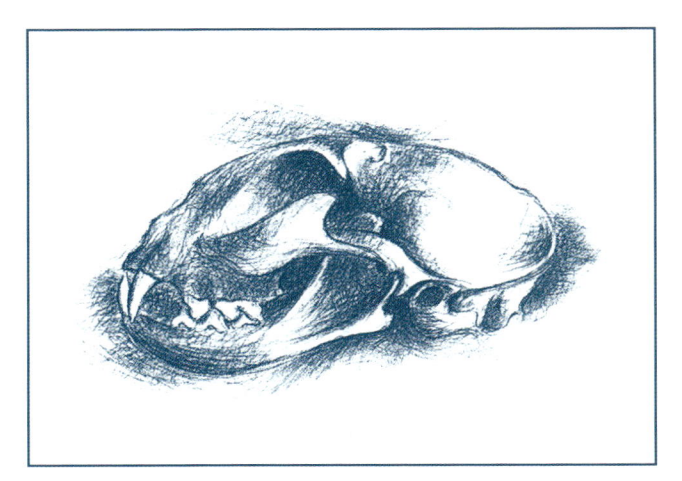

▲ *Abb. 259*

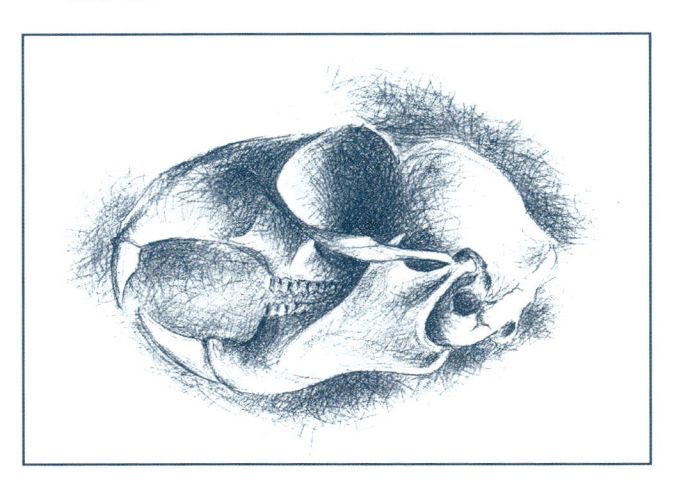

▲ *Abb. 260*

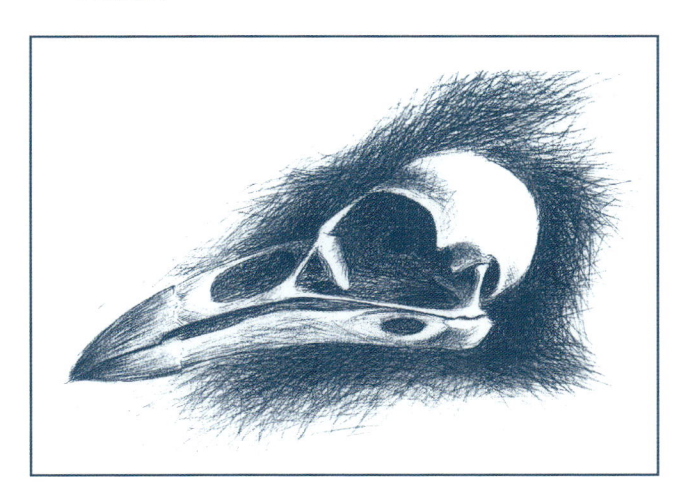

▲ *Abb. 261*

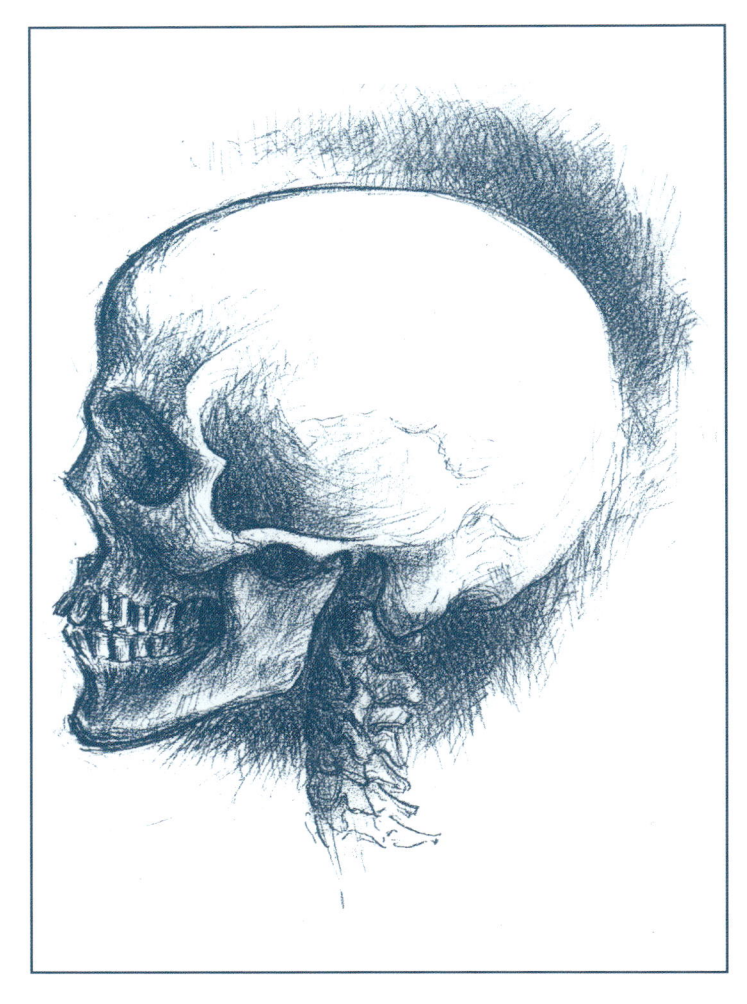

▲ *Abb. 262*

Abb. 259: Tierformen sind einseitige Ausdrücke des Menschen. Das Tier zeichnet sich zum Beispiel durch eine bestimmte Eigenschaft aus, die in seinem Körperbau zum Ausdruck kommt. Hier ist eine Katze dargestellt, die ein Raubtier mit großen Eckzähnen repräsentiert.

Abb. 260: Ein Eichhörnchen, ein Vertreter der Nager, mit einer Hervorhebung der Schneidezähne (keine Eckzähne)

Abb. 261: Ein Vogel, mit den gleichen Knochenbestandteilen, jetzt aber den Schnabel betonend

Abb. 262 Der menschliche Schädel, von dem die Tierformen Ausdrucks-Metamorphosen darstellen
(Zeichnungen von Axel Ewald)

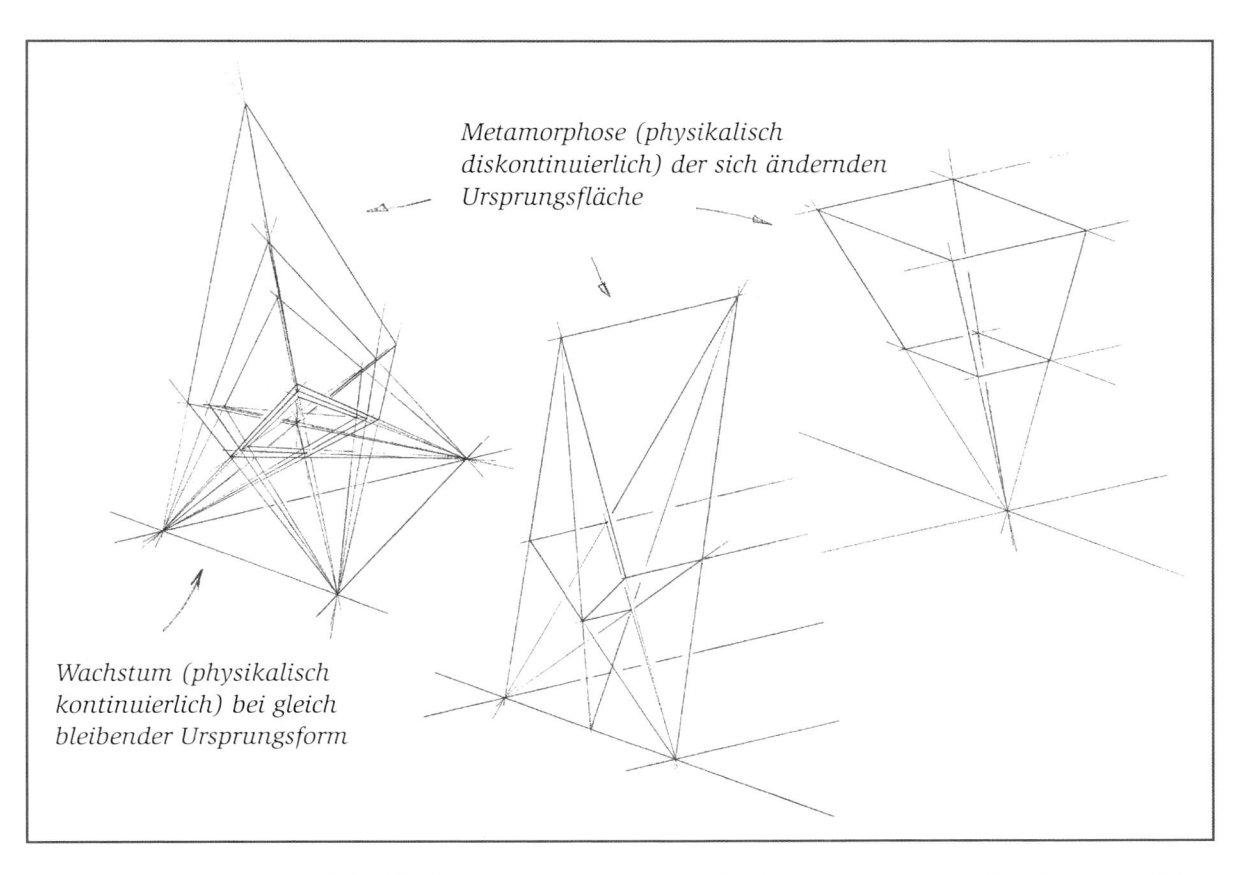

Metamorphose (physikalisch diskontinuierlich) der sich ändernden Ursprungsfläche

Wachstum (physikalisch kontinuierlich) bei gleich bleibender Ursprungsform

Abb. 263: Drei Projektionsarten eines Würfels; (von rechts nach links) eines endlichen Punktes, zweier endlicher Punkte und dreier endlicher Punkte; die vierte Art ist der reguläre Würfel, der von drei unendlichen Punkten projiziert wird. Eine Drehung der Figuren bewirkt einen Flächenwandel der Ursprungsform, von der sie projiziert wurde, wodurch dieses Verfahren den Namen Rotationsmetamorphose erhält. Zeichnung: Wilkes

das Hinterhauptsbein, das erste Keilbein, das zweite Keilbein und das Pflugscharbein. Noch dramatischer vollzieht sich die Wandlung von der Raupe zum Schmetterling.

Rotations-Metamorphose

Bei der Projektion einer ursprünglichen Linie oder Fläche kann eine zwei- oder dreidimensionale Form gezeichnet werden. Wenn diese gedreht wird, bewegen sich die Punkte und Linien innerhalb der Ausgangsflächen oder -linien. Von jeder der neuen Stellungen werden ständig ändernde Projektionen erstellt. Wenn zum Beispiel ein Würfel aus drei endlichen Punkten auf einer Fläche erstellt wird, verändert seine Drehung als dreidimensionale Figur die Punktausrichtung innerhalb der zweidimensionalen Ursprungsfläche. Die veränderlichen Projektionen gehen aus diesen Punkten hervor. Um es in andere Worte zu fassen: Die dreidimensionale

Abb. 264 und 265: Die beiden Gebäude des Goetheanums von Rudolf Steiner. Er entwarf das erste (oben) schwerpunktmäßig als Innenarchitektur, um einen Raum zu schaffen, in dem er bestimmte Aktivitäten durchführen konnte. Diese Idee fand eine Umstülpung im Entwurf des zweiten Gebäudes (unten). Das erste war für eine begrenzte Anzahl an Menschen gedacht, das zweite eher als Verwaltungsgebäude für eine weltweite Gesellschaft. Ersteres aus Holz, das zweite aus Gussbeton. Es stellt eine Umkehrung des Inneren nach außen sowie einen Verfestigungs- und Stabilisationsvorgang dar; eine Art Reinkarnation eines Gedanken. (Zeichnung Axel Ewald)

Form muss aus dem Raum in die Fläche zurücktreten, in der die Wandlungen stattfinden, woraufhin neue, dreidimensionale Formen entstehen können. (Dies sticht vom Wachstumsprozess ab, welcher dadurch gekennzeichnet ist, dass eine Formenfamilie durch Projektion von der gleichen Ursprungsfläche oder -linie erzeugt wird.)

Willkürlichkeits-Metamorphose

Dieser Prozess findet in einem Formenkontext statt, bei dem eine Vielzahl unterschiedlich geformter Gebilde in willkürlicher Reihenfolge zum Einsatz kommen. Die Formen selbst sind gegenseitige Metamorphosen, werden aber nicht notwendigerweise in einer bestimmten Reihenfolge, wie beim Beispiel des Akalla-Projekts (siehe Abb. 140, S. 119 und Abb. 148, S. 122), eingesetzt. Diese Ausführung wird sicherlich nicht im Naturkontext auffindbar sein.

Kunstform-Metamorphose

Ein bestimmtes Motiv, sagen wir, das der Madonna mit Kind, in dem die eine Form eine beschützende Geste für eine andere Form ermöglicht, kann Ausdruck in verschiedenen visuellen Kunstformen finden, in der Architektur, in Gemälden, in Skulpturen. Dies gilt auch für Performing Arts (ausübende Künste), Dramen, Musik, Reden, Eurythmie.

Reinkarnations-Metamorphose

Das ist ein Prozess, der durch die Metamorphose vom ersten Goetheanum-Gebäude zum zweiten deutlich wird. Das erste Gebäude bot in erster Linie einen Innenraum, der auf zwei Zylindern und Kuppeln, einer größeren und einer kleineren, basierte. Das zweite Gebäude wurde als eine Umstülpung des ersten – das Innere nach außen kehrend – entworfen.

Zyklische Metamorphose

Diese zeigt sich im zweiten Jahr und in den Folgejahren bei der Blattentwicklung einer mehrjährigen Pflanze. Das Jahreswachstum einer Pflanze stellt eine Entwicklungs-Metamorphose dar, die sich während des Folgejahres in einer anderen Form zeigt (zum Beispiel die Nieswurz) und schließlich im dritten Jahr zur Blüte übergehen kann.

Pflanzengruppen-Metamorphose

Frits Julius beschreibt in seinem Buch «Metamorphose» die sieben Gruppen der Pflanzen. Als Goetheanist beobachtet er Pflanzen hinsichtlich ihrer Beziehung zur Vertikalen und zur Horizontalen, zur Kontraktion und zur Expansion.
Die ersten drei Gruppen: Dominanz der Vertikalen mit Unterordnung der Horizontalen; Dominanz der Vertikalen mit Rückhalt der Horizontalen; Wucherung der Vertikalen;
die zweiten drei Gruppen: Umkehrschluss der Vertikalen und der Horizontalen;
die siebte Gruppe: entspricht dem Gleichgewicht zwischen Vertikalen und Horizontalen, gewöhnlich der Fall bei Einjahrespflanzen; dementsprechende Beispiele: Saturn (Nadelbaum), Jupiter (Laubbaum), Mars (Strauch), Merkur (Rankengewächs), Mond (Kaktus), Venus (alpine Flora), Sonne (Einjahrespflanze); Julius fährt fort, indem er diese Eigenschaften in Bezug auf die menschlichen Lebensphasen erklärt.

Anhang 2:
Flowform-Typen, Design und Anwendungsmöglichkeiten

Überblick über die Flowform-Typen

Die Verbreitung der Flowform-Methode kann aus der nachfolgenden Liste entnommen werden, die die Bandbreite aller Typen wiedergibt, die der Autor entwickelt hat. Jede Art ist durch ihr Daten-Aktenzeichen bestimmt und wird von einer Beschreibung ihrer Merkmale und Funktionen begleitet.

Diese Ausführungen sind urheberrechtlich geschützt und dürfen nur unter Zusammenarbeit mit dem Autor oder seinen Beauftragten benutzt werden. Die «Flow Design Research Group» kann Hinweise und genauere Angaben zu einer Auswahl der folgenden Entwürfe und ihrer Verfügbarkeit geben.

Die unten aufgeführten Symbole bezeichnen verschiedene Kategorien der Entwicklung: solche, die erforscht wurden und produziert werden; solche, für die ein Entwurf gemacht wurde, die aber noch nicht in Produktion gegangen sind; eine Vielzahl an Entwürfen, die nur als maßstabsgetreue Modelle entwickelt wurden sowie andere, die nicht dargestellt sind und noch erforscht werden müssen.

1. Zwei-Becken-Flowform, symmetrisch *
Das ist die Art von Flowform, die aus den ersten Experimenten entstand, als Symmetrie im Gegensatz zur Tendenz des strömenden Wassers zur Asymmetrie gesehen wurde. (010470)

2. Zwei-Becken, asymmetrisch *
Vom ersten Moment an war klar, dass Rhythmus die Folge des Widerstandes und nicht der Symmetrie ist. (Forschungsaufzeichnungen, 8., 10. April 1970)

* *erforscht und im Einsatz*
+ *entworfen, aber noch in Produktion*
± *maßstabsgetreues Modell*

3. Ein-Becken *
Sie entstand aus Experimenten mit asymmetrischen Formen, indem eines der seitlichen Becken schrittweise verkleinert wurde, bis es schließlich verschwand. (Forschungsaufzeichnungen, 8. April 1970) (210183)

4. Vortex *
Eine Zwei-Becken-Flowform mit Löchern im Boden, die die stark pulsierenden Wirbel aufrecht erhalten. (Forschungsaufzeichnungen, 10. April 1970) (011193)

5. Blockelemente
Flowforms können aus Blockelementen hergestellt werden, die, wenn sie auf einer geneigten Fläche miteinander kombiniert werden (wie ein Wehr), Becken bilden, die den Fluss in eine Vielzahl pulsierender Bewegungen unterteilen. (Forschungsaufzeichnungen, 30. Juli 1970)

6. Radialförmig *
Normalerweise aus drei Flowforms in einem Element konzipiert, die durch einen Haupteingang versorgt werden. (Originalaufzeichnungen, 1. August 1970.) Das Originalmodell (151179) wurde im großen Maßstab (200881) erstellt. Spätere Entwürfe, einige mit eingegliedertem, erhöhtem Eingang, wurden in besonderem Maße von Nigel Wells, Iain Trousdell, Herbert Dreiseitl, Andrew Joiner und Thomas Hoffman ausgeführt.

7. Weg-Kurve +
Einarbeitung mathematischer Flächen in die Flowform, um ihre qualitative Auswirkung auf Wasser zu untersuchen; diese Flächen sind mit organbildenden Vorgängen eng verbunden. (300770) (020292)

8. Metamorphoseablauf *
Hierbei handelt es sich um eine Anzahl von Flowforms mit sich ändernder Form und Größe innerhalb eines Ablaufs. (240770) Verschiedene Beispiele: Akalla

(121175), Olympia (290776), Sevenfold (051185 und 200686), Hiram (010697)

9. Zwei Richtungen +
Es handelt sich um eine Flowform, die gebaut wurde, um beide Fließrichtungen aufzunehmen, sodass sie auf einer Wiege mit Sammelbecken an beiden Seiten eingesetzt werden kann, um die Notwendigkeit und die Beeinflussung durch eine Pumpe zu umgehen. Sie wurde geplant, um die qualitativen Wirkungen der rhythmischen Aufbereitung zu untersuchen. (070870)

10. Rohr +
Teilabschnitte eines Rohres können angewendet werden, durch entsprechend lange Sekantenschnitte geöffnet, um auf einer flachen Fläche angebracht (290371) zu werden. Die ersten Vier-Becken-Flowforms wurden auf diese Weise konzipiert (siehe 12/030471).

11. Rücklauf *
Es handelt sich um eine Flowform ohne Vorlauföffnung, aber mit einem inneren und einem äußeren Ring, zwischen denen das oszillierende Wasser zum Ausgang im hinteren Teil zurückgeführt wird (080471); später von Andrew Joiner untersucht.

12. Vier Becken +
Sie wurde zuerst mit den Sektion- bzw. Rohr-Flowforms untersucht. (030471)

13. Treppe ±
Ein Block, in den ein angemessener Hohlraum geschnitten ist, wird als ein Abschnitt spiralförmiger oder geradliniger Stufen verwendet, sodass ein Kanal entsteht, durch den das Wasser rhythmisch in einer Kaskade fließen kann. (020471) (040697)

14. Komplex
Eine Flowform mit großen und kleinen Hohlräumen, deren Idee auf Herzvorhof und Herzkammer basiert (100474)

15. Kuppel *
Lichtdurchlässige oder transparente Flowforms können auf höheren Ebenen errichtet werden, um von unten betrachtet zu werden, wodurch man die Wasserbewegungen gegen das Licht beobachten kann. (Acryl 290874)

16. Drei Becken *
Zwei Eintrittsöffnungen mit einem Zentralbecken, das zwischen den beiden äußeren Becken vermittelt (Forschungsaufzeichnungen, 4. September 1974) (220180), (zweite Ausgabe HD 81)

17. Multiwasserlauf +
Der Ausgang ist in drei Kanäle unterteilt, um die abwechselnden Impulse nach links und rechts auszunutzen. (101074)

18. Hochwasserschutz +
In einer Reihe aus großen Flowforms wird das überschüssige Wasser aufgestaut während sich die Formen aufgrund der Oszillation auffüllen. Wenn sich das Hochwasser senkt, entleert sich das System und funktioniert dadurch wie ein Puffer. (Forschungsaufzeichnungen, 1975)

19. Wechselnder Rhythmus +
Auf bestimmten Ebenen innerhalb der Flowform gibt es deutlich unterschiedliche Durchmesser, um Änderungen in der Fließgeschwindigkeit aufzunehmen; während die Fließgeschwindigkeit steigt, füllt sich die Flowform und ruft stufenweise einen verlangsamten Rhythmus hervor. (020676)

20. Transport +
Die Virbela-Schraube ist ein Element, das aus einem offenen, spiralförmigen Kanal besteht, der sich um eine Achse windet und durch Rotation Wasser durch abwechselnd links- und rechtsgängige Wirbel nach oben befördert. (050776)

21. Säulen ±
Jede dieser Flowforms enthält eine Säule, durch die das Wasser eintritt. Diese hält die Form hoch, wodurch vorne ein pulsierender Wasserfall ermöglicht wird. (161077)

22. Fischleiter
Fische werden durch einen rhythmischen Wasserlauf, der aus einer Flowform-Kaskade ausfließt, angelockt. Dieser Aspekt könnte genutzt werden, um die Fische zu den Leitern zu führen, die nicht immer an Standorten gebaut werden können, wo sie leicht von den Fischen gefunden werden. Die Fischleiter selbst kann als Flowform-Kaskade entworfen werden. (Forschungsaufzeichnungen, 1977)

23. Regelung: Strom oder Fluss ±
Eine Öffnung im bestimmten Größenverhältnis, in Form von zwei großen Blöcken oder geformten Inseln, als kegelförmiger Trichter dem Fluss angeboten, der sich auf einem relativ breiten und flachen Untergrund befindet, kann große, schaukelnde Wellenbewegungen beim Durchfließen des Stromes erzeugen. Das Baden und Paddeln muss in diesen Gebieten nicht unbedingt verboten werden. Es wird kein Energieaufwand benötigt. Durch Anstieg der Fließgeschwindigkeit bei Hochwasser wird die Anlage ohne aufkommende Probleme überschwemmt, und dient somit dazu, eine gefährliche Eigendynamik abzubauen. (Forschungsaufzeichnungen, September 1978)
Für den großen städtischen Hochwasserkanal in Wien erforscht.

24. Fünf-Beckenform aus Drei- und Zwei-Becken-Flowforms ±
Ein maßstabsgetreues Modell wurde als Studienprojekt für einen Planschbecken-Komplex von 4 x 6 Metern gebaut, für das ein natürlicher Wasserlauf von mehreren Tausend Litern pro Minute verwendet wurde. (Forschungsaufzeichnungen, 1978)

25. Schwimmend
Flowforms auf einem am Fluss festgemachten Auftriebsfloß, was dem Wasser ermöglicht, durchzufließen und Rhythmen zu erzeugen. (Forschungsaufzeichnungen, September 1978)

26. Kugel
Sie ist eine Flowform aus Glas, die mit Hilfe einer Abgussform geblasen wurde, um die innere Fläche zu formen. (Forschungsaufzeichnungen, September 1978)

27. Massage
Hier handelt es sich um eine große Flowform, in der der Patient auf dem Boden oder in einer Hängematte liegen kann, damit das pulsierende Wasser in naher Umgebung unter dem Körper durchfließen kann. Als Alternative können Flowforms eingesetzt werden, um das Wasser für eine Wasserbadmassage vorzubereiten. (Forschungsaufzeichnungen, September 1978)

28. Überdeckt *
Die Aufbereitungskanäle sind versiegelt, um Gase enthalten zu können oder um einen Verlust durch Verdunstung einzudämmen. Die Wasseroberfläche muss frei oszillieren können; prinzipiell einsetzbar beispielsweise in tropischen Gebieten mit großblättrigen Pflanzen als Schattenspender und zur Wasserkondensation; oder in Verbindung mit der Aufbereitung von Fruchtsäften, bei der die Oxidation verhindert werden muss durch einen geeigneten Gasinhalt. (Forschungsaufzeichnungen, September 1978) (011180) (190581) (111296)

29. Rotierendes Gefäß
Es handelt sich um zwei Flowformreihen, die innerhalb eines Gefäßes übereinander sich zugewandt eingefasst sind, das Sammelbecken auf jeder Seite. Das Drehen um die Querachse ermöglicht, den gegebenen Inhalt über längere Zeit ohne Pumpe zu bearbeiten. (230778)

30. Bewässerung
Die Flowforms werden für den Transport des Wassers zum Bewässerungsplatz eingesetzt, während sie es rhythmisch bearbeiten. Der Flowform-Boden kann nach Bedarf perforiert werden, bis zum unteren Ende der Kaskade, so dass das Wasser direkt in der Erde versickert. (070179) Eine modifizierte Järna könnte für diesen Zweck verwendet werden.

31. Peripherie
Ein Kreis aus Flowforms wird in einem angemessenen Winkel am Rand einer Kreisscheibe mit einer Drehachse in der Mitte, an der sie rotiert, angebracht. Die ganze Scheibe dreht sich um den Mittelpunkt, was der enthaltenen Wassermenge ermöglicht, durch den peripheren Kanal zu fließen. (210279)

32. Hanglage ±
Hier eignen sich Flowforms, die zum Beispiel Löffelsteinen (Schweiz) ähneln, die in fast vertikalen Dämmen seitlich schräg verlaufend eingebaut werden. Löffelsteine werden oft für den Landschaftsbau im steilen Gelände zur Befestigung verwendet. (Forschungsaufzeichnungen, 040679).

33. Demonstrationskanal
Von geraden, flächenhaften Bewegungen über eine Oszillation, die durch das Größenverhältnis des Kanals erzeugt wird, bis hin zu einer Mäanderform, die sich allmählich zu einer symmetrischen Flowform umwandelt (230679); das Konzept beinhaltete alle Flowform-Arten, nur ein Teil wurde umgesetzt.

34. Zwischenwand +
Es gibt Flowforms, die eingesetzt werden können, um eine Zwischenwand zu bilden, in Verbindung mit zusätzlich entworfenen Elementen. Diese Flowforms sind tatsächlich Bausteine, die so geformt sind, dass sie mit dem im gewünschten Winkel durchlaufenden Wasser funktionieren. Diese Zwischenwand mit beschränkter Durchsicht kann für die Unterteilung von Innenhöfen und zur Schattenspendung verwendet werden, während sie das Mikroklima durch den kühlenden Wasserlauf und die Verdunstung beeinflusst. (150879)

35. Turm +
Hier sind die oberen und unteren Flächen horizontal, sodass die Flowforms übereinander versetzt gestapelt werden können, wobei die Neigung innerhalb der Form vom Eingang bis zum Ausgang angepasst ist. (150180 M. Arbrecht) Kleineres Modell (180687)

36. Wasserglocke
Sie stellt eine Steigerung des Wirbels dar, der durch die Vortex-Flowform hervorgebracht wird (Forschungsaufzeichnungen, 12. März 1980), auch in Verbindung mit Weg-Kurven gedacht.

37. Rad +
Es ist eine reifenähnliche Einheit mit wechselnden Formen, die im Inneren einen Kanal bilden, durch den das Wasser – wenn eine Rotation stattfindet – in links- und rechtsgängigen Wirbeln fließt. (040380)

38. Handlauf +
In Abschnitten gebaute Kaskade, die einen kontinuierlichen Lauf bei einem Gefälle von 12 Prozent erzeugt (100580)

39. Zylinderkaskade +
Sie ist eine asymmetrische Flowform für eine spiralförmige Anlage in einem zylindrischen Gefäß zur Fruchtsaftaufbereitung. (011180)

40. Vertikale Schraube +
Antrieb durch Rotation und Sog über Weg-Kurven-Wirbelflächen mit möglichem rhythmischen Verlauf im Fluss (200181)

41. Gestapelte, austauschbare Einheit *
Eine Einheit, die in Verbindung mit der Järna-Flowform zur vertikalen Stapelung und einem Richtungswechsel um 180° verwendet wird (180181)

42. Stapelbar *
Sie ist eine kleine Versuchs-Flowform aus Thermo-Kunststoff (190581), die an Drähten vertikal aufgehängt wird; mit steilem Gefälle, das energische Bewegungen erzeugt. Später aus Glas (010190), Keramik (250496) und letztendlich aus Keramikguss (013097) hergestellt; andere, größere Modelle wurden aufgebaut oder werden bereits verwendet.

43. Pendel +
Eine Form, die mechanisch geschwungen oder geschaukelt werden kann, um Wirbelbewegungen zu erzeugen (A. Joiner 1981)

44. Wippe *
Eine Vier-Becken-Form mit gewölbter Grundfläche, auf der sie wippt, um eine doppelte Lemniskatenbewegung zu erzeugen (A. Joiner 110581)

45. Angewandte Wippe
Ein Gefäß mit Wasser kann bewegt werden, um Lemniskatenbewegungen um einen Patienten herum zu erzeugen, der in einer Hängematte nahe zum pulsierenden Wasser getragen wird. Das kann besonders für kleine Kinder und Babies geeignet sein. (Dies wurde detailliert mit interessierten praktischen Ärzten besprochen, jedoch stellten sich keine finanziellen Mittel ein.) (190685)

46. Verstellbar *
Es handelt sich um eine Flowform, die aus Kreisabschnitten gefertigt wurde, die auf einer glatten Fläche befestigt sind. Der Durchmesser kann mit zusätzlichen Blöcken vergrößert werden, die so zugeschnitten sind, dass jede gewünschte Rhythmusschwingung erzielt werden kann.

47. Wand *
Eine viereckige Ein-Becken-Flowform, um an der Wand entlang gestapelt zu werden, wodurch sich ein pulsierender Vorhang entlang einer vertikalen Fläche zur Befeuchtung ergibt (010991)

48. Vier-Becken-Vortex (Neuseeland) *
Hierbei handelt es sich um vier Becken, von denen die beiden hinteren Austrittslöcher am Boden haben, wodurch das Wasser wieder vorwärts zum Ausgang der Strömung geleitet werden kann. Alternativ können sich die Löcher in den vorderen Becken befinden.

50. Schaukelnde
Sie ist eine typische Flowformkombination, jedoch mit einer gewölbten Grundfläche, die so aufgestellt ist, dass die pendelnde Bewegung des Wassers im Gefäß (Lemniskate) eine wippende Bewegung der gesamten Flowform erzeugt. Dies muss so gestaltet sein, dass sich die Bewegungen gegenseitig unterstützen. (050774)

51. Konvex *
Erhöhte Zuläufe verursachen eine schnelle Strömung, die aufgrund des sachgemäßen Widerstandes der entsprechenden Art nach links und rechts schwingende Rhythmen über eine konvexe Fläche erzeugt, und von dort aus über die vordere Kante schwappt. Der Widerstand kann erzeugt werden durch eine Änderung des Gefälles oder sogar durch eine leichte Vertiefung, in der sich das Wasser sammelt, um der Strömung standzuhalten.

52. Vertikale Ein-Becken *
Diese Flowforms können eingesetzt werden, um einen pulsierenden Wasserfall zu erzeugen (zum Beispiel in Verbindung mit der Handlauf-Kaskade in der ING Bank, Amsterdam).

Flowform-Designs und Beispiele für Variationen

Es wurde versucht, eine Liste autorisierter Entwürfe – so vollständig wie möglich – in Verbindung mit der Entwicklung der Flowforms, die hauptsächlich am Emerson College stattfand, zu erstellen. Es gibt jedoch bis heute einige Kollegen, die an dieser Arbeit mitwirkten, die aber in verschiedene Teile der Welt gezogen oder zurückgekehrt sind, nachdem sie an Kursen am Emerson College teilgenommen hatten. Wo immer möglich, wurden an anderen Stellen des Buches die Zeichnungen oder Fotos abgebildet oder zumindest Bezug auf sie genommen. Die Liste ist leider nicht vollständig und in einigen Fällen aufgrund von fehlenden Informationen ohne Beschreibung. Die mit * markierten wurden bereits zum Verkauf genutzt.

Flowform/Objektnummer – konzipiert von …

Ursprünglicher einfacher Kanal/010470 – Wilkes
Der Kanal, in dem das erste Anzeichen für Rhythmus entdeckt wurde

Zweier/100470 – Wilkes
Vergrößerte Einheit, aus zwei unterschiedlich großen Flowforms gefertigt, in denen die erste Lemniskaten-Bewegung eindeutig nachgewiesen wurde, zusammen mit den Auswirkungen von einer Form zur nächsten

Keramikkaskade/210470 – Wilkes
Für die ersten Experimente im Institut für Strömungswissenschaften in Herrischried verwendet

Einfache Flowform/010670 – Wilkes
Ein einfaches, aber tieferes Gefäß, um die Dynamik der Lemniskaten-Bewegung zu verbessern, das später zur Järna-Flowform für das Abwasserprojekt 1973 umgestaltet wurde

Siebenfache Basis (0)/240770 – Wilkes
Ein einfaches Modell mit Bleiblech-Abgrenzungen auf einer Aluminiumplatte stellt die Idee einer metamorphen Abfolge dar, die die ursprüngliche Frage nach einem «Organ der Metamorphose» verfolgt.

Torso-Flowform (Weg-Kurve)/300770 – Wilkes
Ein Modell, das die Verbindung der Flowform-Methode mit Weg-Kurven-Oberflächen auswertet, um ihre Auswirkungen auf das Wasser zu untersuchen (Abb. 64, S. 69)

Abschnitt (Rohr)/290371 – Wilkes
Es handelt sich um eine geometrisch beschreibbare Flowform (zylindrische Abschnitte auf einer glatten Fläche), die zur Spezifizierung der einbezogenen Parameter dient: dem Gefälle, der Größe der Öffnung und dem Abstand zwischen Einfluß und Ausfluß, dem Gesamtdurchmesser und der Fließgeschwindigkeit, wodurch der Ablauf eine pulsierende Lemniskate erzeugt. Der optimale Ablauf geht mit einem Gleichgewicht zwischen Auffüllen und Ausleeren des Systems einher.

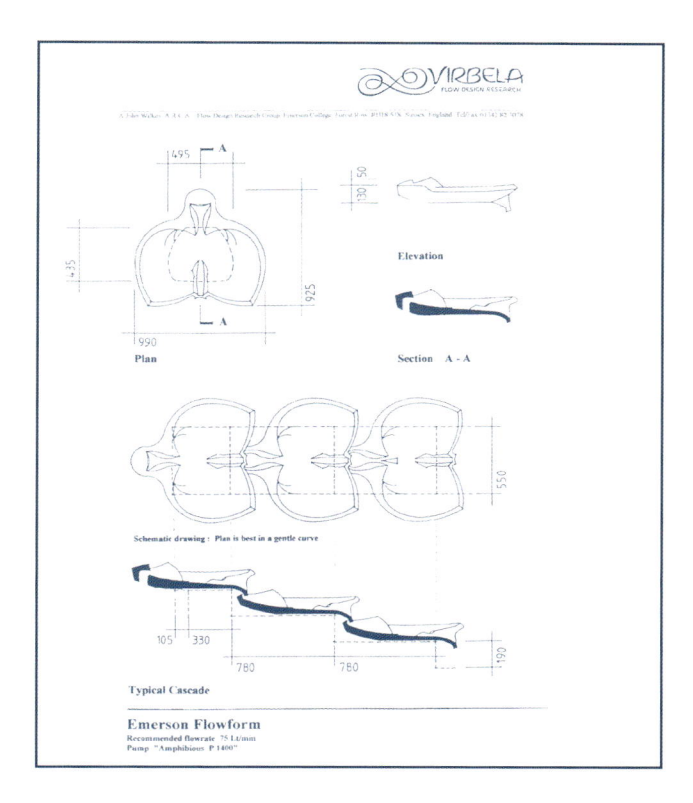

Abb. 266: Emerson

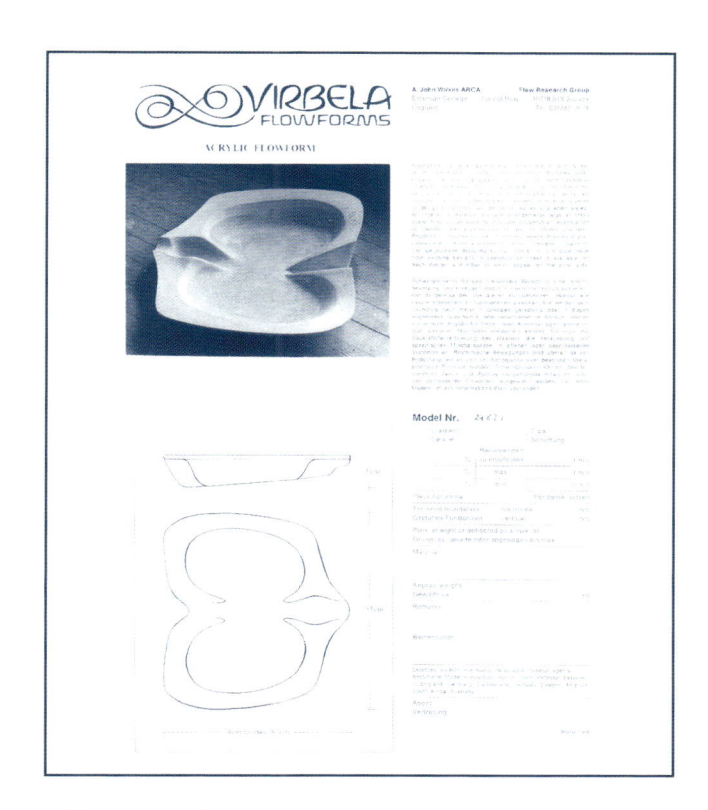

Abb. 267: Acryl

Jauche */170773 – Wilkes
Es handelt sich um eine der ersten Flowforms, die für das Järna-Projekt in Betrieb genommen wurde. Sie ist nur als Gefäß für Innenräume konzipiert, von schneller und einfacher Bauweise; aus mit Glasfaser verstärktem Zement.

Abwasserkläranlage */270773 – Wilkes
Eine etwas größere, abgewandelte Version der Jauche-Flowform; im Järna-Projekt verwendet

Flache Flowform */261273 – Wilkes
Eine größere, flachere Flowform mit wechselndem Überlaufen über den vorderen Rand; Grundlage für die Emerson-Flowform

Complex/100474 – Wilkes
Eine Zeit lang wurden mehrere Ideen einer Kombination aus Formen erwogen, als eine Art Organ mit einer Vielzahl verschiedener Bewegungsmuster.

Emerson */261273/260575 – Wilkes
Es ist die – für eine Innenausstellung in Stockholm – erste bildhauerisch konzipierte Flowform, die von der Flach-Flowform abgewandelt wurde, sodass sie Wasser enthalten kann, ohne es über die vorderen Kanten zu vergießen (Abb. 266).

Acryl */290874 – Wilkes
Zur Herstellung aus transparentem oder durchscheinendem Acryl durch Hitze und Druck (Abb. 267)

Malmö */250475/071175 – Wilkes/Wells
Zunahme der Größe und Fließgeschwindigkeit, erzeugt dynamische Bewegungen für die Wasseraufbereitung (Abb. 268)

Akalla */121175 – Wilkes/Wells
Flowforms in drei Größen für die Gerölllandschaft in Akalla, als Metamorphosen einer Idee in verschiedenen

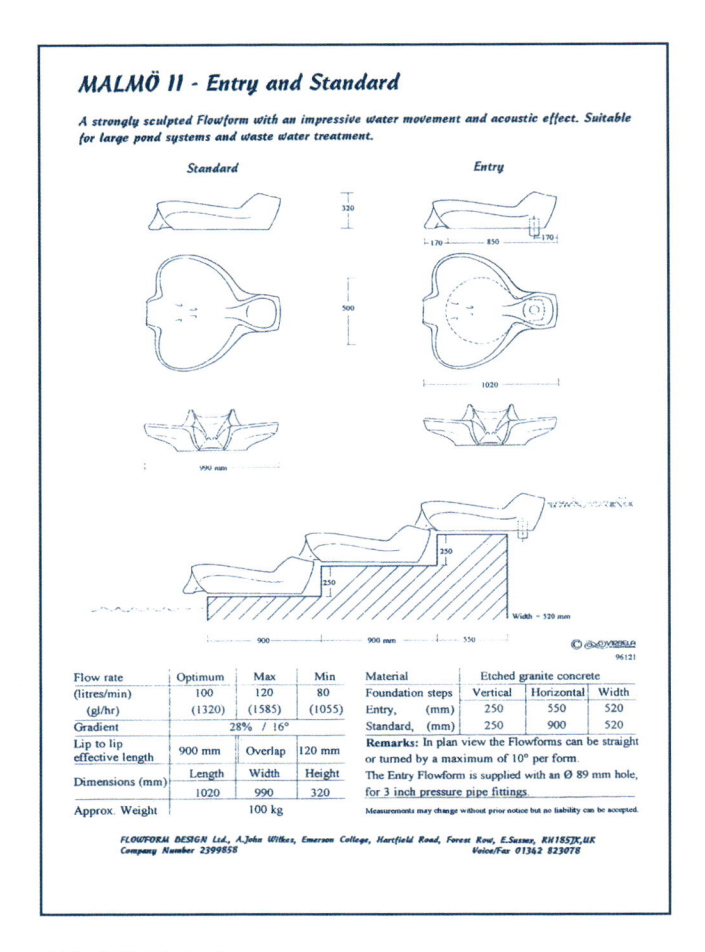

Abb. 268: Malmö

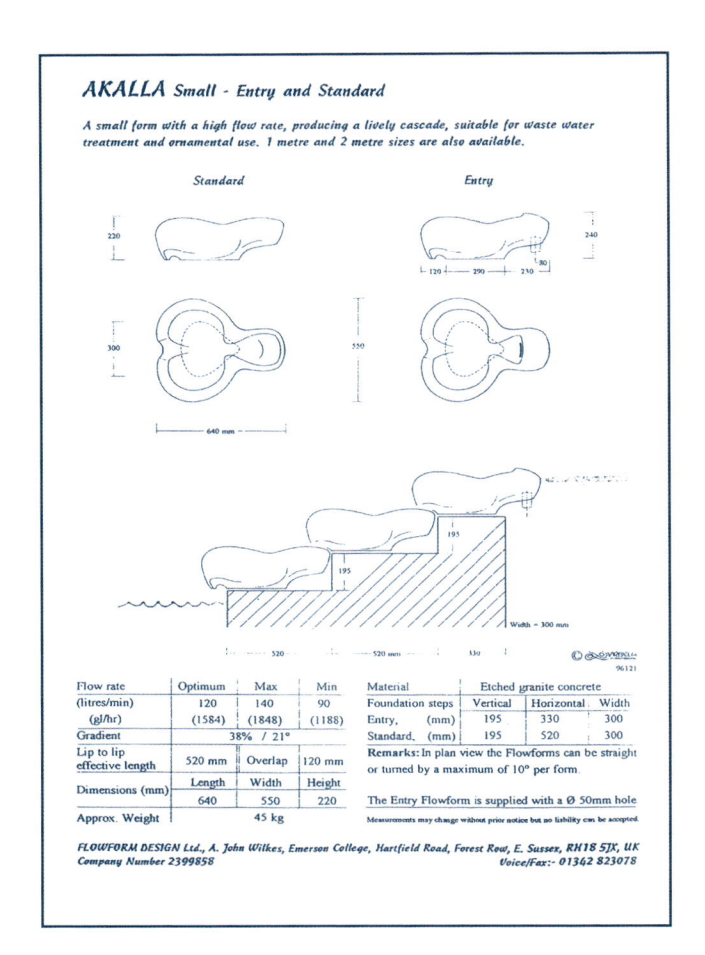

Abb. 269: Akalla

Größen, um die Nutzung bei unterschiedlichen Neigungen zu erleichtern; in willkürlicher Reihenfolge verwendbar (Abb. 269)

Virbela-Schraubenpumpe/1976 – Wilkes/Ratcliff

Es handelt sich um ein auf Flowforms bezogenes Projekt (siehe Kap. 11), das auf der archimedischen Schraube mit einem offenen, gedrehten Kanal basiert, der sich um die Achse windet. Der Kanal dient dazu, das Wasser nach oben zu befördern, indem es durch eine Reihe von links- und rechtsgängigen Wirbelbewegungen nach oben befördert wird, die eine kompatible Aufbereitung und Versorgung hinsichtlich der anschließenden Flowform-Kaskade bieten.

Brofjord/030576 – Wilkes

Hierbei handelt es sich um ein funktionierendes, maßstabsgetreues Modell für große kegelförmige Flowforms, die vor Ort gegossen werden. Dies war für eine Ölraffinerie (Schweden) oder sogar für Sauerstoffanreicherungslagunen im großen Umfang gedacht.

Järna */010670/300576 – Wilkes/Wells

Aus der einfachen Flowform entwickelt, um die ursprüngliche Kaskade in Järna zu ersetzen (Abb. 270)

Stapelbare Einheit (Järna) */180181 – Wilkes/Wells

Ein einzelnes Element, das in Verbindung mit der Järna-Flowform verwendet wird, um die vertikale Stapelung oder eine Änderung der Kaskadenrichtung um 180° zu ermöglichen

Olympia (Sundet) (Nykoping)/290776 – Wilkes

Die Originalentwürfe waren für Nyköping bestimmt, ein symmetrischer Komplex, der aus sieben symmetrischen und asymmetrischen Flowforms besteht

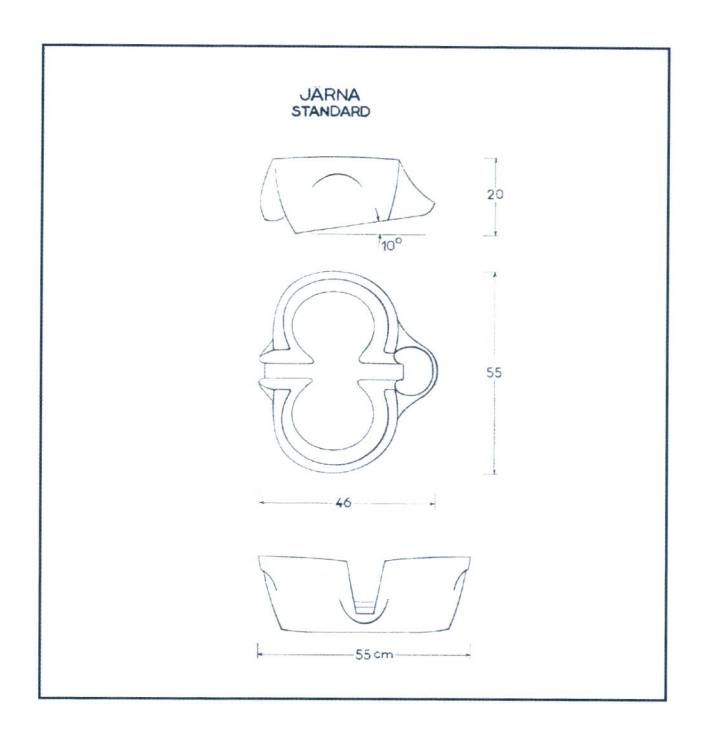

Abb. 270: Järna

Abb. 271 (oben): Olympia: entgültige Form
Abb. 272 (unten): Olympia, die Nummern jeder Flowform-Type und die Daten zur Identifikation – Wilkes/Wells und andere

Olympia: Skizze/010976 – Wilkes/Wells
Vorübergehender Entwurf als Vorbereitung für die Durchführung in entgültiger Größe

Olympia: Entgültige Form (Abb. 271 und 272)

Gletscher (Bonin) */280877 – Bonin/Wilkes/Trousdell
Integrierung einer Flowform als mittleres von drei Gefäßen, ein Auftrag von Reimar von Bonin, ein gemeinschaftlicher Entwurf

Ethnografisches Modell (Säule)/161077 – Wilkes
Bekannt als Säulen-Flowform, in Metallausführung gedacht

Herten x 2 */040578 – Wilkes/Trousdell
Asymmetrische Flowforms mit Gelenkverbindungen, die es ermöglichen, ein minimales Gefälle von 9 % zu erreichen (Abb. 273)

1. (Einlauf) 200177 –
2. 251176
3. 261176
4. 271176
5. 290177
6. groß rechts 170177
7. klein links 190177
8. und 11. (Auslauf) 080277
9. groß links 130177
10. klein rechts 140177

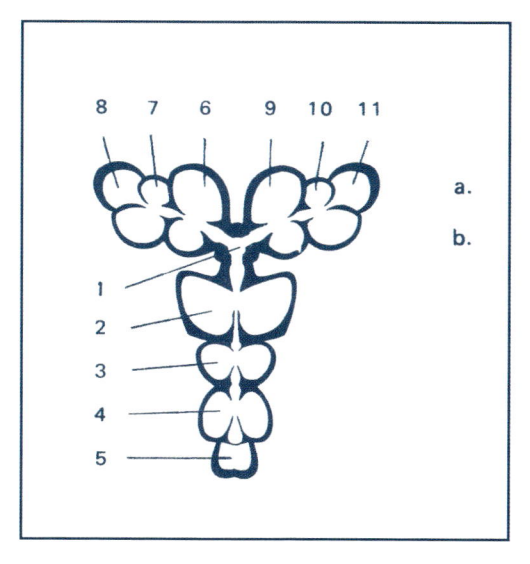

203

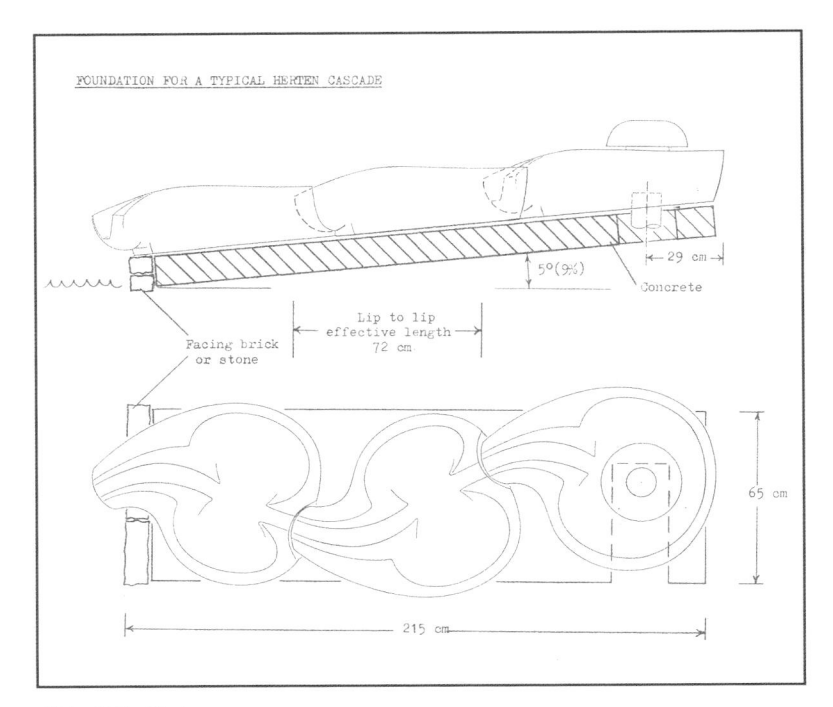

Abb. 273: Herten

Abb. 274: Herten Flowform-Kaskade im Michael Hall. Kindergarten mit fasziniert beobachtenden Kindern

Vier-Becken */78 – Wilkes/Trousdell
Zwei kleinere und zwei größere Becken, von denen die beiden hinteren Löcher im Boden aufweisen

Olympia x 7 (Neuseeland) */79 – Trousdell
Iain Trousdell war bei der Ursprungsform behilflich. Bei seiner Rückkehr nach Neuseeland wiederholte er die Form, um die finanziellen Belastungen zu bewältigen, die mit der Ausfuhr der Gussformen zusammenhingen.

Große stapelbare/250280 – Wilkes/Arbrecht
Oben und unten horizontale Gipsprototypen, sehr flexibel für den Einsatz bei einer Vielzahl von Gefällen

Demonstrationskanal */050979 – Wilkes/Baxter
Konzipiert, um eine Bandbreite verschiedener Flowform-Bauarten zu zeigen, angefangen beim pulsierenden Strom, über Mäander bis hin zu symmetrischen und asymmetrischen Formen

Ludvika/151179 – Wilkes
Vorschlag für eine radialförmige Flowform, die später Ashdown und Amsterdam darstellten

Akalla (D) */89 – Dreiseitl
Dies ist die geänderte Version der Originalformen durch den ausgedehnteren Zulauf. Das variierende Gefälle in der Originalform wurde unterbunden.

Drei-Becken I/220180 – Wilkes/Wiveson/Stolfo
Flowform mit zwei parallelen Zuläufen, einem mittleren und zwei äußeren Becken, die Lemniskaten als Bewegungsmuster über die ganze Form erzeugen

Drei-Becken II */81 – Dreiseitl
Eine weitere Ausgabe des gleichen Formkonzepts

Ashdown I */020280 – Wilkes
Ursprünglich als maßstabsgetreues Modell für größere Ausführungen gedacht, in einem Element mit peripherem Entwässerungsgraben für die Garten- und Innenhofnutzung angefertigt (Abb. 275)

Ashdown II * – Wilkes/Wells
Ohne peripheren Kanal, um sie über einer Wasserfläche oder über Geröll zu befestigen; vergrößert und neu entworfen als Amsterdam I mit drei Metern Durchmesser (Abb. 276)

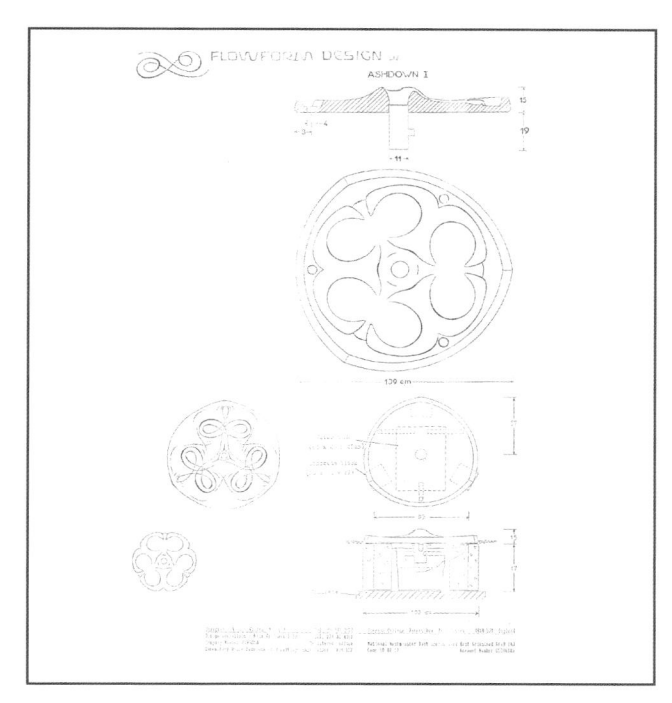

Abb. 275: Ashdown I

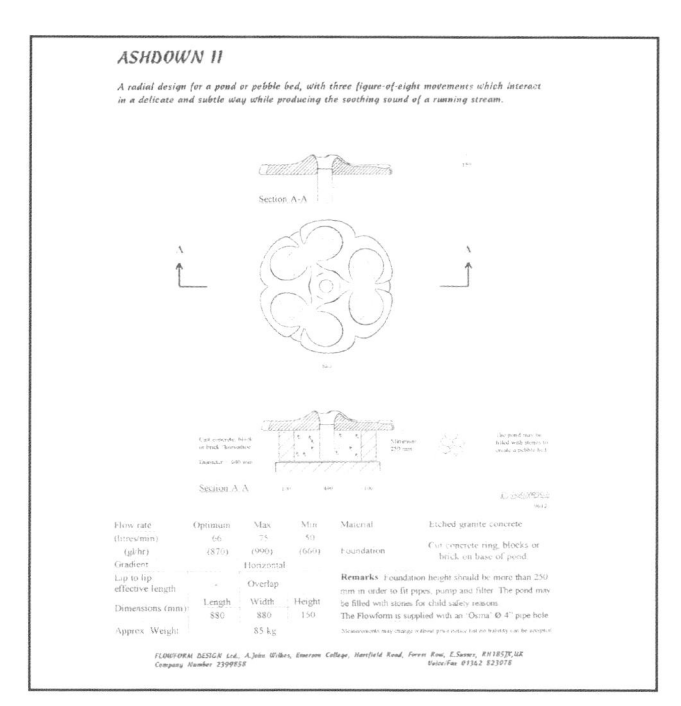

Abb. 276: Ashdown II

Godager */011180 – Wilkes
Asymmetrische Flowform, die so konzipiert wurde, dass sie in einen Stahlzylinder von einem Meter Durchmesser als Spiralkaskade für die Verarbeitung von Fruchtsaft passt; aus Metall und Keramik hergestellt

Handlauf-Kaskade NMB */010580 – Wilkes/Wells
Die extra für die heutige ING Bank in Amsterdam entworfene Kaskade in Verbindung mit dem Geländer, das einer Rollstuhlrampe mit ungefähr 12% Gefälle beigefügt wurde

Amsterdam I */200881 – Wilkes/Joiner, Wells
Ein radialförmiges Arrangement, das aus drei Flowforms mit zentralem Zufluss besteht, und ursprünglich für die Blumenschau in Holland (Abb. 277) konzipiert wurde; wird mit der Scorlewald verwendet (Abb. 278)

Amsterdam II */121081 – Wilkes/Joiner, Wells
Einzelne, große Flowform in Verbindung mit der Amsterdam I, die an drei Stellen in Höhe des unteren Wasserspiegels platziert wird, um den Zufluss zur Mitte mit rhythmischen Bewegungen zu ermöglichen (Abb. 277).

Herten x 2 (Neuseeland) */070483 – Trousdell
Zweite Ausgabe für den Einsatz in Neuseeland

Gänserdorf radialförmig */85? – Dreiseitl/Hoffmann
Elegante, radialförmige Flowform, die auf einem Schaft errichtet wurde

Stapelbare I (Plastik) */190581 – Wilkes
Eine kleine Flowform, für Forschungszwecke gedacht, aus Thermo-Plastik einfach hergestellt und vertikal stapelbar, mit einem Trägerelement zwischen allen Flowforms (Abb. 279)

Stapelbare II (Plastik)/010981 – Wilkes
Die gleiche Grundform wird als ein Doppelelement auf einem zentralen Rohr gehalten, welches den Wasserzulauf am oberen Ende liefert; jede nachfolgende Form dreht sich bis 90°.

Stapelbare III (Glas) */010190 – Wilkes
Neu entworfen für Glas, das durch Pressung hergestellt wird, um vertikal an Stahlseilen aufgehängt zu werden

Stapelbare IV (Keramik) – Wilkes
Um eine Kaskade oben an einer Wand mit beigefügter Treppe zu befestigen, mit Zu- und Abflusselementen

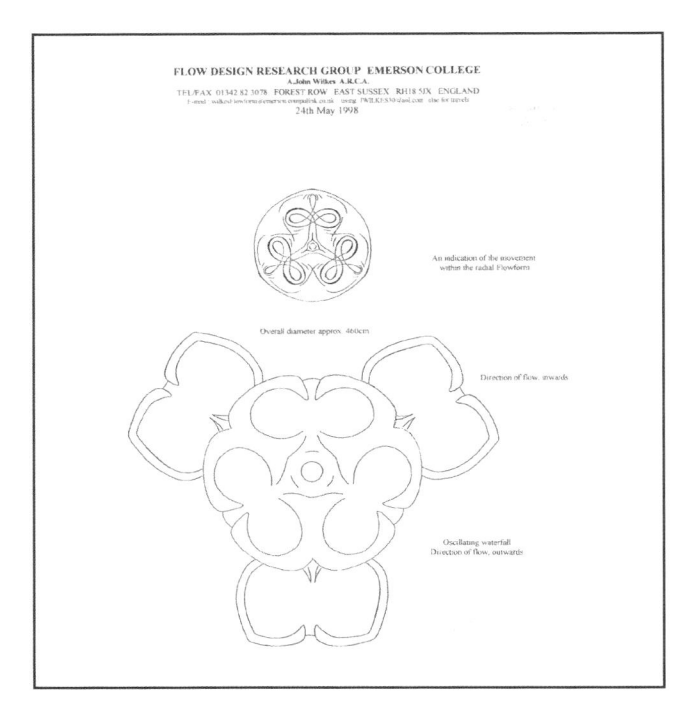

Abb. 277: Amsterdam I und II

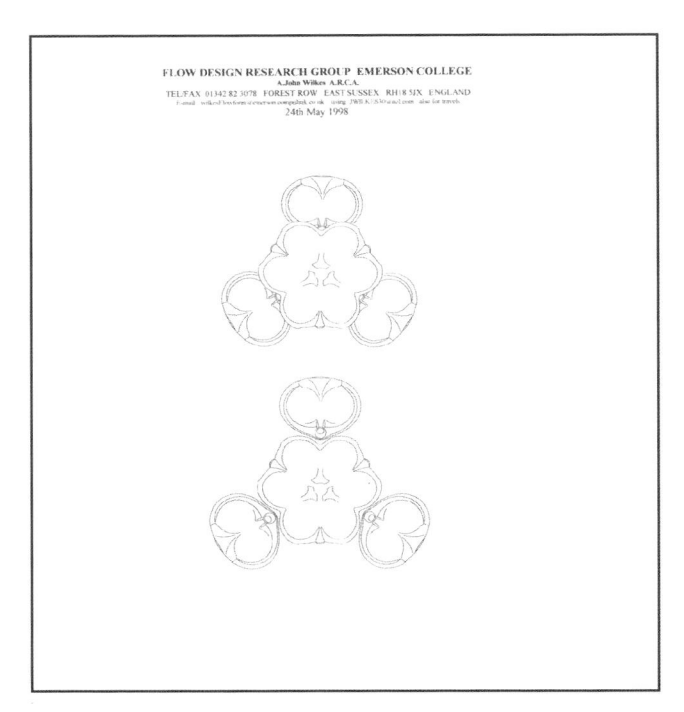

Abb. 278: Amsterdam I und Scorlewald

Wippe (615 mm x 665 mm) */150281 – Joiner
Hierbei handelt es sich um eine Vier-Becken-Kleeblatt-Form mit abgerundeter Grundfläche, auf der zwei oder drei Personen stehen und die Lemniskaten-Wasserbewegungen durch Wippen erzeugen können. Eine verlängerte Wippe wurde für therapeutische Zwecke entworfen (Abb. 280).

Scorlewald */010282 – Wilkes/Joiner, Wells
Entstand aus einem Abschnitt der Amsterdam I für einen eventuellen kombinierten Einsatz; mit einer breiten Lippe, über die sich pendelnde Wasserfälle entwickeln können (Abb. 281)

Miroma (Australien) */140682 – Baxter

Keramik (Australien) */150682 – Baxter

Bienenstock (Neuseeland) */041282 – Trousdell

Victoria (Neuseeland) */120 584 – Trousdell

Taruna (Neuseeland) */140485 – Trousdell

Shire (Ein-Becken) */210183 – Kilner
Eine Ein-Becken-Flowform, die mit einer vergrößerten Oberfläche ausgestattet ist, über die sich Wellenmuster entwickeln können, und über deren eine Kante sich ein Wasserfall ergießt

Kleeblatt (Neuseeland) */290985 – Trousdell

Große Wippe (Wala) */83 – Wilkes/Monzies
Dies ist eine tiefe, großvolumige Wippe (50 oder 100 Liter), die von Wala für pharmazeutische Präparate in Auftrag gegeben wurde. Pflanzenextrakte können über eine gewisse Zeitspanne hergestellt werden, bei der wiederkehrende Bewegungen zu bestimmten Zeiten erzeugt werden (Prototyp vorhanden). Sie ist auf einem hölzernen Schwingelement benutzbar.

Plastikwippe (Wala) */83 – Wilkes
Tiefe, mittelgroße Wippe für experimentelle Zwecke bei Wala; für den Einsatz auf einem Schwingelement

Keramikwippe */010405 – Wilkes/Weidmann
Tiefe und halbtiefe für Lebensmittel oder medizinische Zwecke

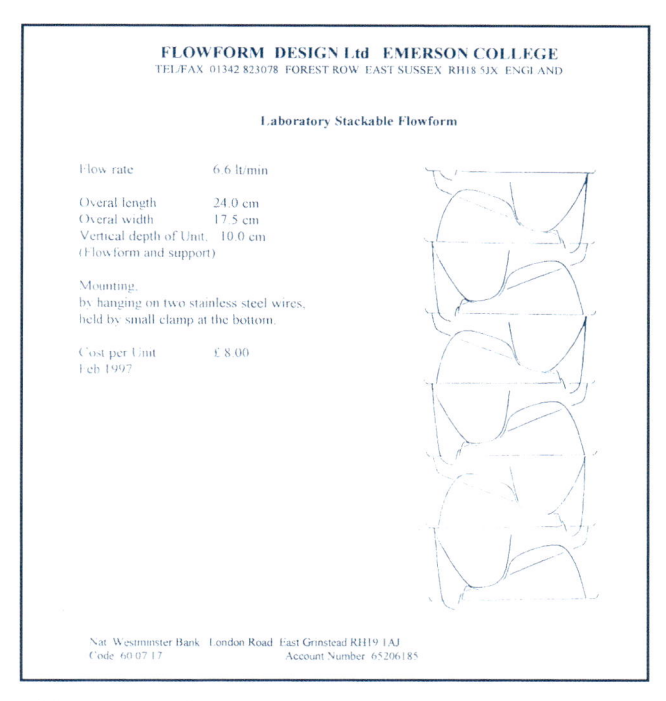

Abb. 279: Stapelbare I

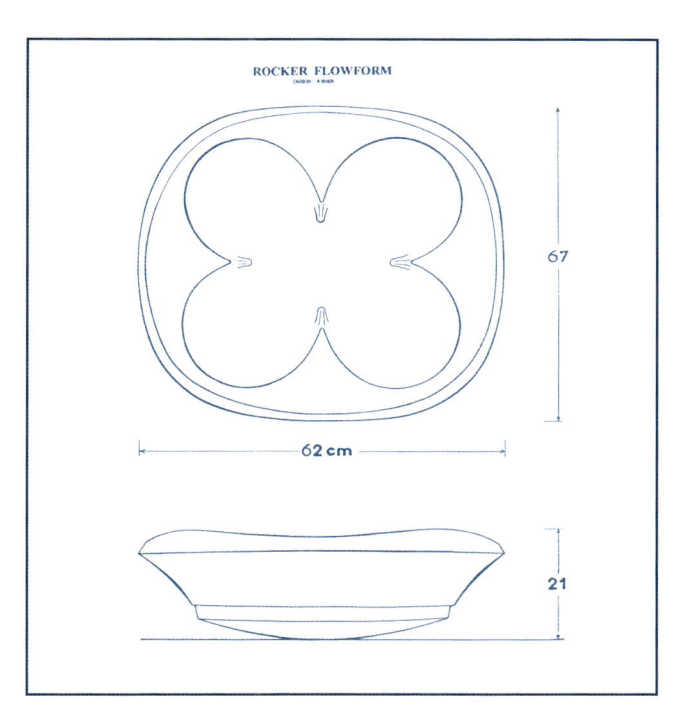

Abb. 280: Wippe

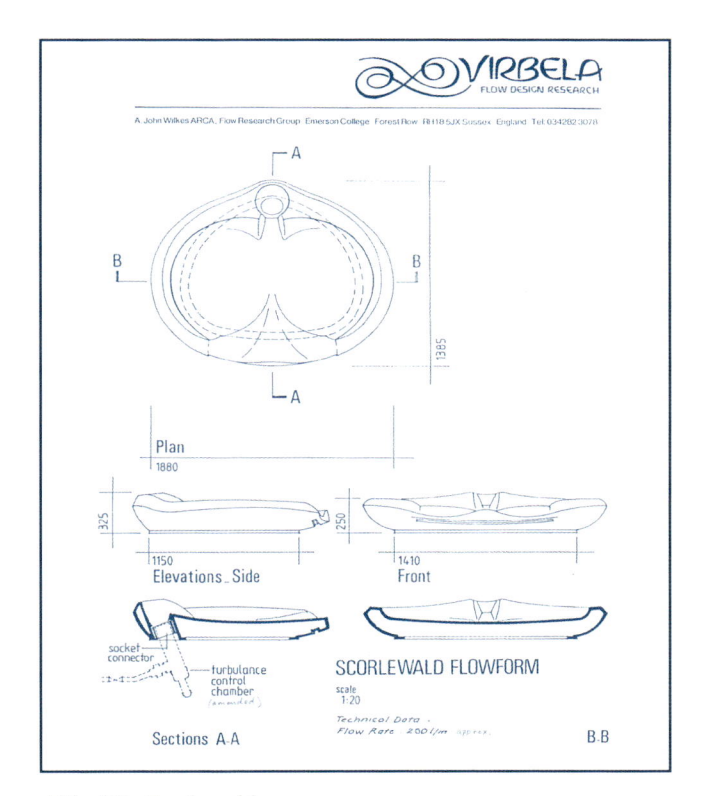

Abb. 281: Scorlewald

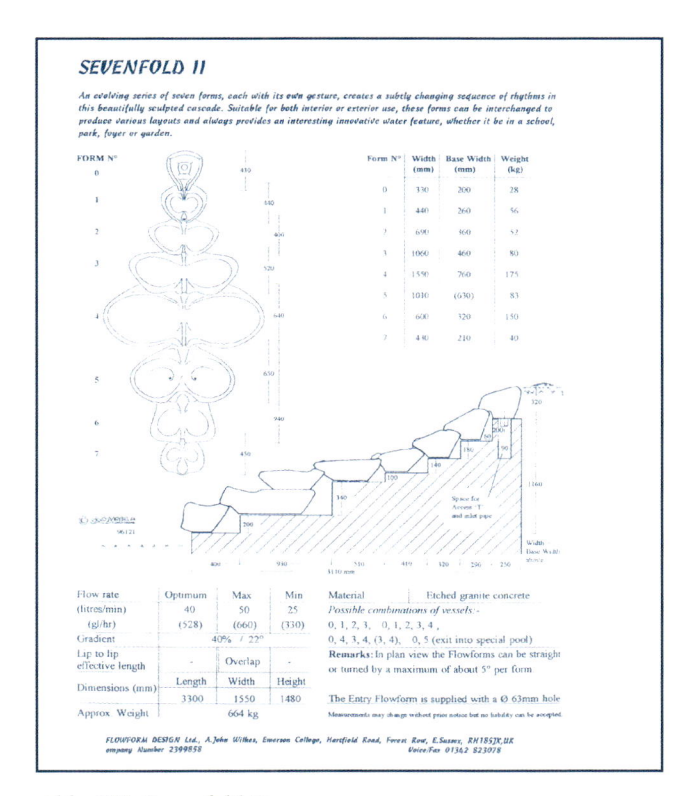

Abb. 282: Sevenfold II

207

* Sevenfold I x 7 */051185 – Wilkes/Wells
Die erste Ausführung der ursprünglichen Idee (an der Siebenfach-Flowform 0 veranschaulicht), wurde aus ökonomischen Gründen in drei Teilen, mit befestigten Gelenken und geneigter Basis gefertigt (bei der weiteren Entwicklung getrennt). Sie wurde als Grundlage für die Form der zweiten Ausführung genutzt.

* Sevenfold II x 7 */200686 – Wilkes/Palm
Sieben einzelne Flowforms werden hauptsächlich in einer Reihe mit Zulauf (und gelegentlich auch mit Auslaufbecken für den Innengebrauch) verwendet. Dies ermöglicht, bei unterschiedlichem Gefälle kleine und große Flowforms zu verwenden. Die ersten drei oder vier Flowforms wurden öfter für kleinere Kaskaden benutzt. Bestimmte andere Kombinationen sind möglich (Abb. 282).

Sevenfold III/010198 – Wilkes/Weidmann
Der Zulauf und Nummer 1 sind miteinander verbunden 0/1 und in ihrer Form geöffneter – ebenso wie Nummer 7. Dieses Verfahren vereinfacht den Herstellungsvorgang.

Wellhouse Stapelbare */180687 – Wilkes/Weidmann
Oben und unten horizontal, asymmetrisch, für eine Mehrfachkaskade in Zylinder- oder Wandgestaltung mit etwaigen zusätzlichen Nicht-Flowform-Bauelementen

Broceliande (aus Emerson entstanden) * – Grégoire
Die Innenfläche des Originalentwurfs blieb erhalten, jedoch massiger, wodurch die beabsichtigte Eleganz der Emerson-Flowform verloren ging.

Silene (aus Järna entstanden) * – Grégoire
Eine Neuauflage der äußeren Form der Järna

Siloe (aus Järna entstanden) * – Grégoire
Ein geradliniger Block aus vier Flowforms für den praktischen Gebrauch, jedoch starr

Morgan (aus Ashdown entstanden) * – Grégoire
Eine sorgfältig ausgearbeitete, erfolgreiche Form, die auf dem radialförmigen Prinzip beruht

Schmetterling * – Grégoire

Nymphea * – Grégoire Dyane (aus Malmö entstanden und vereinfacht) * – Grégoire
Eine Ausgabe der Malmö-Form, die mithilfe eines Studenten verkleinert wurde

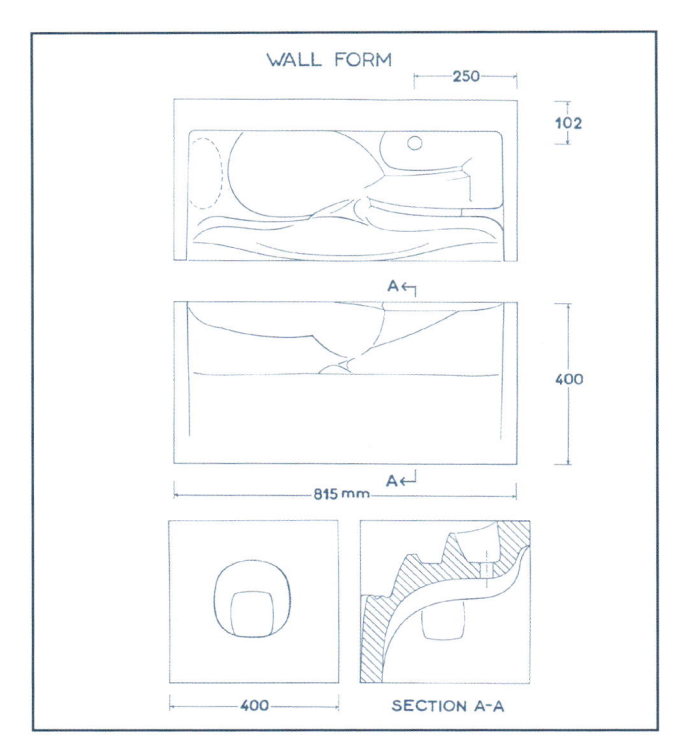

Abb. 283: Wand

Einzel-Becken ING * 88 – van Dijk
Dem NMB (ING) Projekt folgend, befürwortete Wilkes die Idee einer besonderen Flowform, die speziell für alle ING Bankniederlassungen in Holland konzipiert wurde. Paul van Dijk wurde beauftragt.

Hattersheim */90 – Dreiseitl/Wells
Ein sehr erfolgreicher, einzigartiger Entwurf, der für den öffentlichen Marktplatz aus Granit umgesetzt wurde

Stensund */90 – Wells
Ein kleiner, zusammengesetzter Entwurf für Projekte im Außen- oder Innenbereich

Frankfurt Quellform */201189 – Wilkes/Weidmann
Eine Ein-Becken-Flowform mit Wasserfallzulauf; die Umwandlung zum Rhythmus erfolgt auf einer weiten Fläche wellenbildend, über deren Kante das pulsierende Wasser fällt. Sie ist auch für ein Hamburger Wasserwerk im Einsatz.

Frankfurt groß */100490 – Wilkes/Weidmann
Seichte Flowform mit flacher Kante, um sich der steinigen Oberfläche der Umgebung anzupassen

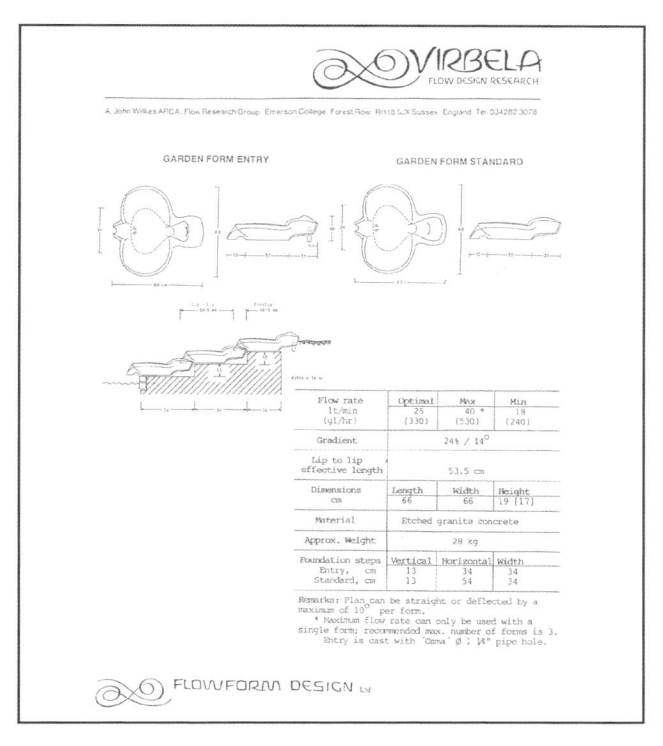

Abb. 284: Garten

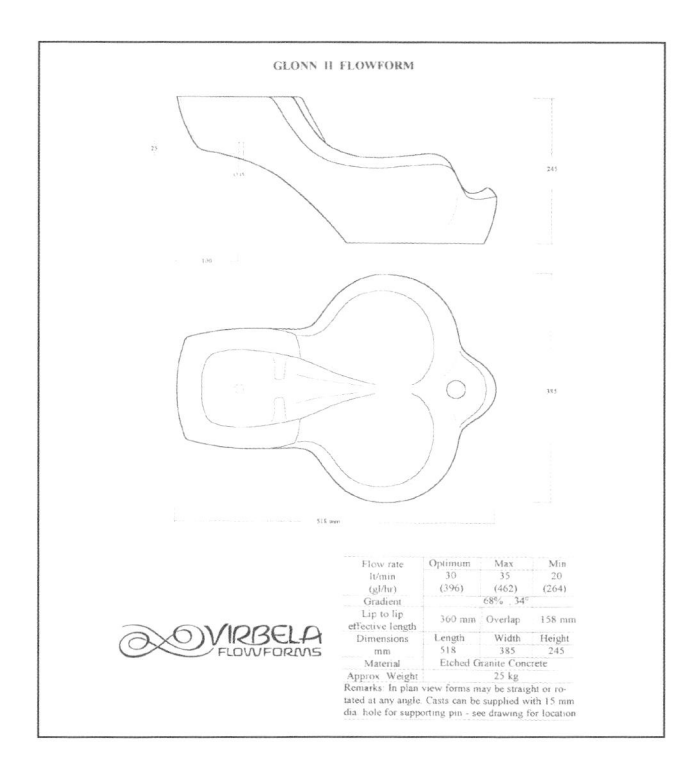

Abb. 285: Glonn II

Skanderborg aus Frankfurt */92 – Keis
Auf der großen Frankfurt-Flowform basierend, für ein aufwändiges Projekt in Dänemark

Frankfurt klein */011090 – Wilkes/Weidmann
Asymmetrische Flowform für eine leicht gebogene Installation, als dritte Ebene im Frankfurter Raumklima-Projekt verwendet

Wand */300290 – Wilkes/Weidmann
Die rechteckigen Maße des sich wiederholenden Elements betragen 80 cm x 40 cm x 40 cm, darunter laufen pulsierende Wellen über eine vertikale Fläche. Es handelt sich um eine Ein-Becken-Flowform (Abb. 283).

Garten */92 – Weidmann
Kleine, offene Flowform, die hauptsächlich für Kaskaden in Privatgärten verwendet wurde (Abb. 284)

Steingarten-Keramik */93 – Wilkes
Eine kleine Keramik-Press-Flowform aus Steingut, verschieden glasiert erhältlich, kann im Innen- und Außenbereich verwendet, auf flachen Steinen oder Schieferplatten platziert werden (Durchmesser ca. 23 cm) (Abb. 286).

Keramik-Flowform (Tonguss) Innenhof I*/93 – Wilkes
Kleine Flowform aus Keramikguss, die zur Produktion in Behindertenwerkstätten vorgesehen war und für Wintergärten oder dem Innenbereich konzipiert ist (Abb. 287).

Glonn I */93 – Wilkes/Weidmann
Sie wurde zur Produktion von starken Lemniskatenrhythmen zu Vermengungs- und Wasseraufbereitungszwecken hinsichtlich der Lebensmittelverarbeitung konzipiert. Sie kann vertikal in einem Gestell gestapelt oder auf einer bogenförmigen Mauer neben einer Treppe angebracht werden (Abb. 288).

Glonn II */111296 – Wilkes/Weidmann
Sie wurde aus der Glonn I entwickelt, eine Version mit halber Fließgeschwindigkeit (30 Liter/min.), die an Seilen aufgehängt werden kann, auch wenn sie aus Keramik besteht (Abb. 285); inzwischen auch in größeren Ausführungen lieferbar.

Vortex */0394 – Wilkes/Weidmann
Diese großvolumige Flowform weist Löcher im Boden

Abb. 286: Steingarten-Keramik

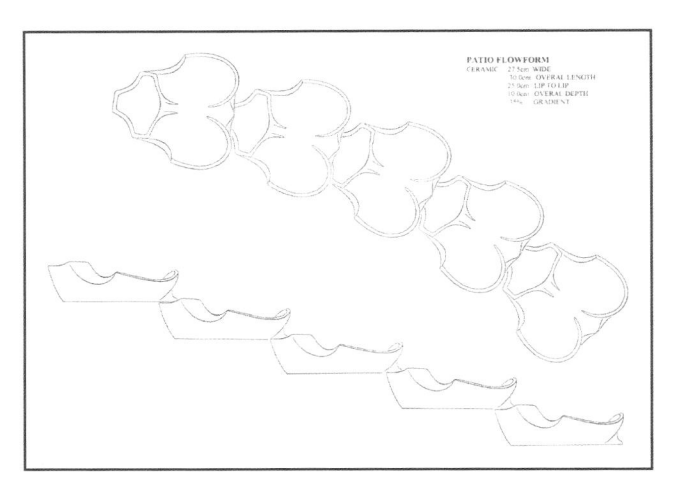

▲ *Abb. 287: Terrassen-Keramik*

für eine optimale Wirbelbewegung auf; jede Fließgeschwindigkeit bis hin zu 250 Litern/min. Sie wurde für starke Vermengungszwecke konzipiert, die in der ökologischen und biologisch-dynamischen Landwirtschaft und in der Abwasseraufbereitung benötigt werden (Abb. 289).

Viehtränke */94 – Wilkes/Weidmann
Ein-Becken-Flowform, die auf einem siebenseitigen Polygon für die Trinkwasseraufbereitung verwendet wird (Abb. 290)

Rindertränke */95 – Wilkes/Weidmann
In Verbindung mit Trinkwasseraufbereitungskaskaden verwendet

BD-Präparate-Vermischung (Weg-Kurve)/93 – Wilkes/Thomas/Weidmann
Flowform mit mathematischen Oberflächen, analog zu Wasserwirbeln und Rinderhörnern, zur optimierenden Wirkung beim Mischen von biologisch-dynamischen Präparaten

Terrasse */97 – Wilkes/Weidmann
Kleine glasierte Keramikform, im Pressverfahren produziert (Abb. 287)

Helena 400 und 600 * – Joiner, Iris Water & Design

Cornelia* – Joiner

Die Rose* – Joiner

Kleeblatt* – Joiner

Lilla Vaaga* – Wells

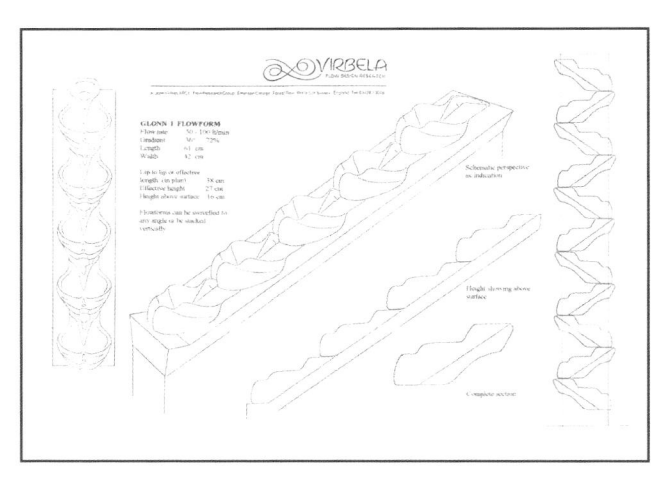

▲ *Abb. 288: Glonn I*

Sjoe-Liljan* – Keis

Silent Flow* – Keis

Olympia 2/3*

LL/0797 – Schuenemann/Weidmann

LR/0797 – Schuenemann/Weidmann

SL/0797 – Weidmann

Olympia 2/3 Small-Right (klein-rechts)/0797
– Weidmann
Abgeänderte Version der ursprünglichen 2/3 asymmetrischen Olympia-Form (010976), jede mit Einlaufanlage und austauschbar

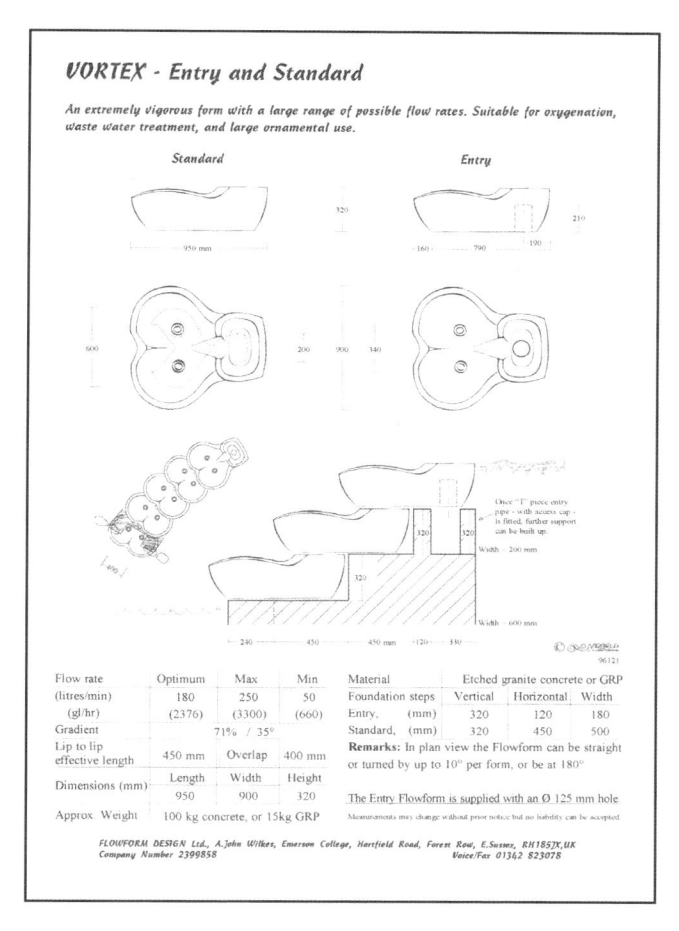

Abb. 289: Vortex

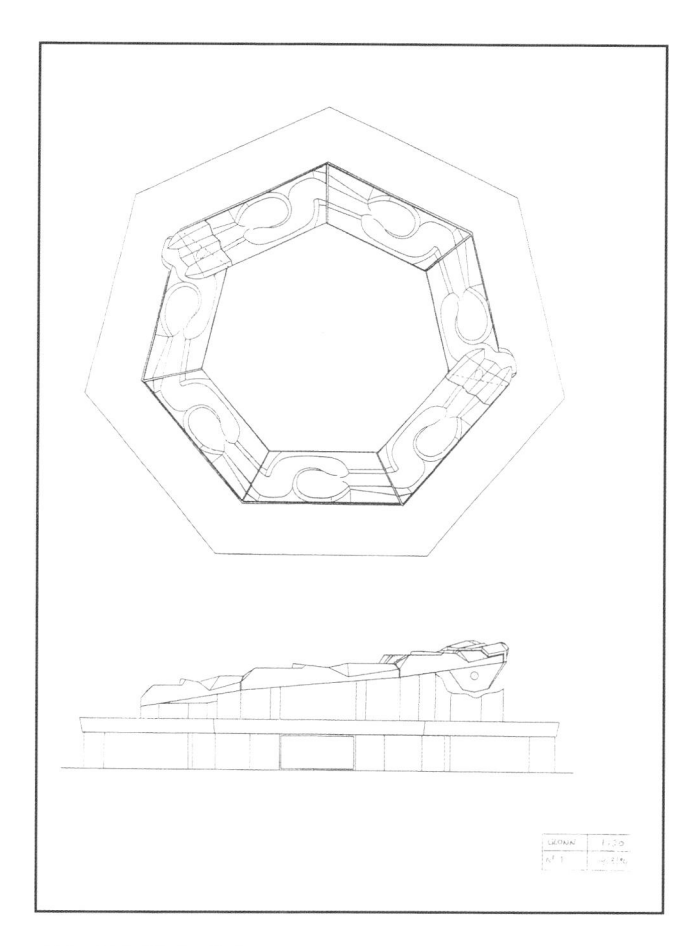

Abb. 290: Viehtränke

Hiram*/klein 010679/mittel 080697/groß 140697
– Wilkes/Weidmann
In klein, mittel und gross, oben und unten horizontal, als metamorphe Flowform-Anlage in variierbarer Anordnung in Waldorfschul-Projekten verwendbar. Der Entwurf ist als Anstoß für verschiedene Aktivitäten gedacht, z.B. Planung, Vermessung, Entwurf des Fundaments, Landschaftsgestaltung und Bepflanzung.

Herten Abänderung / 091098 – Weidmann
Leichtere Ausführung durch Veränderung der äußeren Form

Chloen Flowform (radialförmig)*131099 – Wilkes/ Weidmann
Kleine, radialförmige Flowform mit sechs Löchern im Boden

Vortex Glonn III* / 200801 – Wilkes/Weidmann
Neukonstruktion der Glonn mit Löchern im Boden für 10 – 15 Liter/min

Glonn IV* / 100901 – Wilkes/Weidmann
Neukonstruktion der Glonn für 45 Liter/min. aus Keramik

Emerson II klein* / 010301 – Wilkes/Weidmann
Viktors Flowform (radialförmig 3M)* / 210302
– Wilkes/Weidmann
Sie ist aus drei radialförmigen Abschnitten und einem Zulaufelement für einen flexiblen Einsatz hergestellt. Es handelt sich um eine vorläufige, dreifach verkleinerte Form, um Details zu ergründen und um sie als Prototyp für kleinere Versionen zu verwenden.

Eine Auswahl von Flowform-Anwendungen

Es gibt viele Zwecke, für die Flowforms verwendet werden. In der Tat können Flowforms überall, wo es Wasser gibt, von Nutzen sein; vom deutlich Funktionalen oder Technischen bis hin zum rein Ästhetischen. Nachfolgend ist eine kleine Auswahl von Beispielen für verschiedene Anwendungsbereiche aufgeführt. Der Name der Flowform ist *kursiv* geschrieben. «U.K.» beinhaltet die Aktivitäten der Flow Design Research Group.

Biologische Abwasserbeseitigung, Järna, Högskolan, Schweden, *Järna* (S. 91 – 98), U.K.

Biologische Abwasserbeseitigung, Hoggnavik, Norwegen, *Akalla* (Iris Water), (Abb. 110 und 111, S. 102)

Kindererholungsgebiet, Akalla, Schweden, U.K., *Akalla*

Kindererholungsgebiet, Islington, London, U.K., *Akalla*

Kommunale Schwimmbad/Planschbecken, Steinen, Deutschland, *Akalla* (Raeck)

Schullandschaft: Waldorfschulen, Düsseldorf, Deutschland, *Akalla* (Asmussen), (Abb. 109, S. 102)

Öffentliche Parks, Almemeer, Amsterdam, Niederlande, *Amsterdam I und II* (Abb. 215, S. 164), U.K.

Innenstadtanlagen, Nuneaton, U.K., *Amsterdam I Scorlewald*

Atrium, verschiedene Lagerungsarten, Holland, *Ashdown II*

Innenhof, Ashurst Wood, Giorgetti, U.K., *Ashdown II*

Geschäftsräume, Reform Utrecht, Niederlande, *Ashdown II*

Kleine Wintergärten (Keramik), Vidaraasen, Norwegen, *Steingarten* (Abb. 286, S. 210)

Öffentliche Bildhauerei, Reutlingen, Deutschland, *Konvexe Flowform* (HD), (Abb. 216, S. 165)

BD Vermischung von Präparaten, Darmstadt BD Forschung, Deutschland, *Emerson, Garten, Järna und Vortex*, U.K.

Vogelschutzgebiet, Wingshaven Sussex, U.K., *Emerson*

Klinikgarten, Vidar Klinik, Schweden, *Emerson* (Virbela Atelje)

Straßenausstattung mit Straßenhindernissen, Gjellerup Parken, Dänemark, *Emerson* (Keis)

Privatgärten, Glos. 2022, U.K., *Garten* (Ebb & Flow)

Bäckerei, Herrmannsdorf, Deutschland, *Glas stapelbar*, U.K.

Wassermesse, Graz, Stadtmuseum Water, Österreich, *Glas stapelbar*, U.K.

Trinkwasseraufbereitung, Herrmannsdorf, Deutschland, *Glonn I*, U.K.

Bäckerei, Fulda, Deutschland, *Glonn II*, U.K.

Fruchtsaftaufbereitung, Olen Safteri, Norwegen, *Glonn II* (Abb. 248, S. 176), U.K.

Innenraumklimaanlage, Bürobereiche, ING Bank, Niederlande, *Handlauf* (Abb. 210, S. 163), U.K. & Copijn

Lebensmittelverarbeitung, Reifungskeller, Herrmannsdorf, Deutschland, *Herten*, U.K.

Kindergarten, Michael Hall, U.K., *Herten* (Abb. 274, S. 204)

Privatgarten, Newbury, U.K., *Herten*

Schullandschaft: Waldorfschulen, Hague, Niederlande, *Herten* (Copijn)

Verstellbare Röhren-Flowform, Herrmannsdorf, Deutschland, *austauschbare Blöcke*, U.K.

Kosmetikfabrik-Abwasser Body Shop, Littlehampton, U.K., *Järna* (Shields), (Abb. 114, S. 104)

Bewässerung, Dexbach, Maria Thun, Deutschland, *Järna*, U.K.

Bewässerung, Teneriffa, Lanzarote, Spanien, *Järna*, U.K.

Bewässerung, RDP Emerson, U.K., *Järna* mit archimedischer Schraube

Betriebsschlammaufbereitung, Adelaide Farm, Australien, *Järna V 800* (Trousdell)

Keimung unter Glas, Emerson Gardens, U.K., *Lab Stapelbare*

Forschung, Institut für Regenwurmforschung, Österreich, *Lab Staplbare*

Biologische Abwasserbeseitigung, Järna Högskolan, Schweden, *Malmö* (Abb. 133 –135, S. 115–116), U.K.

Biologische Abwasserbeseitigung, Kolding, Dänemark, *Malmö* (Abb. 115, S. 105), (Keis)

Messe, Waldorf Edn, Schweden, *Malmö*, U.K.

Fischzucht, Cackle Street, Nutley, U.K., *Malmö*

Bergbauernhof, Sundet, Norwegen, *Malmö*, (Abb. 82, S. 82), U.K.

Biologisches Schwimmbad, Porsch Salzburg, Österreich, *Malmö* (HD Projekt)

Innenstadtanlage, Klazineveen, Niederlande, *Olympia*, U.K.

Duft und Tast-Garten für Blinde, Kolbengraben, Ulm, Deutschland, *Olympia* (HD), (Abb. 220, S. 166)

Messe «Mind and Body», U.K., *Olympia* (Abb. 154, S. 126)

Innenraumklimaanlage, Bürobereiche, ING Amsterdam, Niederlande, *Olympia* (Abb. 205 – 210, S. 162–163), U.K.

Schullandschaft: Waldorfschulen, Engelberg, Deutschland, *Olympia* (HD)

Innenstadtanlagen, Hattersheim, Deutschland, *Porphyr* (HD Projekt), (Abb. 218, S. 165)

Bauernhof-Jaucheverarbeitung, Sturts Farm, Hants, U.K., *Radialförmige* (Iris Water)

Innenstadtanlage, Nuneaton, U.K., *Amsterdam und Scorlewald*

Behindertenheim, Nutley Hall, U.K., *Scorlewald*, U.K.

Therapiebäder, Scorlewald Curative Home, Niederlande, *Scorlewald* (Copijn)

Behindertenheim, William Morris House, U.K., *Sevenfold I* (Ebb & Flow)

Biologisches Schwimmbad, Kalhamdorf, Österreich, *Sevenfold II*, U.K.

Christengemeinde, Camphill, Schottland, U.K., *Sevenfold II*

Klinikgarten, Blackthorn Trust, U.K., *Sevenfold II*

Messe, Rieder Messe, Österreich, *Sevenfold II*, U.K.

Hotel, Sheffield M1, U.K., *Sevenfold II* (Ebb & Flow)

Städtisches Schwimmbad/Planschbecken, Hawkes Bay, Neuseeland, *Sevenfold II* (Trousdell)

Öffentlicher Garten, Chalice Well, Glastonbury, U.K., *Sevenfold II*

Öffentlicher Garten, Peredur Arts Centre, U.K., *Sevenfold II*

Supermarkt, Einkaufszentrum, Lövenskog, Oslo, Norwegen, *Sevenfold II* (Vidaraasen)

Privatgarten, Dr. Douch, Sussex, U.K., *Sevenfold II 0–4*

Klinikwarteräume (Reinigung der Luft), Skanderborg, Dänemark, *Silent* (Keis), (Abb. 213, S. 164)

Eingangsbereich, Direktoreneingang ING, Niederlande, *Ein-Becken-Flowform* (Copijn), U.K.

Messe, Earls Court, U.K., *Ein-Becken-Flowform*

Innenraumklimaanlage, Büroräume, Frankfurt Ökohaus, Deutschland, *Ein-Becken-Flowform* (Abb. 242 und 245, S. 174 und 175), U.K.

Rindertränke, Herrmannsdorf, Deutschland, *Ein-Becken-Flowform* (Abb. 249 und 250, S. 177), U.K.

Fachhochschule, Skanderburg, Dänemark, *Skanderburg/Frankfurt* (Keis)

Bauernhof-Jaucheverarbeitung, Clent pig slurry, U.K., *Slurry*

Fruchtsaftverarbeitung, Godager, Norwegen, *Spiralförmige Flowform*, U.K.

Foyer, Malmö Büro, Schweden, *Stapelbare* (Virbela Atelje)

Atrium, Mehrfachunterbringung, Altersheim, Järna, Schweden, *Stensund* (Virbela Atelje), Abb. 225 auf S. 168

Klinikwarteräume (Reinigung der Luft), Vidar Klinik, Järna, Schweden, *Stensund* (Virbela Atelje)

BD Präparatvermischung, Ambooti Tea, Indien, *Vortex* (Caldes), U.K.

BD Präparatvermischung, Hof Peetzig, Deutschland, *Vortex* (Wasserwerkstatt)

Biologische Abwasseranlage, Herrmannsdorf, Deutschland, *Vortex* (Abb. 116 und 117 auf S. 105 und 106)

Anhang 3:
Wissenschaftliche und technische Aspekte
Von Nick Thomas, Flow Design Research Group

Analyse der Flowform-Parameter

Können Flowforms so konstruiert werden, dass sie eindeutige rhythmische Merkmale aufweisen? Diese Frage ist von Bedeutung, wenn die biologische Wirkung der Rhythmen bekannt ist, da dann bestimmte Rhythmen vorteilhafter sein könnten als andere (siehe den folgenden Abschnitt über Rhythmusanalyse).

In der Praxis sind die Maße der Flowform für die richtige Funktionsweise entscheidend. Dazu gehören Neigung, Größe und Form des Ein- und Ablaufs sowie deren Entfernung voneinander, die Gesamtform des Gefäßes sowie andere, weniger leicht zu erklärende Parameter. Auch die Eigenschwingung, die Arbeitsfrequenz, das Verarbeitungsvolumen und die Fließgeschwindigkeit der beinhalteten Flüssigkeit sind maßgeblich. Es wurde eine Beziehung zwischen einigen dieser Größen festgestellt, die weiter unten beschrieben wird.

In Bezug auf die Dynamik von Flüssigkeiten gibt die Reynolds-Zahl für eine bestimmte Zusammensetzung den Zeitpunkt an, an dem der Übergang von der laminaren zur turbulenten Strömung erwartet werden kann. Die Flowform agiert zwischen den beiden im harmonischen Bereich, und wir könnten einen Parameter suchen, der diesen genauer bestimmt. Die Reynolds-Zahl ist folgendermaßen definiert:

$$R = \frac{rLu}{m}$$

wobei

r = Dichte der Flüssigkeit
u = Strömungsgeschwindigkeit
m = dynamische Viskosität
L = typische Länge   ist.

L bezeichnet einfach die Länge, nach der die Verwirbelung einsetzt, zum Beispiel in einer Leitung oder einem Rohr, und R liegt normalerweise bei 2000 bis 4000 bei Leitungen. Obwohl L als eine charakteristische Größe der Flowform gewählt werden könnte – wie zum Beispiel als Distanz zwischen Zu- und Ablauf –, wird hier wegen der Komplexität der Sachlage eine dimensionslose Kombination etlicher charakteristischer Größen verwendet. Die folgenden Abschnitte befassen sich mit einer dieser Kombinationen, die signifikant zu sein scheint.

Die folgenden Größen wurden an einer Vielzahl an Flowforms gemessen (Abb. 291):

D Gesamtdurchmesser
C Maximaler Durchmesser des Beckens parallel zur Ein- und Ausflussrichtung, Durchschnittswert für asymmetrische Formen
S Abstand dieses Beckendurchmessers von der Mittellinie
A Entfernung zwischen Ein- und Auslauf

Es stellte sich heraus, dass, wenn ein Rhythmus in einer Form erzeugt wird, die Größe

$$L = \frac{CS}{DA}$$

zu einem gleich bleibenden Wert tendiert.
Eine Trendlinie von CS/A gegen D (Abb. 292) ergibt

Abb. 291

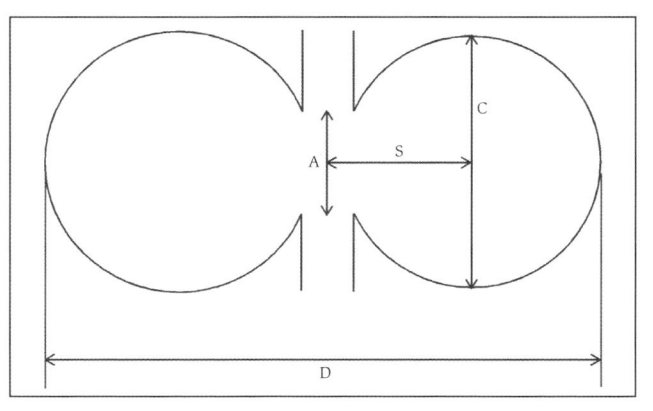

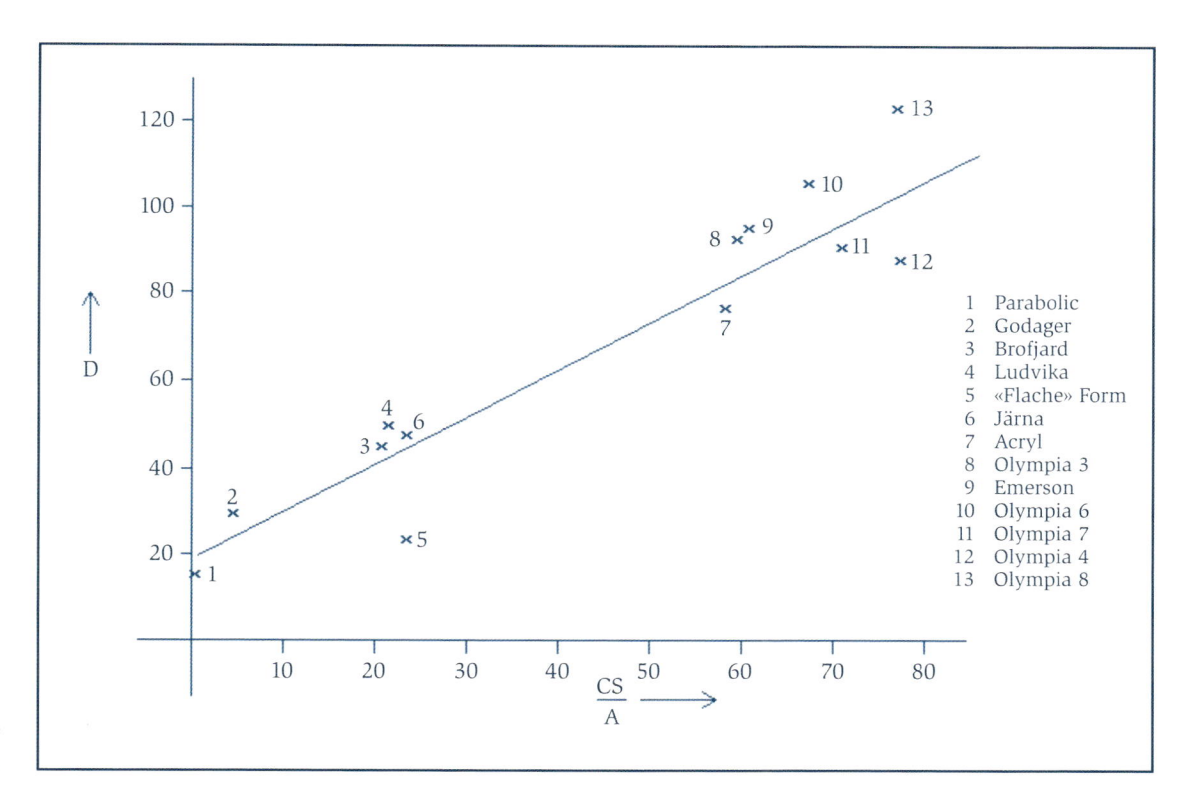

Abb. 292: Test der empirischen Beziehung

1	Parabolic
2	Godager
3	Brofjard
4	Ludvika
5	«Flache» Form
6	Järna
7	Acryl
8	Olympia 3
9	Emerson
10	Olympia 6
11	Olympia 7
12	Olympia 4
13	Olympia 8

einen Korrelationskoeffizienten von 0,96, der zeigt, dass die Regressionsgerade im Diagramm statistisch signifikant ist. Der Mittelwert der Konstanten beträgt 0,57 mit einer Standardabweichung von 0,27.

Folglich ergibt sich, dass bei gegebenem Durchmesser D und der Öffnung A ein Anstieg von S eine Abnahme von C voraussetzt, sodass sich die Form mehr ins Ovale bewegt, wie es sich in der Praxis bei klein konzipierten Formen ergab. Bei größeren Flowforms ist das Verhältnis C/A, und somit auch D/S größer; dies bedeutet, dass der maximale Beckendurchmesser proportional dichter an der Mittellinie liegt. Das weist darauf hin, dass das höhere Strömungsvolumen in einer größeren Form nicht zu schlagartig von der Vorwärtsrichtung abgelenkt werden sollte, wie es intuitiv sinnvoll erscheint. Es muss betont werden, dass dies eher eine empirische Beziehung ist, die aus gegenwärtigen Flowforms hergeleitet wurde als eine theoretische. Sie gewährt einen Einblick inwieweit die Größenverhältnisse in der Praxis erfolgreich waren.

Morphologisch ausgedrückt bezieht sich die Größe der Flowform umgekehrt auf die Cassini-Kurve, der sie am meisten ähnelt; kleine Formen nähern sich den eher ovalen Kurven an, und große der Lemniskate, wodurch die Flowforms durch den «Cassini-Index» bestimmbar werden.

Die Frequenz des sichtbaren Impulses ist umgekehrt proportional zur Gesamtweite von D, mit einer Korrelation von 93 Prozent. Dieser Rhythmus entspricht nicht exakt dem natürlichen Rhythmus des Flowform-Beckens; sprich, wenn der Zu- und Ablauf abgedichtet, das Becken mit Wasser gefüllt wird und die Querschwingung einsetzt, unterscheidet sich diese Schwingungsfrequenz leicht vom Puls einer funktionsfähigen Flowform.

Diese Erkenntnisse bilden einen Anlauf in Richtung Rhythmusgestaltung, sind aber noch weit davon entfernt. Die genaue Form des Zu- und Ablaufs ist entscheidend, und es wurde noch kein Versuch unternommen, sie zu analysieren. Sie wurden im Gestaltungsprozess durch künstlerische Mittel, gepaart mit systematischem Ausprobieren, hergestellt. Eine Frage, die schon jetzt

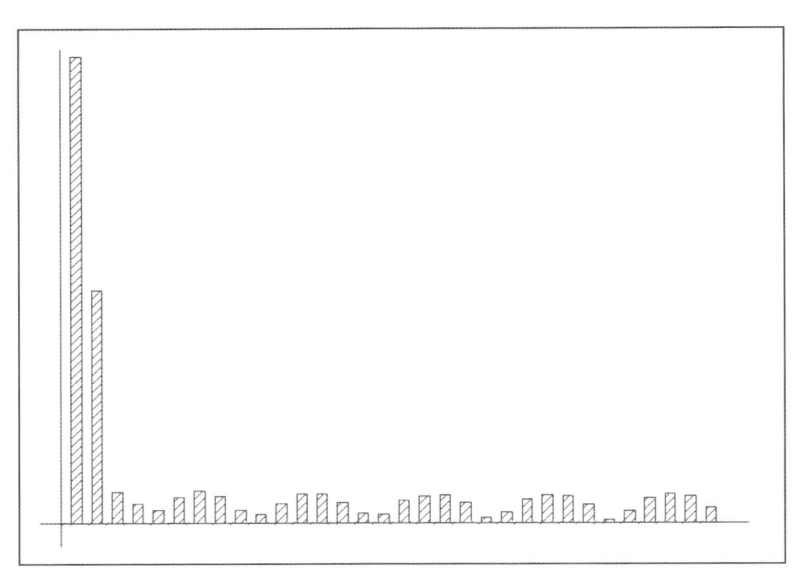

Abb. 293: FFT der Flowform-Gestalt

abgearbeitet werden soll, ist, in wie weit der Rhythmus (siehe letzter Abschnitt) durch die Gesamtgrößenverhältnisse der Form – wie oben beschrieben – bestimmt wird, und wie viel von feinen, schwer messbaren Details abhängt. Man hat angefangen, die gegenwärtigen Formen selbst anhand der Fourier-Analyse zu erforschen. Die Gestalt kann in Form von den Oberschwingungen beschrieben werden, und die Fourier-Transformation ist in diesem Zusammenhang die einfachste Methode. Legendre-Funktionen und harmonische Analyse können ebenfalls eingesetzt werden. Die Gestalt der Erde wurde beispielsweise bis ins Detail analysiert, indem man die Bewegung von künstlichen Satelliten und festgelegten Gestaltoberschwingungen mittels solcher Transformationen beobachtet hat. Die Anwendung der Fourier-Methode bedingt die Voraussetzung einer runden Form als Basis, daraufhin werden die Abweichungen von der Kreislinie auf «Oberschwingungen» zurückgeführt. Die Kreislinie befindet sich in einem gleichmäßigen Abstand zum Mittelpunkt, und Abweichungen können als Schwingungen über einen Mittelwert, der für die Fourier-Methode zugänglich ist, angesehen werden. Die gewonnenen Schwingungen könnten genutzt werden, um die Form selbst und eine Wechselbeziehung zum erstrebten dynamischen Rhythmus zu charakterisieren. Ein solches typisches Merkmal ist in Abb. 293 abgebildet.

Rhythmusanalyse

Der offenkundige rhythmische Impuls der Flowform ließ von Anfang an vermuten, dass sich jede wissenschaftliche Signifikanz der Methode um die Bedeutung des Lebensrhythmus drehen könnte. Rudolf Steiner erklärt Rhythmus als eine Art Brücke zwischen der Geistes- und der Sinneswelt. Während Druck ein Beispiel der physikalischen Kräfte ist, und die Saugfähigkeit eines der ätherischen, drückt Rhythmus die ständige Verflechtung beider in Lebewesen aus. Es ist nicht von vornherein offensichtlich, dass der reine Rhythmus «gut» oder «eine Notwendigkeit» ist. Es gibt viele Rhythmuseigenschaften, und wir können erwarten, einige lebensunterstützende zu finden, während andere vielleicht schädlich sind. Verschiedene Flowforms weisen verschiedene Rhythmen auf, und es wäre interessant, ihre Eigenschaften und Einflüsse kennenzulernen. Dies erfordert zwei Hauptarbeitsgebiete: eine Methode finden, die die Kraft des aufbereiteten lebensunterstützenden Wassers untersucht sowie die Rhythmen zu messen und zu charakterisieren. Dieser Abschnitt bezieht sich auf letzteres. Beide müssen sich dann gegenseitig erklären.

Rhythmus ist nicht das Gleiche wie reine Schwingung oder Frequenz. Rhythmus in der Musik schließt tatsächlich die Agogik ein, wenn der rein monotone Takt vermieden werden soll. Es ist möglich, einen rhythmischen Verlauf in Komponenten einfacher Frequenzen zu analysieren, indem man das mathematische Verfahren, das von Fourier entwickelt wurde, anwendet. Somit kann eine Violinennote anhand eines Oszilloskops dargestellt werden; wenn jedoch die harmonischen Oberschwingungen abgeschnitten werden, erhält man einen einfachen Ton wie den einer Stimmgabel. Die Oberschwingungen müssen wiederhergestellt werden, um die Reichhaltigkeit der echten Note zurück zu gewinnen. Sie alle sind Mehrfache der Grundtonlage, jedoch mit variierender Amplitude. Die Beziehung zwischen den Amplituden der Obertonreihe kennzeichnet den Ton, zum Beispiel eine Violine von einer Oboe unterscheidend, sogar wenn beide die gleiche Note spielen. Elektronische Synthesizer beruhen auf dem Prinzip, den Klang echter Instrumente zu imitieren. Es soll allerdings nicht der Eindruck erweckt werden, dass diese Analyse den Ton «erklärt», eine Gewohnheit, die sich in wissenschaftliche Ansichten geschlichen hat. Der Ton selbst entsteht aus physikalischen Frequenzen, ist

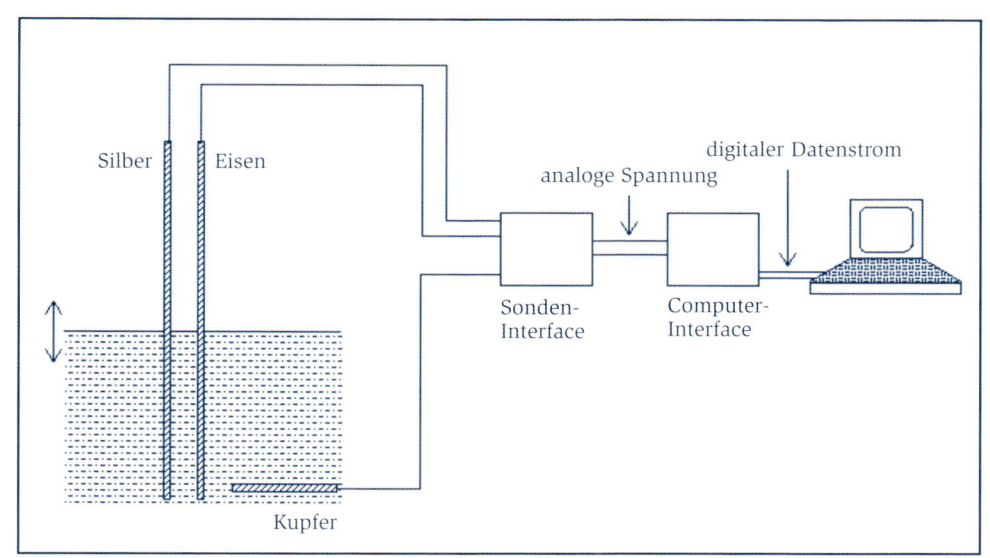

Abb. 294

jedoch selbst eine bestimmte innere Erfahrung, die parallel zur physikalischen Schwingung erscheint. Wenn wir also Flowform-Rhythmen analysieren, müssen wir uns bewusst sein, dass die angewandte analytische Methode eher klassifiziert und beschreibt, als dass sie erklärt.

Wenn das Wasser in der Flowform pulsiert, ist es möglich, die Tiefenschwankung an einem bestimmten Punkt über ein paar Minuten zu messen und diese Messungen aufzuzeichnen. Dann können sie der Fourier-Transformation ausgesetzt werden, um die Teilrhythmen zu ermitteln. Mit einem Computer, der die von Cooley und Tukey erfundene schnelle Fourier-Transformation (kurz FFT) anwendet, ist dies einfach umzusetzen.

Das erste zu lösende Problem bestand darin, die Tiefe in geeigneter Weise zu messen, um sie dann in eine für den Rechner verwendbare Eingabemaske zu übertragen. Nachdem der Gebrauch von Schwimmkörpern verworfen wurde, probierte man verschiedene Methoden aus. Die endgültig verwendete Methode basierte auf dem Spannungsabfall, der zwischen zwei verschiedenen Metallen entsteht, die im Wasser platziert und elektrisch verbunden werden. Wenn aber elektrischer Strom zwischen den beiden Metallen fließt, wird das Metall von einer Elektrode zur anderen (Prinzip der elektro-chemischen Beschichtung) übertragen. In diesem Fall ist das nicht erwünscht, und es wurde eine elektronische Schaltung installiert, um den Stromfluss zu verhindern. Die dafür benötigte Spannung wurde kontinuierlich gemessen (siehe Abb. 294 eines Schaltplans der Anlage). Ein interessanter Aspekt sind die in der Tat durch Wasserspiegelschwankungen ausgelösten Spannungsschwankungen; erfreulicherweise wurde zu diesem Zeitpunkt nicht bemerkt, dass die Theorie dieses Vorgangs dies nicht vorhersagen würde. Im ruhenden Wasser herrschen keine Spannungsunterschiede in den unterschiedlichen Tiefen, aber durch die dynamischen Zustände in der Flowform variiert die Spannung tatsächlich. Die Erklärung dafür scheint in der ständig unterbrochenen Helmholtzschicht, die die Spannungsschwankungen zulässt, zu liegen. Silber- und Eisenelektroden wurden eingesetzt. Jedoch stellte sich heraus, dass die Beziehung zwischen Wassertiefe und Spannung nicht linear verläuft. Abb. 295 zeigt diese Eigenschaft. Durch Zugabe einer dritten, durchgängig eingetauchten Kupferelektrode wurde die Linearität hinreichend gesteigert, um mit der praktischen Arbeit fortzufahren (siehe Abb. 296). Linearität ist wichtig oder es entstehen verfälschte Rhythmen, die nicht mit der Flowform zusammenhängen, aber auf Frequenzmodulation basieren. Diese müssten dann entfernt werden.

Tiefenmessungen werden durch ein elektronisches Interface überwacht, das sie computergerecht in die digitale Form umwandelt. Eine Reihe von 512 zeitlich

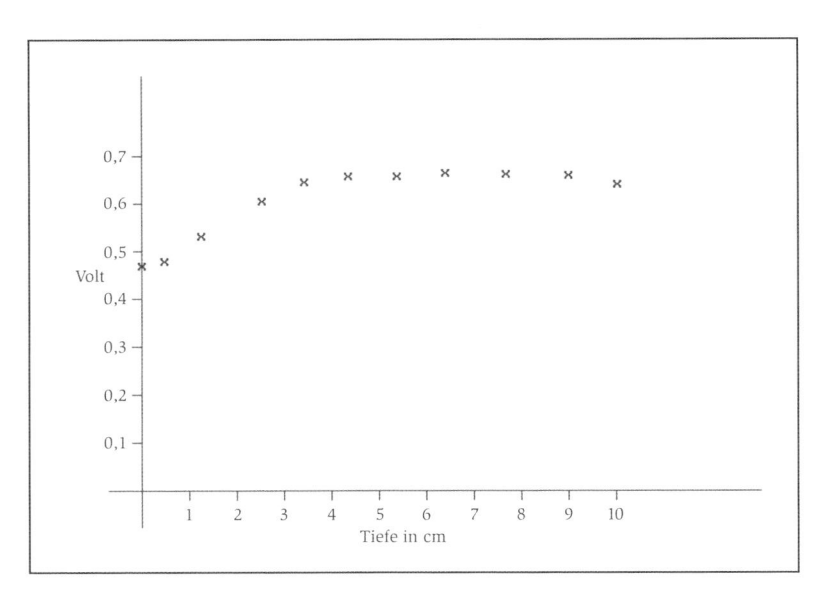

Abb. 295: Kennlinie der Zweielektroden-Wassersonde

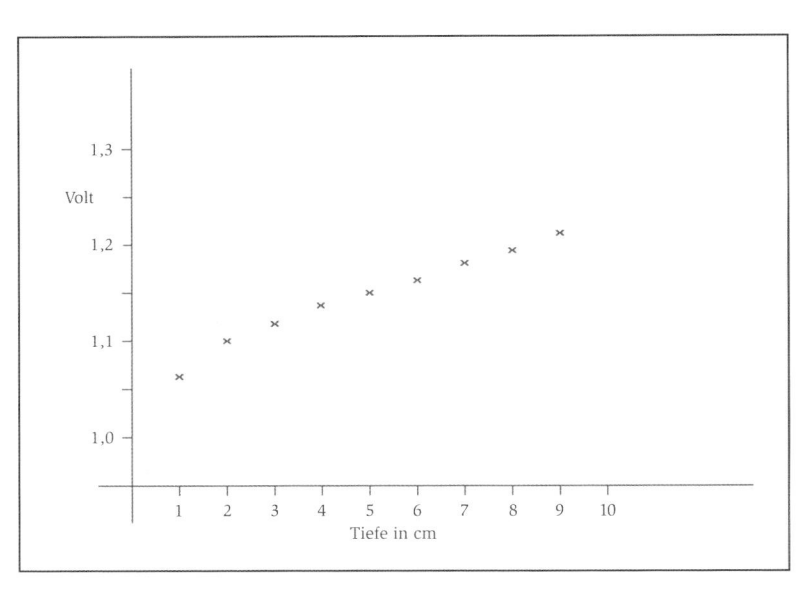

Abb. 296: Kennlinie der Dreielektroden-Wassersonde

genau festgelegten Messungen wurde in jeder Messreihe durchgeführt, und die Ergebnisse wurden für die nachfolgende Fourier-Analyse im Computer gespeichert. Das Intervall zwischen den Messungen war so regulierbar, dass der gesamte Ablauf zwischen ein paar Sekunden oder ein paar Stunden dauern könnte; der kürzere Ablauf wurde zur Untersuchung höherer Frequenzen eingesetzt, der längere für tiefe. Es wurden technische Vorkehrungen getroffen, um zu verhindern, dass höhere Frequenzen die Ergebnisse im auszuwertenden Intervall verfälschen. Anfangs wurde das sichtbare Pulsieren der Flowform im zeitlichen Verlauf gemessen, und das Ergebnis wurde mit der korrespondierenden (und meist größten) Frequenz, die anhand der Fourier-Analyse ermittelt wurde, verglichen. Die Übereinstimmung war in allen Fällen hervorragend, was zeigte, dass die erzielten Ergebnisse mit den Gegebenheiten übereinstimmten.

Einzelne Flowforms wiesen erstaunlich einfache Rhythmen auf; der Hauptpuls umfasste häufig nur eine Frequenz; Abb. 297 zeigt ein Beispiel. Dennoch sind die Rhythmen in einer Flowform-Kaskade viel komplexer, wie Abb. 298 zeigt. Länger anhaltende Rhythmen mit einer Schwingungsdauer von bis zu vier Minuten wurden in solchen Fällen beobachtet, einige von ihnen erschienen ebenfalls in der Fourier-Analyse. Dies hinterlässt ein breites Feld an Arbeit, und man benötigt neu entwickelte Geräte, um die längeren Abläufe zu finden und sichtbar zu machen, was durch moderne Computer viel leichter ist. Dies wird man angehen, sobald die biologische Arbeit hinreichend vorangekommen ist, sodass der biologische Stellenwert der Rhythmen ermittelt werden kann.

Die Parallele zu musikalischen Obertönen beschränkt sich auf Frequenzen, die höher sind als die Grundfrequenz (d.h. die Übereinstimmung mit dem sichtbaren Puls). Diese wiesen, wie erwartet, eine Oberflächenwellung auf, wurden aber nicht weiter bearbeitet. Von höherem Interesse waren entdeckte Frequenzen, die sich langsamer als der sichtbare Puls bewegten. Bei der ersten Flowform, die auf diese Art untersucht wurde, fand man einen langsameren Rhythmus mit einem Grundverhältnis von beispielsweise 1:6; der Grundrhythmus war sechs mal schneller. Waren alle Flowforms gleich? Würde das Verhältnis immer ganzzahlig sein? Wir wussten es nicht. Es wurden 20 Flowforms analysiert (siehe nachfolgende Tabelle) und man stellte fest, dass alle unterschiedlich waren, und ganzzahlige Verhältnisse eher eine Ausnahme als die Regel darstellten. Dies ist nicht wirklich überraschend und außerdem noch interessanter, da es noch viele Möglichkeiten gibt, die biologischen Wirkungen (falls es welche gibt) der verschiedenen Rhythmen miteinander zu vergleichen. Einige könnten sich als vorteilhafter als andere erweisen. Mit allen Möglichkeiten begannen wir mit

Interpretation der FFT-Daten

In allen Abbildungen ist die Amplitude der Frequenzkomponenten als Ordinate, und die Frequenz als Abszisse aufgetragen. Das linke Ende repräsentiert null Hz (d.h. Zyklen pro Sekunde) und das rechte 256 multipliziert mit dem oben gedruckten Frequenzintervall, welches vom Computer berechnet wurde. Dazwischenliegende Frequenzen werden proportional ermittelt.

Zum Beispiel wurde das deutliche Pulsieren der Flowform in Abb. 297 mit einer Stoppuhr gemessen und dauerte zwischen den Maxima 2,6 Sekunden oder 0,38 Hz. Der längste Amplitudenfrequenzbalken im Diagramm hat eine Frequenz von 213 multipliziert mit 0,00181686 Hz und entspricht somit 0,387 Hz.

Um einen Aliasing-Effekt* zu verhindern, wurde in allen Fällen ein Frequenzfilter benutzt, welcher auf mindestens das Doppelte der höchsten Frequenz im Diagramm eingestellt wurde (Nyquist Prinzip), so z.B. 0,8 Hz in Abb. 297. Eine gewisse Streuung der Grundfrequenz ist in den meisten Fällen im Diagramm deutlich zu beobachten, denn es konnte mit der experimentellen Anordnung nicht gewährleistet werden, daß die Messdauer genau einem ganzzahligen Vielfachen eines Zyklus der Grundfrequenz entsprach. Dies wäre erforderlich, damit die mathematische Transformation zu einer einzigen Spitze für diese Frequenz führen kann, andernfalls kommt es zu einer ‹Verschmierung›.

* Aliasing-Effekte sind Fehler, die durch eine zu geringe Abtastfrequenz beim digitalen Abtasten von Signalen auftreten und zu Mustern führen, die im Originalbild nicht enthalten sind. Damit das Ursprungssignal korrekt wiederhergestellt werden kann, dürfen im abzutastenden Signal nur Frequenzanteile vorkommen, die kleiner als die halbe Abtastfrequenz (Nyquist-Frequenz) sind.

Flowform	Position	f0 Hz	f1 Hz	f2 Hz	f0/f1	Amplitude	Durchmesser cm
Lab. Form	4	1,74	0,29		6,0	1,48	14,5
Malmö	3	0,36	0,023		15,65	0,73	94
Malmö	1	0,381	0,252		1,51	7,3	94
Malmö	2	0,382	0,068	11,66	5,62		
Brofjord	4	0,775	0,113	2,314	6,86	7,14	43,8
Acryl	4	0,429	0,135	14,653	3,18	1,05	77
Cogut RH	4	0,478	0,266	12,464	1,80	2,9	67
Cogut LH	2	0,476	0,289	7,042	1,65	3,85	67
Akalla Groß	1	0,221	0,046	11,985	4,80	6,67	158
Akalla Links	5	0,22	0,055	0	4,00	0,78	158
Akalla Mitte	4	0,558	0,311	7,782	1,79	4,76	67
Godager	4	0,903	0,27	3,84	3,34	3,57	29
Olympia 7 RH	4	0,435	0,124	12,735	3,51	4,55	92
Olympia 7 LH	6	0,436				9,266	92
Olympia 6 RH	7	0,325				12,218	106
Olympia 6 LH	8	0,351	0,033	1,144	10,64	2,94	106
Järna einfach	4	0,668	0,249	13,54	2,68	6,45	47,5
Wiederholung	4	0,672	0,304		2,21	6,25	47,5
Järna Kaskade 9. Form	4	0,686	0,0156		44,00	1,41	47,5
Wiederholung	4	0,695	0,0224		31,03	0,41	47,5
Olympia 2	4	0,218	0,045	7,262	4,84	5,41	146
Olympia 3	4	0,363	0,099	13,277	3,67	2,67	93
Olympia 4	1	0,361	0,097	6,974	3,72	1,0	87
«Flache Form»	4	1,028	0,453	8,48	2,27	1,85	24,3
Cylindrical 1	4	0,84	0,0196	8,24	42,86	0,78	37,5
Cylindrical 2	4	0,569	0,203	6,385	2,80	2,18	72

f0: Grundfrequenz (beobachtbares Pulsieren)
f1: Niederere Sekundärfrequenz
f2: Höhere Sekundärfrequenz
f0/f1: f0 geteilt durch f1
Durchmesser: Gesamtdurchmesser senkrecht zur Hauptflussrichtung

Tabelle 5: Flowform-Parameter

der Arbeit an mathematischen Analysen der Flowformgestalt selbst, um zu sehen, inwieweit letztendlich ein gezieltes «Rhythmusdesign» möglich wäre. Diese Arbeit wartet auch auf den weiteren Ablauf der biologischen Untersuchungen, ohne den sie wenig Bedeutung hat.

Der langsamere Rhythmus scheint davon abhängig zu sein, welche Hälfte der Flowforms untersucht wurde, was auf eine Wechselwirkung zwischen der Form dieser Hälfte und dem Gesamtpuls hinweist. Die Rhythmen wurden an vielen unterschiedlichen Stellen der Flowform analysiert und führten zu erstaunlich unterschiedlichen Ergebnissen.

Der nahe liegende Anfangspunkt der Messung war an der Kante des Beckens, wo die Schwankung am höchsten und die Tiefe ausreichend war. Jedoch tritt in der Mitte eine weitere Frequenzkomponente mit einer gleichen oder höheren Amplitude als der offensichtliche Puls auf; ein Beispiel dafür ist in Abb. 299 dargestellt.

Zusammenfassend hat diese Arbeit unvermutete und interessante Elemente der Flowform-Rythmen offen gelegt, die es ermöglichen, Schlussfolgerungen zu ziehen, die äußerst lebensunterstützend sind.

Weg-Kurven-Oberflächen und Flowforms

Seit Beginn der Arbeit besteht der Gedanke, dass die Einarbeitung mathematischer Flächen in die Gestaltung der Flowform interessant sein könnte. George Adams experimentierte mit besonderen geometrischen Flächen, um Wasser aufzubereiten, was die so genannten Weg-Kurven beinhaltete. Was ist eine Weg-Kurve? Zum Beispiel ist es möglich, sich den gesamten Raum um eine vertikale Achse rotierend vorzustellen. In beiden Richtungen muss die Achse unendlich sein, und wir gehen nun davon aus, dass eine Achsendrehung um 10° erfolgt. Dann wird sich jeder Punkt in einem Bogen den Kreis entlang bewegen, und wenn die Transformation wiederholt wird, werden sich alle Punkte um weitere 10° verschieben. Wenn sich das fortsetzt, entsteht eine Familie aus Kreisen, deren Zentrum auf der Achse liegt und deren Flächen im rechten Winkel zu ihr stehen. Die Transformation ist einfach und ist in Begriffen konform zu unserem alltäglichen Bewusstsein beschrieben. Die Kreise sind einfache Beispiele der Weg-Kurven; bei der Wiederholung der Transformation ist jede dieser Kurven eine von einem Punkt beschriebene Wegstrecke.

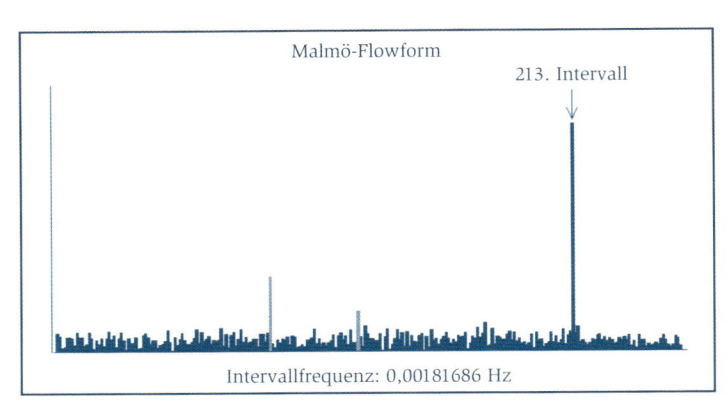

Abb. 297: Malmö-Flowform

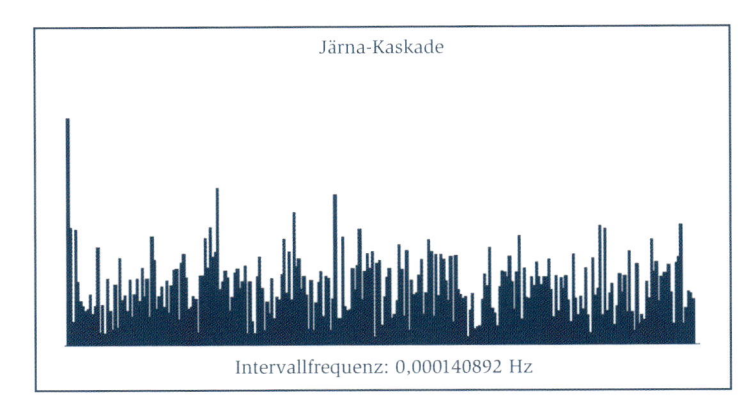

Abb. 298: Järna-Kaskade

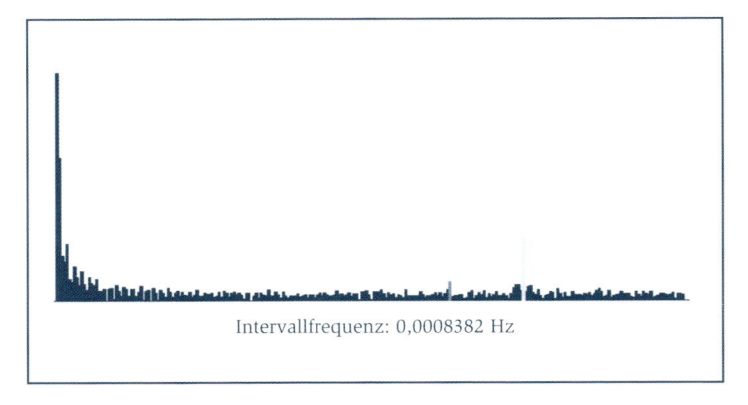

Abb. 299: Emerson-Form – Sonde in der Mitte

Obwohl sich die Punkte des Raumes um die Kreise drehen, bleiben in diesem Beispiel die Kreise selbst unverändert. Es gibt Kurven (normalerweise keine Kreise) für eine große Gruppe von Transformationen, die als Ganzes unverändert bleiben und üblicherweise als

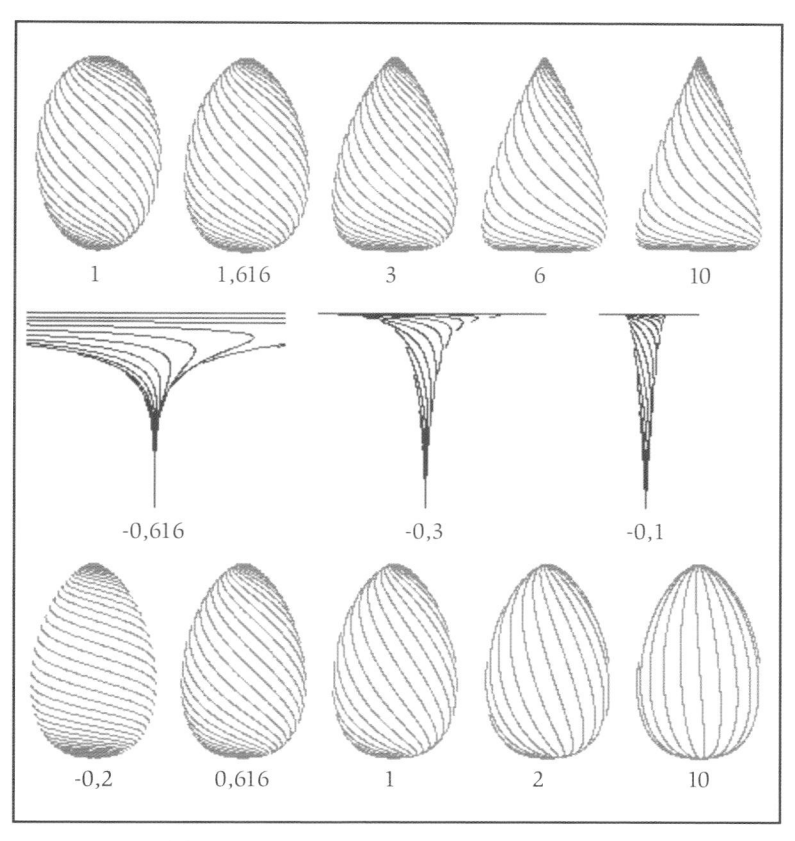

Abb. 300

Weg-Kurven bezeichnet werden. Sie treffen auf lineare Transformationen zu und wurden von Felix Klein im 19. Jahrhundert entdeckt. George Adams untersuchte diese, und fand heraus, dass sie in besonderen Fällen Spiralformen annehmen, entweder wie sie in der Natur vorkommen, zum Beispiel bei Tannenzapfen, oder bei Wirbelformen. Lawrence Edwards, der mit George Adams projektive Geometrie studierte, arbeitete viele Jahre mit bemerkenswerter Genauigkeit daran, zu zeigen, dass sie Tannenzapfen, Eiern, Blätter- und Blütenknospen, Wasserwirbeln – und auch dem menschlichen Herz – sehr ähnlich sind (Edwards 1982, 1993).

Dennoch liegt die wahre Bedeutung dieser Formen in ihrer dualen Natur als Vermittler zwischen Raum und Gegenraum (Thomas 1984), und deshalb müssen wir über die Entsprechung einer Kurve im Gegenraum nachdenken. Als wir die kreisförmigen Weg-Kurven besprochen haben, sahen wir, dass sich die Ebenen im Raum polar derart bewegten, als würden sie Kegel einhüllen. Diese Kegel sind polar zu den Kreisen; ein Kreis ist durch einen Satz aus Punkten im Raum definiert – einem festgelegten Gesetz unterliegend –, und ein Kegel ist durch einen Satz aus durch einen Punkt verlaufenden Ebenen eingehüllt, was auf dem gleichen Gesetz beruht. Der Kegel wird als «abwickelbar» bezeichnet, was der formelle Name für eine Einzelparameter-Familie aus Ebenen ist. Der Name leitet sich von der Tatsache ab, dass eine abwickelbare Fläche, wenn man entlang einer angemessenen Linie oder Kurve schneidet, auf einer glatten Fläche flach ausgerollt oder abgewickelt werden kann. Im Fall eines Kegels ist das nahe liegend. Wir könnten von der Transformation eine Weg-Kurve sowie eine «Abwickelbare» erwarten, und das tritt ein. Die oskulierten Ebenen, die die Kurvenhülle an der abwickelbaren Fläche berühren, können auch als Fläche gesehen werden, die aus den Tangenten zur Kurve gebildet wird. Die Weg-Kurve wird dann als «zugespitzte Kante» dieser Fläche bezeichnet, und wenn die Fläche entlang dieser Kurve geschnitten wird, kann sie ausgerollt und flach ausgelegt werden. Somit stellt die Wegkurve eine enge Beziehung zwischen einer Sichtweise, die punktorientiert ist, und einer, die sich auf die polaren Ebenen bezieht, dar. Aus diesem Grund ging George Adams davon aus, dass die Wegkurve eine vermittelnde Rolle zwischen Raum und Gegenraum einnimmt. Aber die dynamische Eigenschaft einer Kurve ist von Bedeutung – die Kurve entsteht aus einem Ablauf –, nicht nur seine räumliche Form. Falls lebende Organismen tatsächlich ätherische Wirkungen einschließen, und diese Kurven so oft in der Natur vorkommen, scheinen sie hinsichtlich der Art, wie das Leben eine Manifestation im Raum darstellt, eine fundamentale Rolle zu spielen. Lawrence Edwards hat dies in seinen praktischen Forschungen veranschaulicht. Die Erkenntnis ist wesentlich, dass hier eine Verflechtung von zwei verschiedenen Arten des Raumes vorliegt. Deshalb müssen sowohl die Aspekte des Punktes als auch die der Ebene verstanden und zueinander in Beziehung gesetzt werden.

Eine Weg-Kurve für eine achsensymmetrische Fläche wird mathematisch anhand von 2 Parametern beschrieben (Edwards 1982): mit dem Wert λ (Lambda) wird ermittelt, wie «zugespitzt» eiförmige Wuchsformen (z.B. Tannenzapfen oder Eier) sind (Abb. 300), und ε (Epsilon) ermittelt, wie steil sie spiralartig ansteigen. λ ermittelt die Form in jeder durch die Achse verlaufenden Ebene, sprich, die der Längsschnitte, wie die in der Abbildung. Es ist auch möglich, Weg-Kurvenflächen in Querschnitten vorzufinden, die Spiralen statt Kreise

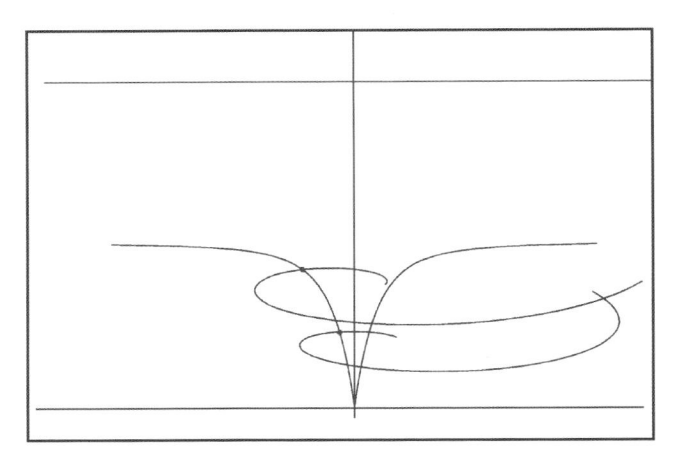

Abb. 301

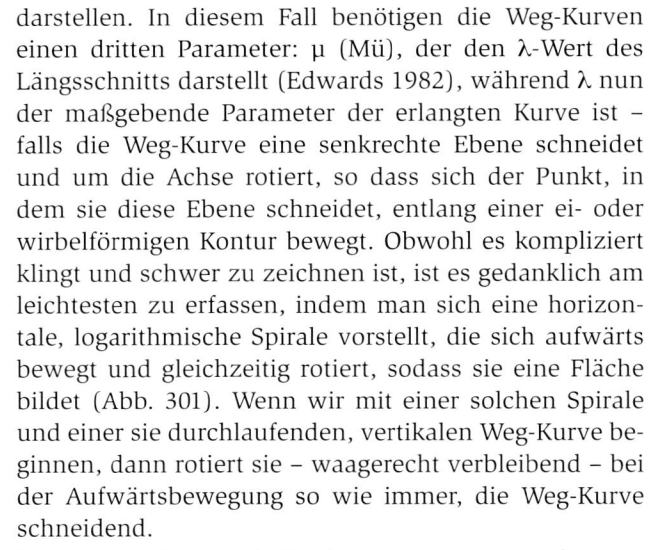

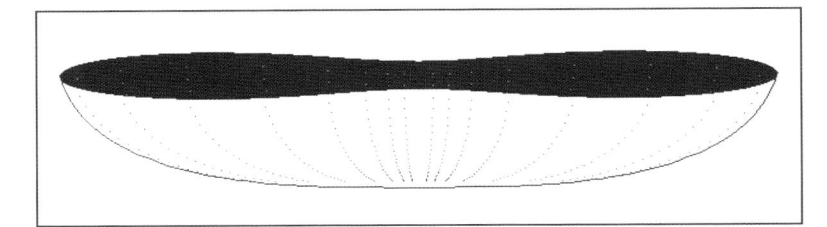

Abb. 302

darstellen. In diesem Fall benötigen die Weg-Kurven einen dritten Parameter: μ (Mü), der den λ-Wert des Längsschnitts darstellt (Edwards 1982), während λ nun der maßgebende Parameter der erlangten Kurve ist – falls die Weg-Kurve eine senkrechte Ebene schneidet und um die Achse rotiert, so dass sich der Punkt, in dem sie diese Ebene schneidet, entlang einer ei- oder wirbelförmigen Kontur bewegt. Obwohl es kompliziert klingt und schwer zu zeichnen ist, ist es gedanklich am leichtesten zu erfassen, indem man sich eine horizontale, logarithmische Spirale vorstellt, die sich aufwärts bewegt und gleichzeitig rotiert, sodass sie eine Fläche bildet (Abb. 301). Wenn wir mit einer solchen Spirale und einer sie durchlaufenden, vertikalen Weg-Kurve beginnen, dann rotiert sie – waagerecht verbleibend – bei der Aufwärtsbewegung so wie immer, die Weg-Kurve schneidend.

Nun sind Leben und Rhythmus eng miteinander verbunden, und die Zusammenarbeit von Raum und Gegenraum scheint selbst rhythmisch zu sein, da wir zwischen ihnen hin und her transformieren, und auf diese Art und Weise arbeitet die Flowform. Daher der Anlass zur Beobachtung, ob diese Art der Wasseraufbereitung geeigneter ist, das Leben zu unterstützen. Angesichts der Verbindung der Weg-Kurven hierzu, erwartet man, dass die Einarbeitung der Weg-Kurven-Flächen in die Flowforms deren Effektivität erhöhen kann. Was ist nun mit Weg-Kurven-Flächen gemeint? Eine Transformation, die eiförmige Weg-Kurven ergibt, verursacht nicht vornehmlich Flächen. Wenn aber eine weitere Weg-Kurve, wie zum Beispiel ein Kreis, der sich auf das gleiche Referenzsystem bezieht,

im Raum platziert wird, formen die Weg-Kurven, die ihn durchlaufen, eine Fläche. Eine eiförmige Fläche entsteht, wenn ein Kreis, dessen Mittelpunkt auf der Symmetrieachse liegt, auf diese Art verwendet wird, was für Vogeleier und Pflanzenknospen typisch ist. Wir können auch andere Kurven verwenden, und Abb. 302 zeigt, dass Flowform-ähnliche Flächen erzielt werden können, wenn Weg-Kurven durch Cassini-Kurven verlaufen. Die Cassini-Kurve tendiert dazu, in komplizierteren Transformationen, den so genannten Pivot-Transformationen, zu entstehen (Edwards 1993). Diese beinhalten eine engere Verbindung zwischen punktartigen und flächenartigen Formen, besonders, wo Samenschoten auftreten. Auf diesem Weg könnte auch eine Flowform entstehen.

Wir sehen, dass Formen mit Prozessen verbunden sein können, und demzufolge mit der kosmischen Lebensenergie, von der alle Lebewesen abhängig sind. Das ist besonders gut im Fall des Wasserwirbels dargestellt, der nur als Prozess oder Bewegung des Wassers existiert und ebenfalls eine Weg-Kurve darstellt (Edwards 1993). Die Frage, die es hier weiter zu untersuchen gilt, bezieht sich darauf, welche Formen es dem Wasser ermöglichen, so zu fließen, dass es mit dem Kosmos in Verbindung gebracht wird. Dieser Aspekt hat besondere Relevanz für die biologisch-dynamische Landwirtschaft, die nach solchen Verbindungen sucht. Eine wirbelartige Fläche hat eine negative Krümmung, was bedeutet, dass es an jedem Punkt seiner Fläche zwei Tangenten gibt, an denen sie keine Krümmung aufweist. Das netzartige Hyperboloid ist ein einfaches Beispiel (Abb. 303), bei dem zwei gerade Linien auf

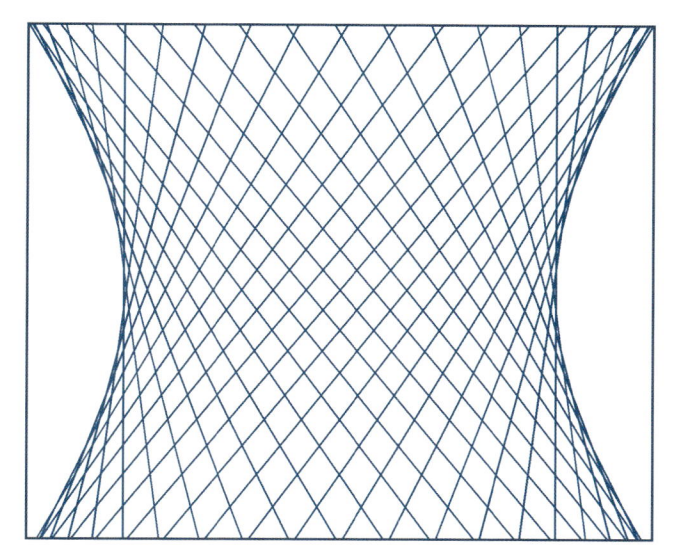

Abb. 303

einer Fläche jeden Punkt durchlaufen. Die Krümmung ändert sich, indem die Tangenten an diesem Punkt durch eine dieser besonderen Tangenten verlaufen, wobei sich die Krümmung von nach innen gerichtet zu nach außen gerichtet ändert. Die Richtungen dieser besonderen Tangenten werden asymptotische Richtungen genannt. Das trifft auch auf Wirbel zu, wobei sich in diesem Fall keine geraden Linien auf der Fläche befinden. Somit erhalten wir, wenn wir der asymptotischen Richtung von Punkt zu Punkt folgen, eine Kurve anstelle einer geraden Linie; diese Kurven werden asymptotische Kurven genannt. Im Falle der Weg-Kurven-Flächen sind diese Kurven selbst Weg-Kurven. George Adams untersuchte sie, und es wurden besondere Flächen für experimentelle Zwecke konstruiert.

Ein Projekt beinhaltete die Konstruktion einer Fläche, die aus zwei besonderen Paaren asymptotischer Kurven gewoben ist – passend für die Einarbeitung in eine Flowform. Da eine spiralförmige Weg-Kurven-Fläche zwei asymptotische Richtungen an jedem Punkt aufweist, enthält seine Fläche zwei Paare asymptotischer Kurven, die die Fläche in entgegen gesetzten Richtungen spiralförmig umlaufen. Wenn die Fläche – wie ein Wirbel – achsensymmetrisch ist, gleichen sich die beiden Paare im Wesentlichen, abgesehen von der Spiralrichtung. Jedoch im Fall von komplizierteren Flächen mit spiralförmigen statt kreisförmigen, horizontalen Querschnitten haben die beiden Paare unterschiedliche Parameter (Edwards 1982). Es kann aufgezeigt werden (Thomas 1991), dass, wenn die beiden λs dieser asymptotischen Kurven gegeben sind und bestimmte Bedingungen erfüllen, die resultierende Fläche einzigartig ist. Die Anwendung von biologisch-dynamischen Mischmaschinen weist darauf hin, dass die λ-Werte für Wasserwirbel und das Rinderhorn genutzt werden können, und das wurde versucht. Teile der resultierenden, spiralförmigen Fläche können zusammengeführt werden, um die elementare Flowform-Gestalt zu erhalten, jedoch müssen die Details über den Zu- und Ablauf erfahrungsgemäß erbracht werden (siehe Abb. 251 und 252).

Anhang 4: Die Flow Design Research Group

Die Flow Design Research Group wurde 1975 von Nigel Wells, Nick Thomas und John Wilkes gegründet. Ihr wesentliches Ziel bestand in der Untersuchung rhythmischer Prozesse, die unter Einsatz der Flowform-Methode im Wasser erzeugt wurden. Viele Jahre lang setzten wir unsere Arbeit an Flowforms in einem behelfsmäßigen Gebäude am Emerson College, Sussex, fort. Während dieser Zeit versuchten wir, finanzielle Reserven für das Gebäude anzulegen, aber aufgrund von mangelnden Finanzmitteln musste das Bauvorhaben zunächst unterbrochen werden. In den letzten Jahren ermöglichten aber dann größere Spenden, den Bauprozess zu reaktivieren, und das neue Gebäude des Instituts wurde 2002 im Rahmen eines Erweiterungsplans des Colleges fertig gestellt. Das Institut beinhaltet eine unabhängige Wissenschaftstätigkeit und Finanzverwaltung innerhalb der gemeinnützigen Stiftung des Emerson Colleges.

Das neue Gebäude bietet ungefähr 270 qm Arbeitsfläche auf drei Ebenen. Der Bau wurde so umweltfreundlich wie nur möglich durchgeführt. Das Erdgeschoss besteht aus der Hauptwerkstatt mit anschließenden Flächen für Vorführungen und Versuchsmethoden, die einen harten, stabilen Unterbau erfordern. Angrenzend befindet sich ein verglaster Raum an der Vorderseite des Gebäudes, der für verschiedene Zwecke verwendet werden kann. Des weiteren haben wir eine Keramikwerkstatt mit Brennofen. Im ersten Stock befindet sich der größte Seminarraum mit zwei weiteren Werkstätten und einem kleinen Büro. Der oberste Stock bietet uns wichtigen Zusatzraum für Design und andere Aktivitäten.

Letztendlich beabsichtigen wir, so viel Wasser wie möglich vom Dach und den angrenzenden Gefällen vor Ort zu sammeln, nachdem bereits ein Auffang-Becken für diesen Zweck aus dem ursprünglichen Ausgrabungsmaterial errichtet wurde. In Verbindung dazu werden Flowform-Ausführungen als Integration in die Landschaft um das Gebäude herum aufgestellt. Ein Großteil dieser Arbeit wird im Rahmen von Ausbildungsprogrammen durchgeführt.

Flowform-Design-Forschung

Seit der Entdeckung der Flowform-Methode im Jahr 1970 wurden ungefähr 100 Flowform-Designs unterschiedlicher Modelle hergestellt und eingesetzt. Es gibt ungefähr 50 Modelle (siehe Anhang 2), von denen nur eine gewisse Anzahl erforscht wurde. Wo auch immer möglich, werden Projekte genutzt, um Designs mit neuen Kapazitäten und Einsatzmöglichkeiten zu kreieren.

Wir interessieren uns nach wie vor für den Einsatz vieler verschiedener Materialien. Aus nahe liegenden ökonomischen Gründen wurde Kunststein zum gebräuchlichen Material für die Vervielfältigung. Glasfaserverstärkter Zement kann sehr nützlich sein, ist aber eher teuer. Die Produkte müssen dann vor Ort zusammenmontiert werden und sind in einer nicht geschützten Umgebung sehr bruchanfällig.

Solange chemische Einflüsse neutralisiert oder wenigstens durch Hitzebehandlung minimiert werden, ist glasfaserverstärktes Harz ebenfalls sehr gebräuchlich. Glas ist ein Material, das wir sehr erfolgreich für Pressvorgänge verwendet haben, ist aber aufgrund der Kosten nicht leicht zu realisieren. Weitere Methoden mit Glas werden erforscht. Metall eignet sich gut für den Guss, wird aber kaum in Auftrag gegeben – es gibt weitere Designs, und wir freuen uns darauf, sie umzusetzen, sobald sich die Möglichkeit ergibt. Weitere Gussmaterialien wie feuerfester Zement klingen interessant und warten auf weitere Forschungen.

Keramik wird verwendet und erweist sich als ein gutes, neutrales Material in Situationen, in denen die Wasserqualität von höchster Bedeutung ist, wie bei der Trinkwasser- und der Lebensmittelverarbeitung. Ein sehr interessantes Gebiet ist der Naturstein, der die Wasserqualität und den Mineralgehalt erhöhen kann. In all diesen Fällen ist die positive Wirkung der Materialien für die gegebenen Zwecke wichtig.

Unsere zukünftige Arbeit wird sich weit gehend mit der Optimierung der Wirkungen auf das Wasser beschäftigen: erstens durch die Wirkung der Rhythmen und deren verschiedene Frequenzen, aber andererseits auch durch die bekannten Eigenschaften der geformten Flächen – entweder empirisch oder mathematisch begründet; dann die positive Wirkung der Materialien und drittens die Zeiten und die Dauer der Einwirkung. Wie im Text erklärt, ist Wasser ein Medium, das dem Organismus Umwelteinflüsse vermittelt, was ein ausgedehntes Teilgebiet darstellt, und noch weitere Forschungen erwartet. Das letzte zu erforschende Gebiet befasst sich mit dem Einfluss der architektonischen oder geometrischen Räume, in denen rhythmische Kaskadenprozesse aufgenommen werden (siehe S. 180).

Wissenschaftliche Forschung

Wie bereits beschrieben, sind wir im Wesentlichen mit der Erkundung rhythmischer Prozesse beschäftigt, die durch den Einsatz der Flowform-Methode und anderer nahverwandter Technologien im Wasser erzeugt werden. Die wissenschaftliche Arbeit ist weitgehend damit verbunden, die Wirkungsweisen zu ermitteln, die durch Behandlungen mithilfe einer Vielzahl von Methoden erreicht werden. Diese Forschung deutet qualitative Wirkungen hinsichtlich einer Verbesserung der lebenserhaltenden Kapazitäten des Wassers an. Durch sehr spezifische Verhältnisse wird dem Wasser, das durch das Gefäß fließt, Widerstand geleistet, und es wird in pulsierende Wirbel- und Lemniskatenrhythmen versetzt. Dieses Widerstandsprinzip ist überall dort wirksam, wo Rhythmen erzeugt werden. Hierbei scheint etwas sehr Spezielles vor sich zu gehen. Im Laufe der Jahre stellt man fest, dass bei der Schaffung der sachgemäßen Größenverhältnisse tiefgründige Energien wirksam sein müssen. Für mich war das immer eine Frage nach der Schaffung der richtigen Situationen, in denen sich Prozesse unter naturgemäßen Bedingungen entwickeln können. Je mehr wir die dem Wasser anverwandten Bewegungen entdecken, darstellen und verstehen können, desto eher werden wir die darin befindlichen Feinheiten verstehen.

Konferenzen und Workshops

Im Laufe der Jahre gab es viele Anfragen bezüglich verschiedenartiger Kursangebote. Bis jetzt wurden die Kurse an international verschiedenen Orten gegeben. Hier in Sussex wird dies nun aufgrund von dauernd verfügbaren Räumen zunehmend ebenfalls möglich. Angesichts unserer neuen Möglichkeiten sollten wir anspruchsvolle Demonstrationen und mehr experimentelle Arbeit am Wasser durchführen. Die Versuchsaufbauten werden nicht nur dazu benützt werden, den Teilnehmern zu zeigen, was innerhalb des Wassers vor sich geht, sondern auch Forschungszwecken dienen.
Es gibt verschiedene Zielgruppen für die Veranstaltungen: Menschen, die sich einfach nur für das Thema Wasser interessieren; solche, die sich für Medizin und die heilenden Kräfte des Wassers interessieren; Organisationen der industriellen Fertigung von Nahrungsmitteln, die den Nährstoffgehalt ihrer Produkte erhöhen möchten; jene, die sich für die Arbeit mit biologischen Systemen zur Aufbereitung und Revitalisierung des Wassers interessieren, nachdem es für industrielle und häusliche Zwecke verwendet wurde; Landwirte und Gärtner, die das Wasser zur Lebenserhaltung der Pflanzen und Tiere nutzen; Lehrer, die beim Unterrichten der Kinder Hilfe und Anregungen benötigen, um in die geheimnisvolle Welt des Wassers einzudringen, um ein neues Bewusstsein für die kommenden Generationen zu schaffen. Auf dem Gebiet der Wissenschaft und der Kunst könnte das Wasser ein wichtiges Thema im neuen Lehrplan darstellen.

Virbela International Association

Im Laufe der Jahre ist eine große Anzahl von Kontakten und Beziehungen in über 30 Ländern herangewachsen. Dies führte zu einem Netzwerk international verknüpfter Arbeit in enger Zusammenarbeit und unter der Schirmherrschaft des Instituts. Es gibt zwei Gruppen von «Mitarbeitern»: die einen, die praktisch eingebunden sind und die anderen, die die Arbeit des Instituts unterstützen.
Die Flow Design Research Group wird einen «Brennpunkt» für den Verband darstellen. Momentan sind die Mitglieder, die dieser Gruppe am nächsten stehen Nick Thomas, Nick Weidmann, Costantino Giorgetti, Judyth Sassoon, Tadeu Caldes, Thomas Wilkes, Thomas

Hoffmann, Jochen Schwuchow und John Wilkes. Andere können leicht beitreten.

Wie bereits erwähnt, gibt es eine umfangreiche Zunahme von Mitarbeitern auf der ganzen Welt, die sich mit dem Einsatz und dem Vertrieb von Flowforms beschäftigen und als Kollegen betrachtet werden. Einige wenige sind auch zertifizierte Flowform-Designer: Nigel Wells (Schweden), Iain Trousdell (Neuseeland), Mark Baxter (Australien), Andrew Joiner (Großbritannien), Herbert Dreiseitl (Deutschland), Michael Monzies (Frankreich), Hanne Keis (Dänemark), Nick Weidmann (Großbritannien), Christopher Hecht (USA), Thomas Hoffmann (Deutschland).

In Verbindung mit der Wassertagung, die zwischen dem 7. und 13. Juli 2002 am Emerson College gehalten wurde, lud man am 6. und 7. Juli 2002 zu einem internationalen Mitarbeitertreffen aus, das hauptsächlich von Simon Charter von Ruskin Mill (Ebb & Flow) initiiert wurde. Ein Teil der Mitarbeiter versammelte sich im noch nicht fertig gestellten Gebäude des Instituts, so kam es zur ersten Veranstaltung, die dort abgehalten wurde. Durch diese Versammlung am 7. Juli wurde die Gründung einer Associates Institute Support Group ermöglicht, welche die finanzielle Verantwortung für die Erhaltung des Instituts auf sich nahm. Das Ziel besteht darin, alle Mitarbeiter einzuladen, der Support Group beizutreten, mit der Hoffnung, dass alle Teil eines intensiven Korrespondenzaustausches werden.

Ich halte es für wichtig, die Anwesenden dieses historischen Gründungsmoments am 7. Juli 2002 zu nennen: Nigel Wells (Schweden), Hanne Keis, Juergen Keis (Dänemark), Michael Monzies (Frankreich), Juergen Uhlvund (Norwegen), Christopher Hecht (USA), Simon Charter (Großbritannien), Peter Müller (Deutschland), John Wilkes (Großbritannien). Costantino Giorgetti, Aonghus Gordon und Nick Weidmann konnten nicht anwesend sein, und die Folgenden ließen sich entschuldigen: Judyth Sassoon, Mark Moody, Jane Shields, David Shields, Andrew Joiner und Philip Kilner (Großbritannien), Will Browne (Norwegen), Iain Trousdell (Neuseeland), Christopher Mann (USA), Sven Schuenemann (USA), Mark Baxter (Australien).

Eine noch größere Gruppe von Menschen, die Ratschläge und Unterstützung verschiedener Art sowie finanzielle Hilfe durch ein Spendensystem, das als «Friends of the Virbela Rhythm Research Institute, Emerson College Trust» bekannt ist, anbieten kann, bildet sich gerade. Mitglieder werden regelmäßig den Newsletter per Email vom Institut erhalten. Jene, die sich für eine Mitgliedschaft dieser Gruppe interessieren, kontaktieren bitte die folgenden Internetadressen für weitere Einzelheiten:

http://www.healingwaterinstitute.org
http://www.emerson.org.uk/
für das Emerson College

Anmerkungen

1 Wie Rudolf Steiner hervorhebt, können wir in der Form und Entwicklung jeder Pflanze die reine Darstellung eines Organismus erkennen. Siehe: Rudolf Steiner. Einleitung von «Goethes naturwissenschaftliche Schriften»

2 Es gibt viel elegantere Methoden, dieses Experiment durchzuführen, dessen Ergebnisse in Theodor Schwenks Buch «Das sensible Chaos» dargestellt sind.

3 Um weitere experimentelle Einzelheiten aufzuführen, benötigt man eine flache Wanne, deren Größe nach Belieben geändert werden kann, um die Tiefe der Flüssigkeit zu verändern. Sie ist aus vier Holzstücken hergestellt, zwei kurzen, etwa 30 cm und zwei langen von 80 cm Länge, mit einem Querschnittsmaß von ungefähr 3 x 4 cm. Das alles kann auf einem flachen Brett von passender Größe im 90°-Winkel zueinander platziert werden, sich abwechselnd überdeckend. Auf das Ganze wird ein Stück schwarze Plastikfolie gelegt und in die innere Vertiefung gedrückt. In diese wird eine Mischung aus Wasser und Glyzerin (im Verhältnis 1:3) gegeben. Die Viskosität kann auch durch die Verwendung von Zuckersirup erhöht werden (billiger). Auf diese Oberfläche wird das Lykopodiumpulver gestäubt. Hierzu kann eine 35 mm Filmkassette mit einem Stück Musselin oder Gaze verwendet werden, welches über deren Oberkante gespannt und dort festgeklemmt wird. Das Ganze wird dann umgedreht und von unten wie ein Salzstreuer leicht geklopft, während es über die Wasseroberfläche bewegt wird. Das Pulver kann gerade entlang der Mittellinie, in zwei Linien – an jeder Seite eine, oder gleichmäßig – verteilt angebracht werden. Eine geradlinige Bewegung wird dann durch ein Objekt in der Mitte der Wanne erzeugt.
Es ist auch möglich, eine verdünnte Farbe auf Ölbasis auf der Oberfläche zu verwenden (wie bei der Marmorierung), wodurch ermöglicht wird, das Ergebnis festzuhalten, indem ein Stück Papier vorsichtig auf die Flüssigkeitsoberfläche gelegt und dann abgehoben wird.

4 Siehe J. Bockemühl: Bildebewegungen im Laubblattbereich höherer Pflanzen, *Elemente der Naturwissenschaft*, Nr. 4, 1966, S. 7 – 23

5 Wesentlich erscheint mir, dass meines Erachtens innerhalb dieses empfindsamen harmonischen Bereichs alle Formen der Natur vorkommen. Jede Form in der Natur repräsentiert einen einfachen, ausgewogenen Zustand, von härterer oder weicherer Beschaffenheit, zwischen kontrahierenden und ausdehnungsfähigen Kräften.

6 Das Institut für Strömungswissenschaften wurde 1961 von einem Team aus Wissenschaftlern in Herrischried gegründet, die sich zu dieser Zeit mit Vermengungsverfahren, die der Herstellung eines Heilmittels gegen Krebs dienten, beschäftigten: Dr. Leroi, der später die Lukas Klinik in Arlesheim, Schweiz, gründete, wollte mehr über die Bewegung von Flüssigkeiten erfahren; Theodor Schwenk, ein Ingenieur für Hydrodynamik und der Labordirektor der pharmazeutischen Firma Weleda, mit seiner Assistentin Helga Brasch (später Schwenk); Dr. Georg Unger, Mathematiker und Leiter der mathematisch-astronomischen Abteilung des Goetheanums; George Adams, dessen Weg-Kurven-Forschung den wichtigen Anstoß für diese Initiative bildete, sowie sein Assistent Olive Whicher, beide von der Goethean Science Foundation, Clent, Großbritannien. Das Institut wurde vom Industriellen Dr. Hans Voith aus Heidenheim und seiner Tochter Martina finanziell unterstützt, beide in die Begründung und Förderung von Aktivitäten eingebunden und, zusammen mit Herrn von Zabarn, Mitglieder im Verein für Bewegungsforschung.

7 Die Wirbelsäule besteht aus sieben Knochengruppen: Schädelknochen, Atlas, Hals-, Rücken-, Lendenwirbel, Kreuzbein, Schwanzwirbel. Die Knochen einer jeden Gruppe sind hinsichtlich ihrer Funktion eng miteinander verbunden.

8 Ganz am Anfang interessierte ich mich für die Möglichkeit, Becken aus einer flexiblen Hülle, zum Beispiel aus Silikongummi, herzustellen, die in einem flüssigen Medium platziert werden könnten. Die Größenverhältnisse wären derart, dass durch dieses System hindurchfließendes Wasser zu einer pulsierenden Bewegung veranlasst wird. Die Folge wäre eine pulsierende Bewegung durch eine Art Organ, die allein durch die Wasserbewegung erzeugt wird. Wir könnten diese Wirkung mit der Tatsache vergleichen, dass Blut, welches durch ein

Herz fließt, das bis zu einem Tag vom Organismus getrennt ist, immer noch einen Puls erzeugt. Die Größenproportionen wären schwierig zu ermitteln, denn jede Versuchsanordnung müsste komplett realisiert werden, bevor die Funktion geprüft werden kann. Dies wurde noch nicht ausgeführt.

Eine geschlossene, starre Form könnte auch ausprobiert werden, vorzugsweise aus Glas oder einem anderen transparenten Material. Die Wasseroberfläche müsste frei bleiben, um sich so bewegen zu können, dass sie über und unter die Hauptströmung oszillieren kann. Viele interessante Fragen gäbe es zu untersuchen, zum Beispiel bezüglich der Luftbewegung in den Becken. Die durchsichtige stapelbare Labor-Flowform ist ein erster Schritt in diese Richtung.

9 Wenn ein Objekt oder eine Methode existiert, benötigt es oder sie einen Namen. Dennoch hat es einige Jahre gedauert, bis dies zu einem Problem wurde, das für unsere Tätigkeit der Strömungswissenschaft gelöst werden musste. Der erste Name, der 1973 entstand, war «Vortex-eight» (Wirbel-acht), der buchstäblich das Phänomen beschrieb. Er war nicht gänzlich zufrieden stellend, aber es schien unmöglich, einen geeigneten Namen zu finden (ich fand erst später heraus, dass erhabenste Wissenschaftler- und Gelehrtenausschüsse beauftragt werden, Produktnamen festzulegen!). Ein humorvolles Zwischenprodukt, «Vortaflow» wurde für eine Broschüre eingesetzt, und nach langer Suche, im Jahr 1975, erfand ich einen neuen Namen, «Virbela» (mit der Betonung auf der ersten Silbe).

Wenig später begann ich, den Begriff «Flowform» für die eigentlichen Gefäße zu verwenden. Es ist ein einfacher, anschaulicher Begriff, der international verwendet werden kann. Unglücklicherweise wird er sehr oft auf jede erdenkliche Art und Weise geschrieben, aber nicht in der richtigen!

Als ich mich für einen Namen entschieden hatte, stellte sich das nächste Problem des Signetentwurfs. So kam es, dass Christopher Mann Walter Roggenkamp kontaktierte, und sie ließen sich eine professionellere Präsentation meines Originalentwurfs einfallen, den ich bereits als Briefkopf mit einem Logo verwendete (siehe Abb. 58 auf S. 63).

10 Im Laufe des Jahres 2004 wurden zehn Flowforms in Giubiasco, Schweiz, aufgestellt, um Quellwasser aufzubereiten, das für die Gemeindeversorgung bestimmt war. Um Energie vom Wasser zu gewinnen, nachdem es mehrere Hundert Meter in die Tiefe gefallen war, wird es durch Turbinen geleitet. Dadurch wird es mit elektromagnetischen Frequenzen aufgeladen, die es aggressiv machen und sogar auf das Betonbecken wirken. Tests bestätigten nach der rhythmischen Wirbelbearbeitung eine Neutralisation des Zustands. Siehe dazu einen Artikel von Peter Gross, in dem er sich auf Prof. W. Ludwig bezieht: *www.comedweb.de* (Okt. 04): «Am effektivsten scheint nach neuestem Erkenntnisstand eine sich aus dem Fließen des Wassers bauartbedingt selbst erzeugende, kraftvolle elektromagnetische Verwirbelung mit wiederholten Drehrichtungsänderungen in Kombination mit intensiver mechanischer Verwirbelung ohne technischen Strom, aber einer zusätzlichen starken Magnetisierung des Wassers zu funktionieren.» Genau das können wir mit Flowforms erreichen.

11 Während dieses Sommers war Reikart Thiesson aus den Niederlanden mein wichtigster Mitarbeiter beim Gießen.

12 Es wurden fortwährende Versuche zur Datensammlung über die Funktionsweise dieser Abwassersysteme durchgeführt. Nach der Aufarbeitung der Daten wurde ein Bericht von Christian Schönberger und Professor Christian Liess vorbereitet, in Auftrag gegeben vom Atelier Dreiseitl in Verbindung mit dem Arbeitskreis für Strömungsforschungen.

Professor Peter Jensen und Kollegen bereiteten einen Bericht über das Solborg System vor. Siehe Jensen, Krogstad und Maehlum, Bericht über Solborg, Konferenz zur Umwelttechnik für Kläranlagen 1991. Siehe auch Uwe Burka und Peter Lawrence, «Eine neue Gemeinschaftsannäherung zu Kläranlagen mit höheren Wasserpflanzen», Bericht über das Oakland Park Reinigungssystem.

13 Forschungsarbeiten, die vom Autor mit Nigel Wells, Paul van Dÿk, Patrick Stolfo, Philip Marchand und anderen durchgeführt wurden; kleine, maßstabsgetreue Modelle wurden hergestellt, um möglichst viele der aufgeworfenen Fragen zu beantworten.

14 Die sehr geschätzte Unterstützung bei der Formenfertigung wurde durch den Messeausstatter Chris Hall zugesagt. Zu dieser Zeit schloss sich Nick Weidmann der Arbeit an, um das Zielbecken zu formen und für die letzten Vorbereitungen der Prototypen. Er ging zu Jan Grégoire nach Frankreich, in dessen Werkstatt die neun Abgussformen angefertigt wurden.

15 Siehe zum Beispiel die Antwort auf die Arbeit von Dr. Jacques Benvéniste, die in Michael Schiffs Buch «The Memory of Water» beschrieben ist.

16 Für einen ausführlicheren Bericht über Goethes Ansätze über naturwissenschaftliche Beobachtungen siehe Henri Bortofts «The Wholeness of Nature».

17 In späteren Forschungen sollten die Flowform-

Wirkungen mit den relativ chaotischen Bewegungen im Kanalbett, das mit Kies, Steinen und kleinen Steinblöcken gefüllt war, verglichen werden. Das hätte zu einem Umbau des Kanals der Treppenkaskade geführt. Dies hätte dann eine Untersuchung der lebenserhaltenden Leistungen des Wassers durch Einsatz bestimmter Rhythmen, im Vergleich zu den natürlichen, regenerativen Prozessen eines Flussbettes ermöglicht. Diese Arbeit wurde bis jetzt noch nicht durchgeführt.

18 Für ausführlichere Berichte dieser Methoden siehe: «Bewegungsformen des Wassers», Theodor Schwenk; noch aktueller «Sensibles Wasser No. 6», Wolfram Schwenk, Herrischried 2001; «Die Kupferchlorid-Kristallisation», A. und O. Selawry; «Agriculture of Tomorrow», Eugen und Lily Kolisko.

19 Siehe der Artikel des Earth Policy Institute vom 22. November 2001 auf der Website *http://earth-policy.org*

20 Diese beiden Aktivitäten, von Adams und Schwenk initiiert, wurden anschließend im Institut für Strömungswissenschaften in Herrischried im Jahr 1961 zusammengeführt (siehe Anmerkung 6). Zu dieser Zeit wurden die ersten Weg-Kurven-Flächen zur Untersuchung mit Wasser entworfen. Viele Basismodelle sind noch für Studienzwecke zugänglich. Von Peter Nantke ist ein Bericht über diese Arbeit vorhanden. Es gibt ein System, das ich zu dieser Zeit konzipierte und herstellte. Es hatte die Form eines spiralförmigen Rohres aus Keramik, das auf einer Wirbelfläche basierte, durch die Wasser mittels Rotation nach oben befördert werden kann – deren mögliche Wirkung bedarf noch einer näheren Untersuchung. Eine vorhandene größere Ausführung, die in den achtziger Jahren entstand, soll zukünftig noch in Verbindung mit einem Fischbrutsystem eingesetzt werden.

Quellen und weiterführende Literatur

Adams Kaufmann, George. 1934. «Strahlende Weltgestaltung». Dornach. Mathematisch-Astronomische Sektion.

Adams, George, «The Lemniscatory Ruled Surface in Space and Counterspace», London: Rudolf Steiner Press 1979.

Adams, George und Olive Whicher, «The Plant between Sun and Earth», London: Rudolf Steiner Press 1980.

Agematsu, Yuji, «Steiner Architecture», Tokio: Codex 1998.*

Alexanderson, Olaf, «Living Water», Bath: Gateway Books 1982.*

Allen, Joan, «Living Buildings», Aberdeen: Camphill Architects l990.*

Ash, David und Peter Hewitt, «Science of the Gods», Bath: Gateway Books l990.

Ash, David und Peter Hewitt, «The Vortex, Key to Future Science», Bath: Gateway 1994.

«Biodynamics», Auckland: Random House & New Zealand Bodynamic Ass. 1989.*

Bockemühl, J., *Das Ganze im Teil*, in: «Elemente der Naturwissenschaften» 6 (1967), 1–8.

Bortoft, Henri, «The Wholeness of Nature», New York: Lindisfarne Books und Edinburgh: Floris Books 1996.

Browne, W. und Petter D. Jensen, «Übermäßige Tertiärstandards mit einem Teich-/Pflanzenkläranlagensystem in Norwegen. Schriftstück, das auf einer Konferenz über Umwelttechnik für Landwirtschaftsbetriebe und -produkte an der Universität Lincoln verteilt wurde. Neuseeland, November 2001.

Bunyard, Peter, *Imitating nature to treat sewage*, in: «New Scientist» 10 (1977).

Bunyard, Peter, in: «The Ecologist» 01 (1978).

Bunyard, Peter, *Forum for a better world*, in: PHP Tokyo 9.4.

Clover, Charles und HRH Prince Charles, «Highgrove – Portrait of an Estate», London: Weidenfeld and Nicholson 1997.*

Coates, Callum, «Living Energies», Bath: Gateway 1996.

Coates, Callum, «Nature as Teacher», Bath: Gateway 1998a.

Coates, Callum, «The Water Wizard», Bath: Gateway 1998b.

Coates, Callum, «The Fertile Earth», Bath: Gateway 2000a.

Coates, Callum, «The Energy Evolution», Bath: Gateway 2000b.

* Bücher, in denen Flowforms erwähnt werden

Coates, Gary. «Erik Asmussen Architect», Stockholm: Byggförlaget 1997.*

Davis, Joan. «Ist Wasser mehr als H_2O?» Luzern. Erni-Stiftung. 1995.

Day, Christopher, «Places of the Soul», London: Aquarian 1990.*

De Jonge, Gerdien B., Orienterend onderzoek naar de invloed van stromingsbewegingen in zgn. Wirbela Flowforms op het zelf-reinigend vermogen van organisch belast slootwater, Ondersoeksverslag 1978–81, Wirbela Waterprojekt, Warmonderhof, Kerk-Avezaath 1982. [Untersuchungsergebnisse zu Flowforms an Kläranlagen]

Dejonghe, Walter, «Water Wijzer», Baarn: Bigot 1991.*

Dienes, Gerhard M. und Franz Leitgeb, «Wasser», Graz: Leykam 1990.*

Dreiseitl, H., D. Grau und K. Ludwig, «Waterscapes», Basel: Birkhauser 2001.*

Edmunds, L. Francis, «Quest for Meaning», New York: Continuum 1997.

Edwards, Lawrence, «The Field of Form», Edinburgh: Floris Books 1982.

Edwards, Lawrence, «The Vortex of Life», Edinburgh: Floris Books 1993.

Eriksson, Nils-Erik, «Fisken» [Fischen], Stockholm: Eriksson, Johnson och LT's Forlag 1978.

Fant, Åke, Arne Klingborg und John Wilkes, «Holzplastik Rudolf Steiners», Dornach: Philosophisch Anthroposophischer Verlag 1969.

Fant, Åke, Arne Klingborg und John Wilkes, «Rudolf Steiner's Sculpture», London: Rudolf Steiner Press 1975.

Geiger, W. und H. Dreiseitl, «Neue Wege für das Regenwasser», München, Oldenburg: 1995.

Goethe, Johann Wolfgang von, «Die Metamorphose der Pflanzen», Stuttgart: Verlag Freies Geistesleben 1960.

Grant, Nick, Mark Moodie und Chris Weedon, «Sewage Solutions», Machynlleth: Centre for Alternative Technology 1996.*

Griggs, Barbara, «Reinventing Eden», London: Quadrille 2001.*

Grohmann, Gerbert, «Metamorphosen im Pflanzenreich», Stuttgart: Verlag Freies Geistesleben 1990.

Hall, Allan, «Water, Electricity und Health», Stroud: Hawthorn Press 1997.

Hancock, Graham, «Fingerprints of the Gods», London: Mandarin 1995.

Helliwell, Tanis, «Summer with the Leprechauns», Kalifornien: Blue Dolphin Publishing 1997.

Hoesch, Alexandra et al., «Lebendiges Wasser», München: Schweinsfurth-Stiftung 1992.

Honauer, Urs, «Wasser, die geheimnisvolle Energie», München: Hugendubel 1998.*

Julius, Frits, «Metamorphose: Ein Schlüssel zum Verständnis von ‹Pflanzenwuchs und Menschenleben›» Stuttgart: Mellinger 1969.

Klingborg, Arne, «En Trägardspark i Södermanland», Stockholm: Wahlström & Widstrand 1998.*

Kronberger, Hans und Siegbert Lattacher, «On the Track of Water's Secret», Arizona: Wishland 1995.

Lattacher, Siegbert, «Viktor Schauberger», Steyr: Ennsthaler 1999.

«Lebendige Erde. Zeitschrift für biologisch-dynamische Landwirtschaft, Ernährung und Kultur», Schwerpunktheft Wasser, Mai 1996.

Leopold, Luna B. und Kenneth S. Davis, «Water», Amsterdam: Time-Life 1971.

Locher-Ernst, Louis, «Raum und Gegenraum», Dornach: Philosophisch Anthroposophischer Verlag 1957.

Marinelli, R., *The Heart is not a Pump*, in: «Frontier Perspectives» 5.1 (1996).

Marinelli, R., *Das Herz ist keine Pumpe*, in: «Raum und Zeit» 93 (1998).

Maehlum, Trond, «Økologisk avlopsrensing» [«Umweltverträgliche Entwässerung»]. (1. Bruk av konstruerte våtmarker for rensing av avlopsvann i Norge; 2. Effekten av stromningsformer (Flowforms) for lufting biodammer om vinteren; 3. Wastewater treatment by constructed wetlands in Norwegian climate: Pretreatment and optimal design.) Jordforsk, Norges Landbrukshogskole 1991.*

Mendelsohn, Martin, «Das Herz – ein sekundäres Organ», Berlin: Axel Juncker Verlag 1928.

Naydler, Jeremy (Hg.) «Goethe on Science», Edinburgh: Floris Books 1996.

Nelson, Carolyn T., *Wheat growth in light experiments, 1986*, in: Emerson College. Forest Row, «Flow Design Research Group Internal Report» (1 und 2/1987).

Pearson, David, «The Natural House Book», London: Conrad Octopus 1989.*

Pearson, David, «Earth to Spirit», Stroud: Gaia Books 1994.*

Pearson, David, «New Organic Architecture. The Breaking Wave», Stroud: Gaia Books 2001.*

Peter, Heinz-Michael, *Self-regeneration of the river Mettma*. in: «Sensibles Wasser» 4 (1994).

Pogacnik, Marko, «Elementarwesen», München: Knaur 1995.

Proctor, Peter, «Grasp the Nettle», Auckland: Random House 1997.*

Radlberger, Claus, «Der hyperbolische Kegel nach Walter Schauberger», Bad Ischl: PKS-Eigenverlag 1999.

Radlberger, Claus, *Elektrosmog*, in: «Raum und Zeit», Sonderausgabe Nr. 6, 1992.

Radlberger, Claus, *Freie Energie*, in: «Raum und Zeit», Sonderausgabe Nr. 7, 1994.

Ryrie, Charlie, «The Healing Energies of Water», Stroud: Gaia Books 1999.*

Schatz, Paul, «Rhythmusforschung und Technik», Stuttgart: Verlag Freies Geistesleben 1995.

Schauberger, Victor siehe Coats, Callum

Schiff, Michel, «The Memory of Water: Homeopathy and the Battle of Ideas in the New Science», London: Thorsons 1995.

Schikorr, Freya, *Wheat germination responses to Flowform treated water*, in: «Star and Furrow» 74 (1990), S. 15–22.

Schneider, Peter, *Ab-Fluss oder Ab-Wasser, ein inner-Welt- oder Um-Weltproblem?*, in: «Elemente der Naturwissenschaft» 19 (1973), S. 25–36.

Schmidt, Karl, *Über Herzstoss und Pulskurven*, in: «Wiener Medizinische Wochenschrift 15»(1892).

Schönberger Christian und Christian Liess, «Wirksamkeit der Flowforms – Zusammenstellung und Auswertung der bis 1994 durchgeführten Untersuchungen über die Wirkung der Virbela-Flowforms», Überlingen: Atelier Dreiseitl 1995.

Schwenk, Theodor, «Das sensible Chaos; Strömendes Formenschaffen in Wasser und Luft», Stuttgart, Verlag Freies Geistesleben 1962.

Schwenk, Theodor, «Bewegungsformen des Wassers», Stuttgart: Verlag Freies Geistesleben 1967.

Schwenk, Theodor und Wolfram Schwenk, «Water: the Element of Life», New York: Anthroposophic Press 1989.

Seamon, David und Arthur Zajonc (Hg.), «Goethe's Way of Science: a Phenomenology of Nature», State University of New York Press 1998.*

Sheldrake, Rupert, «A New Science of Life», London: Blond & Briggs 1981.

Smith, Cyril, «The Electromagnetic Man», London: Dent & Sons 1989.

Sokolina, Anna, «Architektura i Antroposofia» [Architektur und Anthroposophie], Moskau: KMK Scientific Press 2001.*

Stauffer, Julie, «Safe to Drink?», Machynlleth: Centre for Alternative Technology 1996.

Steiner, Rudolf, «Entsprechungen zwischen Mikrokosmos

und Makrokosmos», GA 201, Dornach, Rudolf Steiner Verlag, 1987.

Steiner, Rudolf, «Geisteswissenschaft und Medizin», GA 312, Dornach, Rudolf Steiner Verlag, 1999.

Steiner, Rudolf, «Geisteswissenschaftliche Impulse zur Entwickelung der Physik, Zweiter naturwissenschaftlicher Kurs», GA 321, Dornach, Rudolf Steiner Verlag, 2000.

Steiner, Rudolf, «Das Rätsel des Menschen», GA 170, Dornach, Rudolf Steiner Verlag, 1992.

Steiner, Rudolf, «Von Jesus zu Christus», GA 131, Dornach, Rudolf Steiner Verlag, 1988.

Strid, Martin, «Rhythmik Strömning: en Studie av Virbela flödesformer» [Rhythmische Strömung], Luleå: Tekniska Högskolan 1984.

Strube, Jürgen und Peter Stolz, «Verbesserte Wasserqualität zum Brotbacken durch simulierten Bergbach mit Flowformen», Kwalis Qualitätsforschung Fulda GmbH, Dipperz 1999.

Thomas, Nick, *Point Conic Space and Path Curves*, in: «Mathematical-Physical Correspondence» 31 (1980).

Thomas, Nick, *Das Zusammenwirken von Raum und Gegenraum zur Erzeugung von Weg-Kurven*, in: «Mathematisch-Physikalische Korrespondenz» 133 (1984).

Thomas, Nick, «Science between Space and Counterspace», London: Temple Lodge Press 1999.

Tompkins, Peter und Christopher Bird, «Secrets of the Soil», London: Harper Collins 1989.

Van Mansfeld, J. D., «Virbela Waterprojekt 1982», Niederlande: Wageningen University 1986.

Wagenaar, Walter, «Beweging: Sturing in levensprocessen van het water», Ondersoeksverslag 198–84 [Bewegung: Wirkung des Wassers auf die Lebensprozesse]. «Wirbela Waterprojekt», Niederlande, Warmonderhof 1985.

Watts, Alan, «Tao, The Watercourse Way», London: Arkana 1975.

Wilkes, A. John, *Flow design research relating to Flowforms*, in: «Chaos, Rhythm und Flow in Nature (Golden Blade)», Edinburgh: Floris Books 1993.

Wilkes, A. John, *Wasser als Mittler*, in: «Elemente der Naturwissenschaft», 74 (Dornach 2001).*

Will, Reinhold D., «Geheimnis Wasser», München: Knaur 1993.

Zoeteman, Kees, «Gaia Sophia», Edinburgh: Floris Books 1991.

Erstmals veröffentlicht 2003 von Floris Books
Neuauflage 2005

© 2003 A. John Wilkes

© der deutschen Ausgabe: 2008 Verlag Engel & Co, Stuttgart

ISBN 978-3-927118-20-1

Übersetzung, Beratung und Lektorat: Konstanze Kuhla, Joachim Schwuchow, Sabine Werner
Layout: Walter Schneider, www.schneiderdesign.net

Umschlagmotiv: Flowform in Dornach bei Basel, Dorneckstrasse

Druck: Druckerei Uhl, Radolfzell

Alle Rechte vorbehalten. Kein Teil des Werkes darf in irgendeiner Form
(durch Fotokopie, Mikrofilm oder ein ähnliches Verfahren)
ohne die schriftliche Genehmigung des Verlages reproduziert
oder unter Verwendung elektronischer Systeme verarbeitet,
vervielfältigt oder verbreitet werden.

Flowforms

In unterschiedlichen Größen, Farben und Formvariationen
aus frostsicherem Steinzeug-Ton
zur Bereicherung von Gärten und Innenbereichen

Oening A 20 • D-92334 Berching • Tel.: 0049-8460-341 • e-mail: sikorakeramik@web.de • www.sikorakeramik.de

Peter Müller
Leierweg 47a • 44137 Dortmund
Telefon: 0231 / 9128596
Telefax: 0231 / 9128597
e-mail: info@flowforms.de
Internet: www.flowforms.de

Flowform und Wasserwerkstatt

Produktion, Vertrieb und Installation von Flowform-Anlagen

- Autorisierter Fachbetrieb, lizensierte Herstellung der original "Virbela-Flowforms" von John Wilkes
- Frostsichere Topqualität • Standardmaterial ist graugrüner Diabas mit Labrador-Granit Anteilen
- Sonderanfertigungen aus blauschwarzem Labrador-Granit, rotem Schwarzwald-Granit, etc. auf Anfrage
- Individuelle Planung und Beratung • Kooperation mit Architekten, Planungsbüros, Galabau-Betrieben
- Präsentations CD auf Anfrage • Entwicklung individueller Designs in Kooperation mit John Wilkes

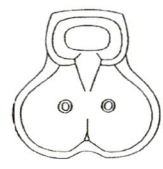

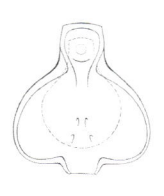

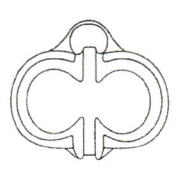

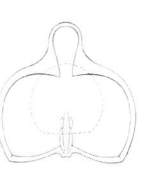

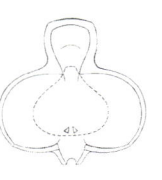

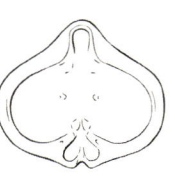